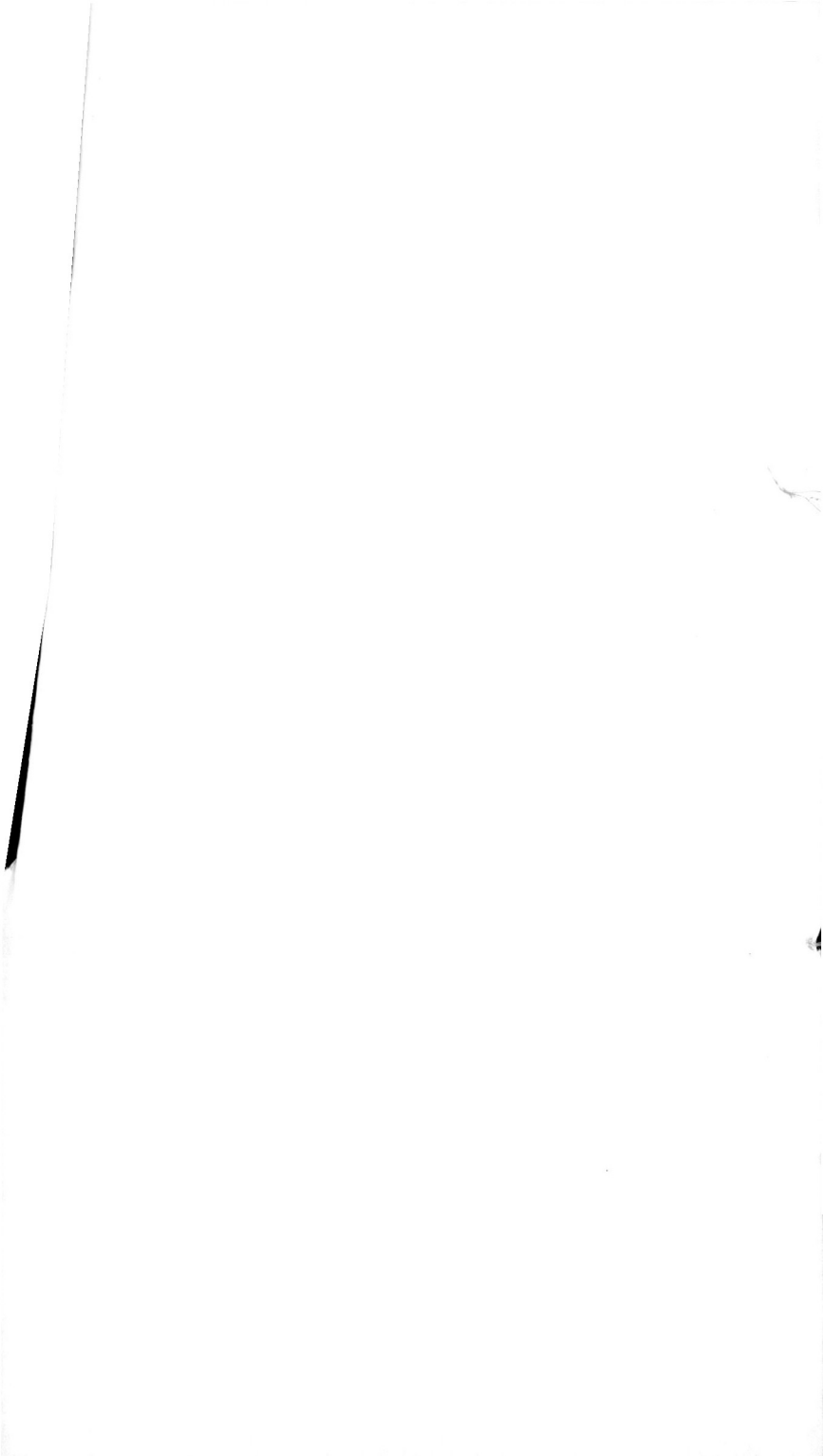

Naturkräfte.

Vierter Band.

Das Wasser.

Von

Dr. Friedrich Pfaff,

o. ö. Professor an der Universität Erlangen.

(Deutsche Originalausgabe.)

Zweite Auflage.

Mit 57 Holzschnitten.

München.

Druck und Verlag von R. Oldenbourg.

1878.

Inhaltsverzeichniß.

                                           Seite

Einleitung 1

I.
Das Meer.

1. Allgemeine Verhältnisse des Meeres 6
   Ausdehnung 6
   Tiefe des Meeres 9
   Bestandtheile des Meerwassers 16
   Temperaturverhältnisse 17

2. Die Bewegungen im Meere 20
   Die Wellen 20
   Ebbe und Fluth 22
   Meeresströme 23

II.
Der Kreislauf des Wassers.

1. Das Wasser in der Luft 35
   Verdunstung 35
   Verbreitung des Wasserdampfes 38
   Die atmosphärischen Niederschläge 39

Inhaltsverzeichniß.

Seite
2. Das fließende Wasser 48

Quellen 48

Flüsse und Seen 53

Länge und Tiefe der Flüsse. Größe des Stromgebiets . 70

Gefälle 79

Die Menge des Flußwassers im Verhältniß zur Menge der
atmosphärischen Niederschläge 84

III.

Physikalische und chemische Eigenschaften des Wassers.

1. Verhalten des Wassers zur Wärme und zum Lichte . . . 87

Die dreierlei Aggregatzustände 87

Kochen oder Sieden des Wassers 88

Gefrieren 92

Wärmeerscheinungen bei Aenderung des Aggregatzustandes 92

Ausdehnung durch die Wärme 94

Eis und Schnee 95

Farbe des Wassers 99

Durchsichtigkeit 102

2. Chemische Eigenschaften des Wassers 103

Zusammensetzung 103

Auflösende Wirkung 111

IV.

Das Wasser im Haushalte der Natur.

1. Mechanische Wirkungen des fließenden Wassers 114

Regen 114

Quellen und Wildbäche 115

Wasserfälle 121

Thätigkeit der Flüsse 128

Deltabildung 133

Seite

2. **Chemische Wirkungen des fließenden Wassers** 137
   Durchdringbarkeit der Gesteine 137
   Die auflösende Eigenschaft des Wassers 139
   Zersetzende Wirkung 141
   Kieselsäurebildungen 142
   Kalkablagerungen 144
   Tropfsteine 150
   Bestandtheile des Flußwassers 154

3. **Die Wirkungen des Meeres** 156
   Zerstörende Wirkungen 156
   Die Dünen 166
   Thätigkeit der Meeresströme 169
   Chemische Wirkungen des Meeres 171

4. **Wirkungen des Wassers als Eis** 172
   Das gefrierende Wasser 172
   Die Gletscher 175
   Das Eis der Polarländer 190

5. **Wasser, Pflanzen und Thiere** 194
   Das Wasser und die Pflanzen 194
   Das Verhalten des Wassers im Boden 196
   Das Wasser in den Pflanzen und Thieren 204
   Pflanzen und Thiere im Wasser 208

6. **Das Wasser in der Vergangenheit** 216
   Die alten Meere 216
   Chemische Beschaffenheit derselben 219
   Ihre Temperatur und Pflanzenwelt 222
   Land und Meer in der Vorzeit 225
   Die Gletscher der Vorzeit 229

V.

Das Wasser und der Mensch.

1. **Das Wasser in Beziehung zur Agrikultur und Technologie** . 234
   Die Bewässerung des Bodens 234
   Die Entwässerung desselben 237
   Verwendung von Bestandtheilen des Wassers 240

Seite

2. Die mechanischen Dienstleistungen des Wassers 245

    Die Schifffahrt 246

    Das Wasser als bewegende Kraft 247

3. Das Wasser in Beziehung zur Gesundheit des Menschen . . 252

    Das Trinkwasser 253

    Die artesischen Brunnen 258

    Der Wasserverbrauch großer Städte 264

    Das Eis 266

    Die Mineralquellen 271

    Die Bäder 281

    Die schädlichen Einflüsse des Wassers 254

4. Der Mensch und sein Verhältniß zum Kreislauf des Wassers 292

    Die Ueberschwemmungen 293

    Abnahme der Wassermenge eines Landes 295

Das Wasser.

Vom Himmel kommt es,
Zum Himmel steigt es
Und wieder nieder
Zur Erde muß es,
Ewig wechselnd.

In diesen wenigen Worten unseres größten Dichters ist die Geschichte aller Wasser, welche je auf der Erde geflossen sind, der ewig sich wiederholende Kreislauf desselben mit seiner reichen Fülle von Thätigkeit in der treffendsten Weise bezeichnet.

Vom Himmel kommt es; denn in den frühesten Zeiten ihres Daseins war unsere Erde nach dem übereinstimmenden Zeugnisse der Geologie wie der Astronomie eine glühend heiße Kugel, es mußte daher alles Wasser in Dampfform in der Atmosphäre über ihr schweben. In dem eisig kalten Weltraume kühlte sich nach und nach

Pfaff, das Wasser. 2 Aufl. 1

auch diese Jugendgluth ab, es bildete sich eine feste, nicht mehr heiße Rinde, und nun strömte das Wasser herab, das Urmeer entstand und bedeckte die Erde.

Zum Himmel steigt es; bei jeder Temperatur verwandelt sich an der Oberfläche der Erde das Wasser wieder in Dampf und erhebt sich in die Lüfte. Unsicht= bar in dieser Gestalt zieht es auf den Flügeln des Windes über die Länder, die seines Segens harren und nur von ihm Leben empfangen.

Und wieder nieder zur Erde muß es. Aus den höchsten Höhen senkt es sich herab auf die Gipfel der Berge wie auf den Grund der Thäler, als Thau, Wolke und Regen. Es muß, der Schwere folgend, immer weiter und weiter hinab, bringt hier in die Tiefe, um als Quelle noch tiefer unten zu erscheinen, rieselt dort über Felsen und Gehänge herab, um als Bach und Fluß die Niederungen zu durchziehen, bis es endlich wieder im Meere angelangt ist, bereit, ohne Verzug von Neuem den Kreislauf zu wiederholen.

Ewig wechselnd. Was könnte nicht ein ein= ziger Tropfen von diesem Wechsel erzählen, welche Ge= heimnisse uns offenbaren! Von dem Wechsel der Länder, die er nach und nach durchwandelt vom Nordpol bis zum Südpol; denn die Luft, die Trägerin des Wassers, kreist beständig um die Erde von der nördlichen zur süd=

lichen Hemisphäre, von ihrer Ostseite zu ihrer Westseite, alle Länder nach und nach berührend — von dem Wechsel seiner Form, wie er sich hier als festes Eisnädelchen angesetzt, dort als flüssiges Kügelchen sich herumgetrieben und wieder wo anders als luftiger Geselle unsichtbar durch die Lüfte gesegelt — von dem Wechsel seines Thuns, daß er hier mit seinen Kameraden in eine Spalte eingedrungen und mit dem Winterfrost im Bunde einen Felsen gesprengt und auf dem großen Schlitten, dem Gletscher, thalabwärts geschleppt, daß er dort sich in die Tiefe gezwängt und den funkelnden Edelstein erzeugt und wohlthuende Arznei für den Kranken bereitet, daß er hier aus dem Grunde der Erde heraus das duftende Haus der Blume gebaut, dann mit dem Blutstrome kreisend, sich im Herzen des Menschen umgeschaut und durch seinem Odem wieder ins Freie gekommen sei.

Welch eine Fülle von Kräften sind in einem solchen Wassertröpfchen enthalten, wie Großes leisten diese Kleinen in rastlosem, unaufhörlichem Schaffen!

Wir wollen versuchen, im Folgenden ein — wenn auch nur unvollkommenes — Bild von diesem wunderbaren Wesen, dem Wasser, seinem Wirken im Haushalt der Natur zu entwerfen, indem wir ihm auf seinen verschiedenen Wanderungen und Wandlungen näher nachgehen.

Gehen wir dabei von den jetzigen Verhältnissen aus,
so ist uns der Gang durch die Natur selbst vorgezeichnet,
indem wir zuerst das Meer, dann den Weg des Wassers
durch die Luft zu den Quellen und Flüssen betrachten,
und dabei die Thätigkeitsäußerungen, welche das Wasser
bei diesem seinem Kreislaufe ausübt.

I.

Das Meer.

Unter all den gewaltigen Eindrücken, die der Mensch von der ihn umgebenden Natur erleidet, kommt weder an Mannigfaltigkeit noch an Stärke derselben irgend einer denen gleich, welche das Meer ausübt; und zwar ebensowohl auf denjenigen, der seit lange mit ihm vertraut gewesen, wie auf den, der es zum ersten Male zu schauen Gelegenheit hat. Der beständige Wechsel für das Auge, seine wandelbaren Bewegungen mit den wunderbaren Geräuschen, die sie erzeugen, lassen es wie belebt erscheinen, und zu allen Zeiten hat für die Regungen des menschlichen Gemüthes und seine verschie= denen Aeußerungen die Sprache ihre Bilder von dem Meere entlehnt und umgekehrt dem Meere menschliche Empfindungen verliehen. Es lächelt und trauert, es schmeichelt und zürnt, es flüstert und brüllt, nicht nur bei Dichtern allein, ganz allgemein ist diese Personifikation des flüssigen Elementes geworden.

Aber bei aller Veränderlichkeit seines Anblicks erscheint uns der Ocean, und er allein, als gleich und unveränderlich, während Alles um ihn einer stetigen Veränderung unter= worfen ist. Der Zahn der Zeit, der tiefe Furchen in das Angesicht der Erde gerissen, Berge abgetragen und Länder zerstört hat, geht spurlos vorüber an dem Spiegel des Meeres, dessen Anblick noch derselbe ist, wie zu der Zeit, als Meer und Land sich zum ersten Male sonderte. Alles Feste ist ein Kind dieses Flüssigen, alle Länder sind im Schooße des Meeres entsprungen und kehren dahin zu ihrer Zeit wieder zurück. Aber der Erzeuger der Länder ist auch der Ernährer ihrer Bewohner. Pflanzen und Thiere leben nur, wo er seine Wolken hinschickt, um sie zu tränken und den Boden zu bereiten, von dem sie ihre Nahrung ziehen. Wie alles Land, so kommt auch alles Wasser auf dem Land aus dem Meere, der verborgenen Quelle aller Quellen. Aelter als alles Land und älter als Alles, was auf ihm fließt, zieht es vor allem Wasser unsere Aufmerksamkeit als das Urwasser auf sich und fordert uns auf, zuerst seine Verhältnisse zu erforschen und näher zu betrachten.

---

1. Allgemeine Verhältnisse des Meeres.

Ausdehnung.

Ein Blick auf eine Erdkarte oder einen Globus genügt, zu zeigen, daß die Flächenausbreitung des Meeres eine viel beträchtlichere ist, als die des Landes, und daß die Vertheilung von Land und Meer sehr ungleich sei.

Bei dem jetzigen Stande unserer Kentnisse ist es nicht möglich, genaue Zahlenangaben über das Verhältniß vom Lande zum Meere zu machen, da uns um den Nord= wie um den Südpol herum noch beträchtliche Strecken ganz unbekannt sind; das Land bildet jedenfalls nicht viel mehr als ¼ der Oberfläche der Erde, das Zahlenverhältniß 1 : 2⅔ möchte noch das einfachste und richtigste sein, um die Ausdehnung beider auszudrücken.

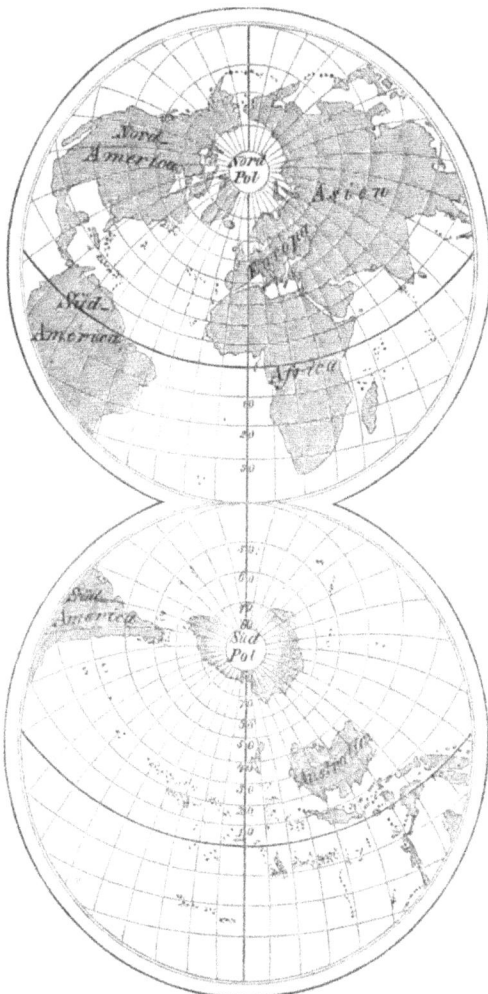

Fig. 1. Flächenausdehnung von Meer und Land.

Die vorstehende Karte (Fig. 1) zeigt, wie ungleich vertheilt das Land ist, so daß wir bei einer bestimmten Stellung des Globus, wie sie der Karte zu Grunde liegt, die großen Kontinente fast gänzlich auf der einen Halbkugel finden, während die andere fast ganz vom Meere eingenommen wird.

Tiefe des Meeres.

Man glaubte früher, der Grund des Meeres verhalte sich umgekehrt wie das Festland, d. h. gerade so hoch als die Länder und Berge über den Meeresspiegel emporsteigen, senke sich auch der Grund desselben unter ihn hinab. Für die Schifffahrt hatten zunächst nur die seichten Stellen um die Küsten herum Interesse, und so kam es, daß wir erst aus den letzten Jahrzehnten sichere Angaben über die Tiefe der Meere besitzen, die uns, so mangelhaft sie auch noch sind, dennoch zeigen, daß jene Annahme ganz unrichtig ist, daß die durchschnittliche Tiefe des Meeres viel beträchtlicher ist, als die Höhe der Länder über dem Meere. Wenn man bedenkt, daß man schon Tiefen von 23000 Fuß, also mehr als 1 geogr. Meile ergründet hat, so wird man wohl abnehmen können, daß genaue Messungen solcher Größen mittelst eines Senkbleies sehr schwierig und nur unter günstigen Verhältnissen auszuführen sind. Die Schwierigkeiten werden noch dadurch erhöht, daß so häufig im Meere sich Strömungen zeigen, welche die sich abwickelnde Leine mit sich fortführen, so daß, wenn endlich das Blei den Boden erreicht, die Schnur noch immer abläuft und einen großen Bogen beschreibt. Ein nordamerikanischer Marine-Offizier, Brooke, hat ein sehr einfaches und sinnreiches Verfahren ersonnen, um rascher und sicherer solche Messungen vornehmen zu können, welches umstehende Figur 2 wohl hinlänglich klar macht. Die linke Seite zeigt, wie an dem Ende der Schnur ein hölzerner Stab befestigt ist, der in einer durchbohrten eisernen Kugel steckt und unten eine kleine mit Wachs gefüllte Höhlung enthält. Läßt man diese Kugel ins Wasser fallen, so sinkt sie sehr

Fig. 2. Brooke's Sonde.

rasch in der dargestellten Stellung des Holzes zu Boden. Wenn sie nun auf dem Grunde aufstößt, wird der Holzstab aus der Kugel herausgetrieben, die zwei kleinen beweglichen Arme am oberen Ende des Stabes nehmen die Stellung an, wie die rechte Hälfte der Figur sie zeigt, und lassen so die

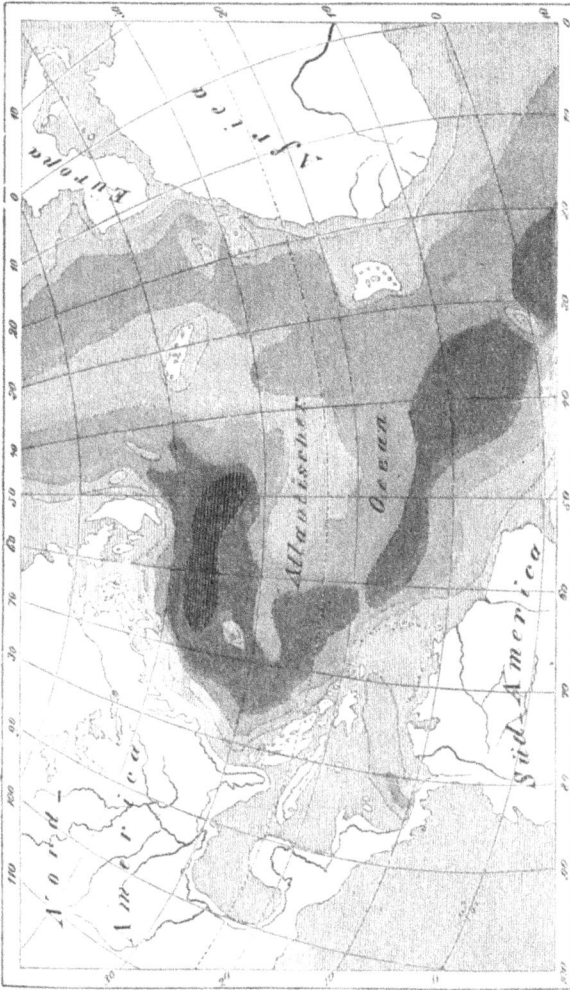

Fig. 3. Darstellung der Tiefen des atlantischen Oceans.

beiden Schleifen der Schnur, welche die Kugel hielten, mit
dieser abgleiten. Sofort hört im Schiffe oben das Abrollen
der Schnur auf, der Holzstab steigt rasch wieder an die Ober=
fläche und bringt an dem Wachse klebende Proben des Meeres=
grundes mit sich hinauf.

In größerer Ausdehnung sind diese Messungen bisher
nur im nördlichen atlantischen Ocean vorgenommen worden,
als es sich darum handelte, das Telegraphentau zwischen
Europa und Nordamerika zu legen. Sie erlauben uns eine
Karte des Meeresgrundes zu entwerfen, von welchem die vor=
stehende Skizze (Fig. 3) die hauptsächlichsten Verhältnisse wieder=
giebt. Die helleren Stellen sind die seichtesten, und zwar zeigen
die weiß gelassenen Tiefen bis zu 5500 Fuß, die hellen schattirten
solche von circa 6000 Fuß, die dunkelsten Stellen die größten,
über 20000 Fuß hinabgehenden Tiefen an.

Man erkennt sogleich den großen Unterschied zwischen den
Reliefverhältnissen des Festlandes und des Meeresgrundes.
Hier haben wir ausgedehnte Strecken von 20000 Fuß Tiefe,
das europäische Festland hat selbst in seinen Hochebenen kaum
eine Höhe von 1500 Fuß, und höchst vereinzelt sind die
Gipfel, welche über 10000 Fuß emporragen. Doch bietet der
Meeresgrund insofern ähnliche Verhältnisse dar wie das
Festland, als auch auf ihm Berg und Thal, Hochland und
Tiefland, Schluchten und Hügel mit einander abwechseln, was
uns schon aus dem Grunde nicht wundern wird, als ja alle
unsere Festländer früher einmal Meeresgrund gewesen sind.

Der umstehende Durchschnitt (Fig. 4), an dem freilich die
Höhen gegen die Längen bedeutend übertrieben sind, mag eine
Vorstellung von dem Verhalten des Meeresgrundes zu dem
Lande zwischen Amerika und Afrika geben.

Eine wesentliche Bereicherung unserer Kenntnisse von den
Tiefen der See und den Verhältnissen des Grundes derselben
verdanken wir den von der englischen Regierung zur Er=

forſchung dieſer Gegenſtände ausgeſandten Schiffen, welche

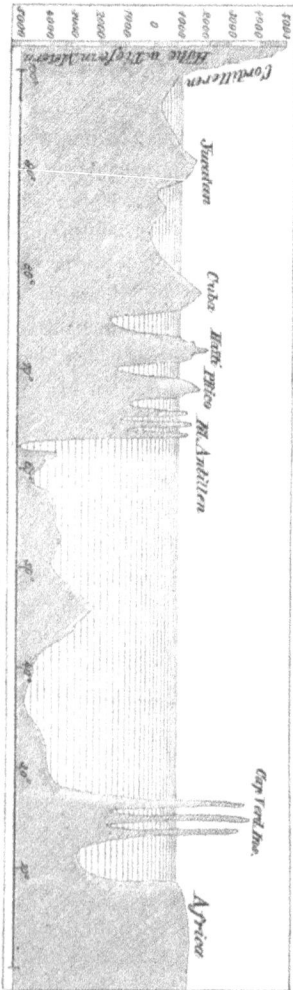

Fig. 4. Durchſchnitt der Tiefen des atlantiſchen Oceans.

nicht nur den atlantiſchen Ocean, ſondern auch den großen Ocean in ſyſtematiſcher Weiſe unterſuchten. Es hat ſich zunächſt das als ſicheres Reſultat ergeben, daß die ganz außerordentlichen Tiefenbeſtimmungen, wie die vom Kapitän Denham zwiſchen Rio Janeiro und dem Kap gefundene von 46236 engl. Fuß, auf fehlerhaften Meſſungen beruhten. Nirgends iſt bis jetzt eine Tiefe gefunden worden, welche ſo weit unter den Meeresſpiegel hinabreichte, als ſich der höchſte Berg über denſelben erhebt. Die größte bis jetzt gefundene Tiefe wurde in der Nähe der Antillen mit 23220 engl. Fuß erreicht, bleibt alſo ziemlich genau um 4000 Fuß hinter der Höhe des höchſten Berges (Mount Evereſt mit 27212 Fuß) zurück. Auch in dem großen und indiſchen Ocean ſind keine größeren Tiefen beobachtet worden. Als eine

charakteristische Eigenthümlichkeit des Verhaltens des Meeresgrundes hat sich auch das ergeben, daß überall um die großen
Kontinente herum der Boden sehr rasch abfällt, so daß in wenig
Meilen Entfernung von den Küsten Tiefen von 12000 Fuß
und mehr fast allgemein angetroffen werden.

Viel geringer ist die Tiefe der Binnenmeere: die durchschnittliche Tiefe der Nordsee ist etwa 300 Fuß, während die
Ostsee nur zwischen 180 und 240 Fuß erreicht. Diese geringere Tiefe mag darin ihren Grund haben, daß eines-
theils fortwährend durch die Flüsse, wie durch die Brandung,
Sand und Schlamm über den Meeresgrund ausgebreitet und
derselbe dadurch erhöht wird, anderntheils das Land meist nur
sehr langsam sich unter den Meeresspiegel hinabsenkt.

Da wir im Ganzen doch noch sehr wenige zuverlässige
und genaue Angaben über die Tiefe der verschiedenen Meere
besitzen, so läßt sich auch die Masse des Wassers, das in den
Oceanen enthalten ist, nur annäherungsweise bestimmen.
Nimmt man die mittlere Tiefe der Meere zu 11000 Fuß oder
$1/2$ geogr. Meile an, so wäre die Masse des Wassers in diesem
Falle doch nur $1/770$ des ganzen Erdkörpers. Die mittlere
Höhe aller Kontinente hat man zu 950 Fuß gefunden; d. h.
würde man alle Unebenheiten der Erde ausgleichen, so daß
alles Festland gleich hoch wäre und mit senkrechten Wänden
nach dem Meere abfiele, so würde es überall 950 Fuß über
das Meer emporragen. Die Masse des Festlandes verhält
sich daher zur Masse des Meerwassers wie 1 : 33, und würde
man alles Land auf dem Meeresgrunde ausbreiten, so wäre
die Erde dann noch von einem 10000 Fuß tiefen Meere
ringsum eingehüllt. So beträchtlich ist die Masse des Wassers
auf unserm Planeten.

Die Bestandtheile des Meerwassers.

Da alle Meere mit einander in Verbindung stehen, so findet man in allen Gegenden desselben seinen Gehalt an aufgelösten Bestandtheilen ziemlich gleich, sowohl der Menge als der Art nach. Unser gewöhnliches Kochsalz, das, wo wir es auch finden, unzweifelhaft aus alten Meeren abgesetzt ist, bildet drei Viertel aller in ihm aufgelösten Bestandtheile, die in den allermeisten Meeren 3¹/₃ bis 3²/₃% ausmachen. Nur in der Nähe der Einmündung großer Ströme oder Gletscher und in Binnenmeeren, welche viel süßes Wasser vom Lande her erhalten, sinkt der Gehalt an Salzen auf 1¹/₂, ja in der Ostsee selbst bis auf ¹/₂% herab. Das spezifische Gewicht schwankt im Durchschnitt zwischen 1,026 und 1,029. In 1000 Theilen Meerwassers finden sich nun folgende Stoffe in noch zu wiegender Menge:

Chlornatrium	26,729
Chlormagnesium	3,220
Chlorkalium	1,289
Bromnatrium	0,417
Schwefelsaurer Kalk	1,628
Schwefelsaure Bittererde	2,024
	35,307

dazu gesellt sich in einigen Binnenmeeren wie z. B. im schwarzen und Mittel=Meere noch kohlensaurer Kalk. Wenn wir bedenken, daß es keinen Stoff auf Erden giebt, der absolut unauflöslich im Wasser ist, so werden wir es begreiflich finden, daß sich bei genauerem Nachforschen geringe Spuren von den meisten irdischen Stoffen im Meer erkennen lassen; man hat denn auch in der That außer den genannten noch gegen 20 metallische und nichtmetallische Stoffe aufgefunden, Silber sogar in noch genauer bestimmbaren Mengen, und hat daraus berechnet, daß für viele Millionen Thaler Silber im Meerwasser enthalten ist, aber leider für uns noch viel zu theuer aus ihm wieder herauszuziehen wäre, so daß wir es späteren Generationen überlassen müssen, diese Schätze zu heben.

Temperaturverhältnisse.

Wie auf der Oberfläche des Festlandes finden sich auch auf dem Meere die verschiedensten Wärmegrade, die hier wie dort von dem Stande der Sonne bedingt sind. Eine allerorts und jederzeit anzustellende Beobachtung lehrt uns aber, daß die Temperatur des Wassers doch bedeutend von der der Luft oder des Bodens abweicht, und zwar überall in derselben Weise. Es ist nämlich jede größere Wassermasse viel geringeren Schwankungen der Temperatur unterworfen, dieselben treten auch viel langsamer ein, als im Luftmeere. Zwei Verhältnisse sind dabei von dem größten Einflusse. Unter allen irdischen Stoffen, mit Ausnahme des Wasserstoffes, braucht nämlich das Wasser die größte Wärmemenge, um seine Temperatur um gleich viel Grade zu erhöhen als ein beliebiger anderer Stoff, es hat, wie es der Physiker bezeichnet, die größte Wärmecapacität. Dann findet eine Ungleichheit in der Temperatur ein- und derselben Wassermasse dadurch eine Ausgleichung, daß kälteres Wasser schwerer, wärmeres leichter ist. Wird daher von unten her eine Wassermasse erwärmt, so steigen die warm gewordenen Theile nach oben und das kältere sinkt herab, und umgekehrt: findet von oben her eine Abkühlung statt, so sinken die oberen Schichten nach unten und das wärmere, als spezifisch leichter, tritt an die Oberfläche. Man begreift, wie aus diesem Grunde, ähnlich wie in dem Luftmeere, ein Kreisen des Wassers in den großen vom Aequator bis in die Polargegenden sich erstreckenden Meeren stattfinden muß, das wir uns durch folgendes Beispiel klar machen können: Denken wir uns ein größeres längliches Gefäß durch eine senkrechte

Scheidewand in 2 Hälften getheilt, die eine ganz mit Wasser, die andere ganz mit Oel gefüllt. Sowie wir die Scheidewand entfernen, wird eine Bewegung, sowohl im Wasser als im Oele sich einstellen, die so lange fortdauert, bis alles Wasser den Grund des ganzen Gefäßes einnimmt und das Oel überall an der Oberfläche sich befindet. Denken wir uns an die Stelle des leichteren Oeles das wärmere, also leichtere Wasser der heißen Zone, anstatt des Wassers im Gefäße das kältere, also schwerere Polarmeer, so begreifen wir, daß aus demselben Grunde auch dieselbe Bewegung zwischen den kälteren und wärmeren Meeren eintreten muß. Da nun aber die Ursachen der Erwärmung in den Tropen und der Abkühlung in den Polarzonen beständig wirken, so ist damit auch die Ursache zu einem beständigen Kreisen des Meerwassers gegeben, das nothwendig bis zu einem gewissen Grade eine Ausgleichung der Wärmeunterschiede der verschiedenen Gegenden zunächst im Meere und durch dieses hinwiederum auch der Festländer, die es berührt, herbeiführen muß. In den Tropengegenden herrscht eine merkwürdige Gleichheit und Beständigkeit der Temperatur von nur 28,6° C. im atlantischen und großen Ocean, die in der Nähe des Festlandes von Asien für den indischen Ocean 30° C. beträgt, Temperaturen, die in unsern Breiten in den heißesten Stunden nur um 8° und 7½° übertroffen werden, und selbst in den Polargegenden, in denen schon Temperaturen des Luftmeeres von 60° unter Null beobachtet wurden, sinkt die Temperatur des Meerwassers nur wenige Grade unter den Gefrierpunkt. Der Salzgehalt desselben bedingt es nämlich, daß es nicht wie süßes Wasser bei Null Grad anfängt zu gefrieren, sondern erst mehrere Grade unter Null. Verschiedene Forscher haben für den Gefrierpunkt verschiedene Angaben gemacht, die wohl in der Verschiedenheit des Salzgehaltes theilweise ihre Erklärung finden mögen und zwischen 2½ und 5½ Grad unter Null schwanken.

Auch die Temperaturverhältnisse des Meeres sind in der neuesten Zeit genauer und viel häufiger untersucht worden, nachdem es endlich gelungen, Thermometer zu konstruiren, die auch in den größten Tiefen von dem ungeheueren Drucke der auf ihnen lastenden Wassermassen nicht in ihrem Gange gestört werden und nach dem Heraufziehen noch die Temperatur des Grundes richtig anzeigen. Eben die schon genannten englischen Schiffsexpeditionen haben die Tiefseetemperaturen ganz speziell mit in den Bereich ihrer Untersuchungen gezogen. Es hat sich hierbei das überraschende Resultat ergeben, daß überall in bedeutenden Tiefen die Temperatur eine sehr niedrige ist, ebensowohl in den Tropen, wie in den Polarregionen, und daß dieselbe hier wenig von dem Nullpunkte entfernt ist. Wie aber auf dem Lande Bergzüge die Temperatur durch Ab= haltung von Winden beeinflussen, so zeigen sich auch auf dem Meeresgrunde die daselbst sich erhebenden Rücken von großem Einflusse, und es zeigt sich sehr deutlich aus den Temperatur= beobachtungen der Tiefe, daß wärmere und kältere Strömungen oft neben einander hingehen, und während die Temperatur an der Oberfläche an zwei nicht weit von einander entfernten Punkten ganz gleich ist, zeigt sich in gleicher Tiefe an denselben Stellen die Temperatur ganz verschieden.

Es führen uns diese Verhältnisse zu einer der wichtigsten und folgereichsten Erscheinung im Meere, zu den großartigen regelmäßigen Bewegungen, welche in dieser gewaltigen Wasser= masse stattfinden, die im Bunde mit den kleineren oberflächlichen von der tiefeingreifendsten Bedeutung für die Bildung des Landes in allen Perioden der Erdgeschichte gewesen sind.

2. Die Bewegungen im Meere.

Die Wellen.

Selten nur hat der Bewohner der Küste Gelegenheit das
Meer als ruhige ebene Fläche zu beobachten, und der Meeresspiegel, von dem aus wir alle Messungen der Höhen des
Landes vornehmen, ist an manchen Meeren äußerst schwer
seiner Lage nach zu bestimmen. Fast immer machen sich theils
aus örtlichen, theils aus allgemeinen Ursachen herrührende
Bewegungen als Wellen, Fluth und Ebbe bemerklich. Sie sind
es, die zu jeder Zeit den Anblick des Meeres so außerordentlich
anziehend machen und dem öden und unfruchtbaren Elemente
einen so mächtigen Reiz verleihen, wie ihn kaum die schönste
Gegend auf den Beschauer ausübt. Es ist ein Leben, das
sich in dem Meere zu erkennen giebt, und für alle Zustände
des Menschen hat von allen Zeiten her das Meer die sprechendsten und schönsten Bilder geliefert. Die tiefste Ruhe und die
leidenschaftlichste Aufregung, das sanfte Wiegen eines schlafenden
Kindes im Arm der Mutter und das wilde Tosen der wüthend-
sten Kämpfe, Alles findet sich abgebildet in der Fläche des
Meeres, wenn sie die Eindrücke wiedergiebt, die dem Auge
nicht, aber dem Ohre vernehmbare Bewegungen der Luft auf
sie ausüben, auch darin ähnlich dem Menschen, der ja auch
durch die in Wort und Ton geistig bewegte Luft bald aufs
gewaltigste bewegt, bald wieder zur tiefsten Ruhe gebracht wird.

Es ist derselbe Wind, welcher auf unsern kleinen Wasseransammlungen nach denselben physikalischen Gesetzen die Oberfläche uneben macht, der auch die Oceane aufregt. Die Höhe
der Wellen ist aber abhängig von der Tiefe und von der
Ausdehnung der Wassermasse, auf welche die bewegte Luft-
masse einwirkt, natürlich auch von der Dauer dieser Einwirkung.
Auf offener See erreichen die Wellen selbst bei den heftigsten

Stürmen höchst selten mehr als eine Höhe von 25 Fuß; die bedeutendste bis jetzt beobachtete betrug 32 Fuß. Die Steilheit der Wellenberge ist aber stets eine sehr geringe und auf den Bildern meist eben so übertrieben, wie die Neigung der Berge, die wir ebenfalls, ohne es uns bewußt zu werden, weit überschätzen. Bei den stärksten Wellen verhält sich nämlich die Höhe zur Breite der Welle wie 1 : 20, so daß, wenn A B den Meeresspiegel darstellt, die Wellenlinie C D genau das

Fig. 5.

Verhältniß einer sehr mächtigen Welle wiedergiebt, während die schwächeren bei einem Verhältnisse der Breite zur Höhe wie 1 : 50 bei diesem Maßstabe der Figur kaum dargestellt werden können.

Ungleich mächtiger erheben sie sich jedoch da, wo sich Hindernisse ihrem Verlaufe entgegenstellen, wie dieses namentlich an felsigen Küsten der Fall ist. Hier steigen sie bei heftigen Stürmen selbst bis zu einer Höhe von 100 Fuß empor, wie dieses die Bewohner mancher Leuchtthürme zuweilen zu beobachten die nicht sehr erfreuliche Gelegenheit haben.

Außerordentlich rasch erfolgt das Fortschreiten dieser Wellen; oft ist es schneller als der Wind, und schon manches kleine Fahrzeug ist von solchen dem Sturme, der sie erzeugt, voraneilenden Wellen nahe dem Ufer auf ruhiger See umgestürzt worden. Auf offenem Meere beträgt es 5710 Fuß in der Minute, also 90 Fuß in der Sekunde, während die Schnelligkeit eines sehr starken Windes zu 30—36 Fuß in der Sekunde angenommen wird, Orkane, wie sie in den Tropengegenden vorkommen, 120 Fuß in einer Sekunde zurücklegen.

Die Tiefe, bis zu welcher sich die Bewegung der Wassertheilchen bei heftigem Wellendrange bemerklich macht, ist nicht

unbeträchtlich, man beobachtet z. B. an der Bank von Neu=
fundland, daß die 300 Fuß unter der Oberfläche liegenden
Felsen noch hemmend auf die Bewegung der Wellen einwirken;
man kann annehmen, daß sich diese Wirkung nie tiefer als
600 Fuß hinab erstreckt, daß in dieser Tiefe das Meer auch
bei den heftigsten Stürmen sich unbewegt erhält und seinen
Bewohnern in diesen Regionen ein ruhiges Dasein gewährt.

Ebbe und Fluth.

Zu den wunderbarsten Erscheinungen gehört das regel=
mäßige, zweimal in etwas weniger als 25 Stunden eintretende
Anschwellen und Wiederzurückweichen des Meeres, deren
Abhängigkeit von der Stellung des Mondes und der Sonne
zu der Erde schon von Plinius erkannt, aber erst von
Newton 1687 theoretisch nachgewiesen und erklärt wurde.
Es ist die Anziehung dieser beiden Himmelskörper, welche dieses
merkwürdige Phänomen erzeugt. Daher entstehen die stärksten
Fluthen, die sogenannten Springfluthen, wenn Sonne und
Mond gemeinschaftlich wirken zur Zeit des Vollmondes und
Neumondes; bedeutend schwächer sind sie zur Zeit des ersten
oder letzten Viertels, weil während dieser Sonne und Mond
sich in ihrer Wirkung gegenseitig stören und die sogenannten
Nippfluthen erzeugen. Da diese Himmelskörper ihre
Stellung zur Erde und gegen einander fortwährend verändern,
so ändern sich auch fortwährend die Verhältnisse der Gezeiten,
wie man Ebbe und Fluth zusammen bezeichnet, sowohl ihrer
Höhe als der Zeit ihres Eintretens nach. Die Fluth stellt
eine ungeheure Welle dar, deren Lauf, wo sie nicht durch
entgegenstehende Länder gehemmt oder in ihrer Richtung ab=
gelenkt wird, von Osten nach Westen, dem scheinbaren Gange
des Mondes folgend rings um die Erde stattfindet, und zwar
in derselben Zeit, welche dieser braucht, um wieder in den
Meridian eines Ortes zu kommen, in 24 Stunden 50¹/₂ Minute.

Am regelmäßigsten zeigt sich diese Bewegung des Meeres an den Inseln des stillen Oceans, und zwar selten mehr als 2 Fuß hoch, am heftigsten und unregelmäßigsten da, wo weit in das Meer vorspringende Ländermassen die Fluthwelle hemmen und einen stets schmäler werdenden Busen bilden, in dessen Hintergrunde die eindringende Fluthwelle immer stärker eingeengt wird. So erreichen an den Küsten des Kanals die Springfluthen bei St. Malo zuweilen eine Höhe von 50 Fuß, und in der Fundy-Bay an den Küsten Neubraunschweigs ist sie schon bis zu 112 Fuß hinangestiegen. Kleinere, mit den großen Oceanen nur durch schmale Kanäle in Verbindung stehende Meere zeigen sie nur in sehr geringem Maße, doch läßt sie sich auch an solchen Meeren wie z. B. das mittelländische noch wohl erkennen. Am schwächsten ist sie in den eingeschlossenen Polarmeeren, doch erreicht sie nach Franklin auch hier noch eine Höhe von 20 Zoll, oft auch nur von 3 Zoll, trägt aber immerhin noch bei zur Zertrümmerung der Eismassen, welche jene kalten Meere bedecken.

Höchst merkwürdig ist ihre Wirkung auf einige Flüsse, wenn das spezifisch schwerere Meerwasser von Wind und Fluth begünstigt der Strömung desselben entgegenarbeitet. Nirgends zeigt sich dies in einem großartigeren Maßstabe als an dem Amazonenstrom, dessen Bette allerdings auch günstiger als irgend ein anderes gegen die von Osten herbringende Fluthwelle des atlantischen Oceans gerichtet ist. Unter dem Namen Prororoca, der Roller, ist die furchtbare, stromaufwärts sich stürzende Brandung von allen Anwohnern und Schiffern dieses Flusses wohl gekannt und gefürchtet. Wir werden später noch Näheres von ihr berichten.

Meeresströme.

Erst in der neueren Zeit hat man erkannt, daß sich Theile des Meeres mit derselben Regelmäßigkeit fortbewegen, wie

zwischen festen Ufern eingeschlossene Ströme. Am längsten
bekannt ist der mächtigste dieser Flüsse im Meer, der sog.
Golfstrom, dessen Verhältnisse wir in der Folge näher betrachten
wollen. Nach und nach beobachtete man aber, daß die Zahl
derselben eine sehr beträchtliche sei und daß sie in allen Oceanen
nach den verschiedensten Richtungen hin sich bewegen, wie das
Kärtchen S. 29 auf den ersten Blick erkennen läßt. Erst eine
kleine Zahl derselben ist bis jetzt in ihrem Ursprunge, ihrer
Ausdehnung und ihrem Laufe näher bekannt; über die Ur=
sachen dieses Strömens ist man für jeden einzelnen ebenfalls
noch nicht ganz im Reinen.

Als die hauptsächlichsten Gründe dieser Strömungen lassen
sich gegenwärtig folgende angeben:

Beständig in derselben Richtung wehende Winde theilen
dem Wasser ihre Bewegung mit; so erzeugen die Passatwinde
die äquatorialen, von Ost nach West gerichteten Ströme.

Beträchtliche Unterschiede in der Verdunstung des Wassers
und der Regenmenge, welche ebenso Verschiedenheiten im Niveau
der verschiedenen Meere erzeugen müssen, wie sehr ungleiche
in dieselben sich vom Lande ergießende Wassermengen, bedingen
ebenfalls Strömungen. So ergießen sich in das so ungemein
stark durch die trockene und heiße afrikanische Luft verdampfende
Mittelmeer vom atlantischen Ocean wie vom schwarzen Meere
her Strömungen zur Ausgleichung der so erzeugten Niveau=
differenz.

Unterschiede in der Temperatur, sowie im Salzgehalte
und dadurch bedingte Ungleichheit des spezifischen Gewichtes
erzeugt eine Bewegung, wie wir es schon S. 18 ange=
deutet haben.

Wir sehen daher aus allen arktischen Meeren Wasser
nach den Aequatorialgegenden sich bewegen. Sie bringen die
gewaltigen Eismassen, welche die Polargletscher ins Meer
geführt, oft hinab bis in die Gegend der Azoren. Unsere

Fig. 6. Schwimmender Eisberg.

Abbildung (Fig. 6) zeigt einen solchen schwimmenden Eisberg, wie er J. Roß an den Küsten Grönlands begegnete.

Sie haben schon manchem Schiffe, dessen Bemannung von so unheimlichen Nachbaren nichts ahnete, den Untergang bereitet und erfordern auf der Fahrt zwischen Amerika und Europa in manchen Monaten große Vorsicht; auch in den indischen Ocean treiben sie oft weit herauf und sind selbst in 37° südl. Breite noch angetroffen worden. Aus dem asiatischen Polarmeer bringen diese kalten Wasserströme große Massen von Treibholz, das den sibirischen Flüssen entstammt, bis nach Island und dienen so zur Erwärmung für die spärliche Be=völkerung dieser immer mehr veröbenden Insel in den langen Wintern. Wir wollen nur einen derselben etwas näher be=trachten, den schon erwähnten Golfstrom, weitaus den mächtigsten aller bekannten Meeresströme. „Ein Strom ist in dem Ocean, sagt von ihm Maury*); er versiegt nie, wenn sonst Alles verdorrt; er tritt nicht aus seinen Ufern, wenn auch die mächtigsten Fluthen ihn schwellen. Seine Ufer und sein Grund bestehen aus kaltem Wasser, während seine Strömung warm ist. Der Golf von Mexiko ist seine Quelle, und seine Mündung liegt in den arktischen Meeren. Es ist der Golfstrom. Es giebt in der Welt keine zweite Wasserfluth, die ihm an maje=stätischer Größe gleichkäme. Seine Strömung ist reißender als die des Mississippi und des Amazonenstromes." Die Schnelligkeit und die Breite dieser gewaltigen Strömung ist eine sehr verschiedene. Am Anfange, in seinem engsten Theile bei Florida zeigt er zuweilen eine Schnelligkeit von 120 g. M. in 24 Stunden, also von 5 Meilen für die Stunde; an der Ostseite Amerikas anfangs noch 50 g. M. Beim Cap Hatteras

---

*) Maury, die physische Geographie des Meeres. Vergl. auch Petermann's schöne und mühevolle Arbeit „der Golfstrom" in dessen „Mittheilungen" ꝛc. Bd. 16 S. 201.

beträgt sie noch täglich 20 — 24 Meilen, dann mäßigt sie sich
immer mehr und mehr und wird an den Küsten Norwegens
fast unmerklich, bis sie sich endlich in den arktischen Meeren
völlig verliert. Seine Breite wechselt ebenfalls sehr bedeutend;
an der engsten Stelle 11 g. M. breit, ist er am Cap Hatteras
30, bei Halifax 60 — 100, weiter östlich im atlantischen Ocean
selbst 250 g. M. breit geworden. Sehr merklich ist der Unter=
schied in der Temperatur seiner Gewässer von denen des ihn
begrenzenden Oceans. Sie beträgt im Winter östlich vom
Cap Hatteras 16° C. mehr als die Wasser jenes sie zeigen,
nämlich 27° C., während in seinem weiteren Verlaufe der
Unterschied nur noch 4 — 5° C. beträgt und endlich wie seine
Bewegung unmerklich wird. Daß eine so enorme Wassermasse
durch diese ihre höhere Temperatur von dem größten Einflusse
auf die klimatischen Verhältnisse der Gegenden sein muß, welche
sie berührt, bedarf kaum einer Erwähnung. Wir haben hier
an dem Golfstrom das großartigste Beispiel einer natürlichen
Wasserheizung auf der Erde, die sich namentlich in den Winter=
monaten sehr bemerklich macht und bewirkt, daß die mittlere
Temperatur des Monat Januar in dem Polarmeere noch
nördlich vom Nordkap in 74° n. Br. nicht niedriger ist als
in Peking unter 40 n. Br., daß in Reikiavik auf Island in
13 Jahren keine größere Kälte als — 12° R. beobachtet
wurde und daß der Eiswall, welchen die Polarmeere unter
der Herrschaft des Winters nach Süden immer weiter hinab=
bauen, westlich von Spitzbergen selbst in der kalten Jahres=
zeit erst bei 77° n. Br. beginnt, während er in der Davis=
straße bis zu 66° herabsteigt, die Nordküste Asiens und
Europas vollständig ummauert und in dem weißen Meere
selbst bis unter den 64. Grad herabbringt.

Ein Theil des Golfstromes wendet sich übrigens auch in
der Gegend der Azoren nach Süden, folgt der Westküste von
Afrika und kehrt von der Küste von Senegambien an in dem

Fig. 7. Meeresströme.

großen Aequatorialstrome, der den atlantischen Ocean von
Osten nach Westen durchzieht, wieder zu seinem Ausgangs=
punkte, dem Golf von Mexiko, zurück; ein Theil dieses merk=
würdigen Stromes beschreibt also einen vollständigen Kreislauf
von 2900 g. M. Länge, den großen atlantischen Wirbel, wie es
A. v. Humboldt bezeichnet hat.

Eben die Tiefseeuntersuchungen haben gezeigt, daß der=
selbe sehr tief hinabgreift, stellenweise bis auf den Grund.
Noch zwischen Irland und Spanien läßt er sich durch die
Wärme des Wassers bis zu 5400 Fuß Tiefe nachweisen; erst
unter dieser Tiefe finden sich die kalten Polarwässer.

In keinem Meere vermißt man solche Strömungen, wenn
auch keine andere einen solchen raschen Lauf erkennen läßt,
wie der Golfstrom. Sie tragen wesentlich dazu bei, die Un=
gleichheit der Temperaturen der verschiedenen Gegenden aus=
zugleichen, und sind von dem wesentlichsten Einflusse sowohl
auf die klimatischen Verhältnisse unserer Erde, als auch auf
die Verbreitung der in das Meer durch die Flüsse einge=
schwemmten mineralischen Stoffe. Weniger genau bekannt in
ihrem Verlaufe, auch nicht so rasch strömend wie der Golfstrom,
haben sie erst in den letzten Jahrzehnten die Aufmerksamkeit
der Seefahrer in höherem Grade auf sich gezogen, namentlich
seit sich ihre Bedeutung für die Schifffahrt immer deutlicher
herausgestellt hat. Die vorstehende kleine Karte (Fig. 7) giebt
eine Uebersicht über die näher beobachteten. Zu den genauer
bekannten gehört der Humboldtstrom, der längs der Westküste
von Südamerika bis zum Aequator hinauf sich verfolgen
läßt und häufig auch als Peruanischer Strom bezeichnet wird.
Wie in dem atlantischen Ocean, so ist auch in dem stillen
Ocean eine große Aequatorialströmung nachgewiesen worden,
welche sich in einem breiten Gürtel über dieses größte aller
Meere erstreckt und sich bis nach Neuguinea und Neuseeland
verfolgen läßt. Auch in dem indischen Ocean macht sich in

derselben Richtung von Ost nach West gehend eine Strömung
bemerklich, deren Verlauf übrigens durch das von Norden bis
an den Aequator sich erstreckende Asien, sowie durch die Küste
Afrikas wesentlich modificirt wird.

Aehnlich dem Golfstrome an der Ostküste Nordamerikas
zieht sich auch an der Ostküste Asiens ein Strom hin, der sich
bei Japan ebenfalls östlich wendet und im großen Ocean sich
verliert. Je genauer man die Oberfläche des Meeres beobachtet,
desto mehr solcher Strömungen wird man gewahr.   Aber
auch in der Tiefe findet sich fortwährende Bewegung. Dieselben
Erscheinungen wie das Luftmeer bildet auch das Wassermeer
dar, bedingt durch dieselben Ursachen, Ungleichheit in der
Schwere, wozu noch bei dem Meere die von den regelmäßig
wehenden Winden ihm mitgetheilte Bewegung hinzukommt.
In der Atmosphäre ist es nur der Temperaturunterschied,
welcher ihre Bewegungen erzeugt; bei dem Meere kommt
noch wesentlich hinzu die Verschiedenheit im Salzgehalte, der
sich durchschnittlich im polaren Wasser niedriger, im äquatorialen höher zeigt.   Die sogenannten Gegenströmungen auf dem
Grunde des Meeres sind wesentlich durch letzteres Moment
bedingt.   Ihr Dasein ist durch mancherlei Beobachtungen be-
wiesen, aber ihre Richtung noch größtentheils unbekannt, wie
überhaupt die Tiefe des Meeres noch so manches Räthsel
birgt.   So viel ist übrigens schon jetzt als ausgemacht anzusehen, daß in dem Meere ein höchst wunderbarer Kreislauf
des Wassers stattfindet, daß durch lokale wie durch allgemeine
Ursachen ein höchst complicirtes System von Bewegungen
theils in horizontaler, theils in senkrechter Richtung entsteht,
welche einen beständigen Ortswechsel der Wassermassen bedingen
und eine Gleichheit und Gleichmäßigkeit aller Verhältnisse des
Meeres herbeizuführen geeignet sind, soweit dieses überhaupt
durch eine Vermischung der Wassermassen der verschiedenen
Meere mit einander möglich ist.

II.

Der Kreislauf des Wassers.

Den Lauf der Wasser von den Bergen zu den Thälern, von dem Lande zum Meere sehen wir unaufhörlich vor unseren Augen sich vollziehen, und dennoch wird das Meer nicht voller und die Quellen und Ströme versiegen nicht. Angesichts dieser Thatsachen liegen die zwei Fragen nahe: Wo kommt denn das Wasser aus dem Meere hin? und wo kommt das Wasser für unsere Flüsse her? Eben so nahe liegt auch die Antwort für beide: in die Luft und aus der Luft. Das Wasser ist einem beständigen Kreislaufe unterworfen, es strömt als tropf= bar=flüssiges Wasser sichtbar beständig in das Meer und steigt im gasförmigen Zustande als Wasserdampf unsichtbar eben so beständig in die Luft und aus dieser allerorts als Nebel, Wolke, Regen und Schnee wieder zur Erde nieder, um Quellen und Flüsse zu erzeugen.

Daß an der Sommersonne das Wasser rascher verdampft, als im Winter, lehrt selbst eine oberflächliche Beobachtung, ebenso aber auch, daß es bei jeder Temperatur sich in Dampf verwandelt; selbst das härteste Eis giebt in der strengsten Kälte Wasserdampf in die Luft ab, die Menge jedoch ist äußerst gering, verglichen mit der, welche Wasser bei höherer Tempe= ratur liefert. Daher ist auch die Dampfbildung eine ungemein stärkere unter den Tropen, als in den kälteren Ländern, eben so natürlich eine stärkere über den Meeren, als auf dem festen Lande. Durch die Wirkungen der Wärme selbst wird aber eine Ausgleichung dieser Unterschiede ebensowohl zum Vortheil der tropischen und wasserreichen, als der kälteren und wasser= armen Gegenden herbeigeführt. Die Wärme dehnt nämlich alle Körper aus, besonders stark die gasförmigen, wie Luft und Wasserdampf. In demselben Verhältnisse müssen sie aber

auch leichter werden. Wie in dem Wassermeere wird auch
durch diese ungleiche Schwere der heißen tropischen und kalten
Polarluft eine Bewegung in dem Luftmeere erzeugt. In der
Aequatorialzone findet ein sehr lebhaftes Aufsteigen der er=
hitzten Luft statt. Sie fließt in den oberen Schichten nach
den Polen hin ab, und von den Polen her rückt die kältere
schwerere Luft über die Oberfläche der Erde hin. Die
Aequatorialluft, durch die Achsendrehung der Erde mehr und
mehr eine westlichere Bewegung auf ihrem Zuge nach den
Polen annehmend, gießt so die Fülle ihres Wasserdampfes
über die trockenen Kontinente, bildet in den kälteren Regionen
Wolken und Regen, die sich zu Quellen und Bächen ansammeln.
Mit und in dem Wasserdampf nimmt sie aber auch zugleich
eine beträchtliche Menge von Wärme aus den heißen Zonen
mit und giebt diese ab, sowie sich dieser wieder in den flüssigen
oder festen Zustand umsetzt, indem die sehr bedeutende Menge
von Wärme, welche erforderlich ist, um Eis oder flüssiges
Wasser in Dampf zu verwandeln, sofort wieder an der Stelle
frei wird, wo sich der Dampf verdichtet. So dient die Ver=
dampfung in den Tropen zu einer Abkühlung dieser und zu
einer Erwärmung kälterer Erdstriche. Nirgends steigt daher
die Hitze höher als in den wasserlosen Gegenden Afrika's, und
die grimmigste Kälte herrscht in den unter dem an Wasser=
dampf und Niederschlägen so armen Himmel des östlichen
Sibiriens.

　　So ist das Wasser beständig in Bewegung, beständig in
Umwandlung seiner Form, bald fest, bald flüssig, bald gas=
förmig und immerwährend in Thätigkeit. Kein Theilchen kann
sich auf die Dauer diesem Wechsel entziehen; denn auch die
auf den Gipfeln der höchsten Berge oder auf den Felsen der
Polarländer abgesetzten Schnee= und Eismassen kehren wieder
zu ihrer Heimath zurück, sei es vom Sturme weggefegt oder
auf dem Gletscherrücken abwärts geführt oder von der Erd=

wärme geschmolzen oder unmittelbar wieder als Dampf in die Atmosphäre zurückkehrend, die sie sicher anderen Orten und anderen Bestimmungen entgegenführt.

---

1. Das Wasser in der Luft.

Verdunstung.

Bei jeder Temperatur, sagten wir, kann sich das Wasser sowohl aus dem flüssigen Zustande wie aus dem Eise in den gasförmigen versetzen, oder verdampfen, wie wir es kurz bezeichnen. Die Menge des sich bildenden Dampfes hängt ab von der Temperatur und ferner von der Menge des in dem Raume über dem Wasser bereits vorhandenen Dampfes und von dem Drucke, unter dem es steht. Ist das Maximum von Dampf, welches bei einer bestimmten Temperatur in einem Raume enthalten sein kann, in diesem vorhanden, so sagt man, derselbe sei mit Wasserdampf gesättigt. In der Atmosphäre zeigt dieser dieselben Eigenschaften wie die Gase: er ist vollkommen durchsichtig, elastisch, besitzt aber nicht dieselbe Spannkraft wie diese, indem er für jede Temperatur nur einen bestimmten Druck aushält und noch stärker gepreßt in den tropfbar flüssigen Zustand zurückkehrt. Die folgende Tabelle giebt für einige Temperaturgrade die Spannkraft des Dampfes an, d. h. wie hoch die Quecksilbersäule sein muß, durch die der Dampf ohne flüssig zu werden gedrückt werden kann, daneben das Gewicht des Wasserdampfes, welches in einem Kubikmeter enthalten ist, wenn derselbe damit gesättigt ist.

Unsere atmosphärische Luft ist selten mit Wasserdampf gesättigt; schon unser Gefühl überzeugt uns davon, daß wir uns sehr häufig in trockener d. h. weit von ihrem Sättigungs=

punkte entfernter Luft befinden, aber auch umgekehrt empfinden wir die größere Feuchtigkeit derselben besonders durch die gehemmte Transspiration.

Temperatur	Spannkraft	Gewicht
— 20° C	1,3mm	1,5gmm
— 10	2,6	2,9
0	5,0	5,4
6	7,2	7,7
12	10,7	10,9
18	15,4	15,3
24	21,8	21,3
30	30,6	29,4

Unsere kleine Tabelle giebt uns bei näherer Prüfung auch die beste Erklärung für das Zustandekommen der atmosphärischen Niederschläge, Wolken, Regen, Schnee u. f. f.

Denken wir uns einen Kubikmeter Luft von 30° Temperatur mit einem von 6° Temperatur gemischt, beide mit Wasserdampf gesättigt, so wird die Temperatur der 2 Kubikmeter $\frac{30 + 6}{2}$ d. i. 18° betragen, die in dem Gemische enthaltene Dampfmenge aber $29,4 + 7,7 = 37,1$, also in einem Kubikmeter $\frac{37,1}{2} = 18,5$ Gramm betragen. Ein Kubikmeter von 18° kann aber, wie unsere Tabelle zeigt, im Maximum nur 15,3 Gramm Wasserdampf aufgelöst erhalten, es muß also durch die Mischung zweier gesättigter Luftarten stets ein Niederschlag entstehen.

Da die Verdunstung an freier Luft vorzugsweise von der Wärme und dem in ihr schon vorhandenen Wasserdampf abhängt, so ist dieselbe natürlich außerordentlich verschieden nach den Jahreszeiten, nach der Lage des Ortes, der geographischen Breite und manchen anderen Verhältnissen. Bis jetzt sind noch wenig Versuchsreihen von längerer Dauer darüber angestellt worden. Sie ergeben zum Theil sehr auffallende Resultate. Die Erniedrigung des Wasserspiegels eines Gefäßes in Zollen ausgedrückt betrug die Verdampfung in einem Jahre an

der ostindischen Küste 270 3.
    in Cumana   130
    „ Marseille   85
    „ Rom   73,2
    „ Mannheim 68,8
    „ Bordeaux   59
    „ Troyes   29
    „ Breslau   14.

Außer der Wärme ist die Windrichtung noch von sehr großem Einfluß; bei uns ist die Verdunstung am größten bei Nordostwind, am schwächsten bei Südwest, bei Windstille wieder nur halb so groß als bei stärkerem Winde. Die Verdunstung aus der Oberfläche der Erde ist natürlich noch verschiedener nach der Beschaffenheit des Bodens, den Vegetationsverhältnissen und noch wenig untersucht. In unseren Breiten übertrifft sie im Sommer beträchtlich die Menge der Niederschläge, wird dagegen im Winter geringer als diese. Nach den mehrjährigen Beobachtungen am Observatorium zu Greenwich beträgt die Verdampfung aus einem Gefäße in einem Jahre 28 Zoll. Würden wir diese Höhe als eine mittlere gelten lassen, so würden, die Oberfläche aller Wassermassen der Erde zu 7 Millionen Quadrat-Meilen angenommen, jährlich 800 Kubik-Meilen Wasser verdampfen.

Verbreitung des Wasserdampfes.

Nirgends auf der Erde befindet sich die Atmosphäre im Zustande vollständiger Trockenheit, selbst in den wasserlosen Wüsten Afrika's und Arabiens enthält die Luft noch etwas Wasserdampf. Es sind die großen Wassermassen der Oceane, welche die Länder umfassend über diese die lebenspendenden Dämpfe ausgießen. Es wird nämlich, wie wir schon erwähnten, durch die Ungleichheit in der Temperatur der verschiedenen Orte der Erde eine beständige Circulation der Luft vermittelt, welche vorzugsweise von dem Aequator nach den Polen und von diesen zu dem Aequator zurück stattfindet, also eigentlich in einer nordsüdlichen Richtung, die aber außer durch Gebirge bedeutend durch die Achsendrehung der Erde in der Art modificirt wird, daß die von dem Aequator heraufbringende Luftströmung einen südwestlichen und westlichen Lauf nimmt, dagegen die von den Polen herabrückende sich in einen Nordost- und Ostwind verwandelt. Natürlich führt die feuchtere Aequatorialluft ihren Wasserdampf über alle die Länder, die sie auf ihrem Zuge berührt, und läßt, da sie dabei in immer kältere Regionen gelangt, als die ihrer Heimath waren, einen Theil ihres Wasserdampfes fahren, sowie sich ihre Temperatur so weit erniedrigt hat, daß sie nicht mehr im Stande ist, denselben aufgelöst zu erhalten. Mit der Luft werden aber auch noch, wie alltägliche Erfahrungen lehren, eine Menge von Stoffen in feinvertheiltem Zustande als Staub fortgeführt und von starken Winden über ungeheuere Strecken verbreitet. Die mikroskopische Betrachtung dieses Staubes hat uns den Ausgangspunkt oder wenigstens die Stationen mancher Winde kennen gelehrt, die zu uns gelangen. Man findet nämlich in demselben die zartesten Organismen aus dem Thier- und Pflanzenreich, welche durch ihr Vorhandensein in der bewegten Luft zeigen, daß der Wind, welcher sie uns gebracht, über ihre Heimath

hingegangen und sie von dort mitgenommen habe. So hat
man erkannt, daß von den westindischen Inseln Winde zu uns
gelangen und die aus dem atlantischen Ocean aufsteigenden
Wasserdämpfe über unsere Fluren ergießen; und der Föhn,
von Schweizer Naturforschern als ein Kind der Sahara be=
zeichnet, wird von andern auch auf Westindien zurückgeführt.

Die atmosphärischen Niederschläge.

Wir haben vor Kurzem erwähnt, daß eine Erniedrigung
der Temperatur einer mit Wasserdampf gesättigten Luft oder
eine Mischung zweier Luftströme von verschiedener Temperatur
stets von einer Verdichtung und Ausscheidung eines Theiles
des Wasserdampfes begleitet sei. In unserer Atmosphäre
finden sich beide Verhältnisse sehr häufig, wir dürfen nur an
die Temperaturverschiedenheit von Tag und Nacht, an die
Vermischung der Aequatorial= und der Polarströmungen denken.
Im Kleinen sehen wir diese Wirkungen alltäglich aus denselben
Ursachen. Die Fenster eines geheizten Zimmers, eine Flasche
mit kaltem Wasser im Sommer beschlägt sich mit dem auf
ihnen ausgeschiedenen Wasserdampf, unser Hauch erzeugt in
kühler Luft kleine Wolken.

Dasselbe geschieht nun in der Atmosphäre im größten
Maßstabe. An dem klaren Himmel zeigen sich bei beginnendem
Regenwetter feine weiße Streifungen oder flockenartige Wölk=
chen, es sind die in den höchsten Regionen von der herein=
wehenden feuchten Aequatorialluft herrührenden Verdichtungen
des Wasserdampfes. Jeder weiß, wie außerordentlich wechselnd
und schwankend die Formen der Wolken sind; man hat aber
doch 4 Hauptformen derselben unterschieden:

1) den Cirrus oder die Flockenwolke, auch Federwolke, bei den
Schiffern oft Katzenschwanz genannt; in den höchsten Regionen
sich bildend, häufig ein Vorbote des sich ändernden Wetters;

2) den Cumulus, Haufenwolke; die besonders im Sommer

so mächtig sich aufthürmenden, kugelige Umrisse zeigenden
Massen derselben;

3) den Stratus, Schichtwolke; oben und unten horizontal
begrenzt;

4) den Nimbus, die eigentliche Regenwolke.

Zwischenformen hat man als Cirrocumulus, Cirrostratus
und Cumulostratus bezeichnet. Das Nähere über die Ent=
stehung dieser verschiedenen Wolken, ihre physikalischen Ver=
hältnisse, gehört der Meteorologie an.

Ist die Luft so feucht, daß sie die gebildeten Bläschen, aus
denen unser verdichteter Hauch wie die Wolken bestehen, nicht
mehr aufzulösen vermag, so werden sie immer größer und
dichter und fallen nun als Regen oder Schnee herab. Je
feuchter die Luft war und je beträchtlicher die Höhe, aus der
sie herabstürzen, desto größer werden die einzelnen Tropfen,
daher sie bei uns in Gewitterregen des Sommers schon
Erbsengröße erreichen, während die feinen Sprühregen im
Winter, kaum recht in der Luft fallend, dieselben etwa wie ein
Hirsekorn groß zeigen.

Die Menge des Regens und Schnees verhält sich in
den verschiedenen Gegenden der Erde höchst verschieden. Am
größten ist sie in den Tropen und nimmt ab gegen die Pole,
doch sind Meeresströme, Gebirge, vorliegende größere Länder=
massen von dem größten Einflusse. Als allgemeines Gesetz
läßt sich angeben: Je näher dem Aequator und je näher dem
Meere, desto größer sind die Regenmengen.

Nach Berghaus beträgt die Menge der atmosphärischen
Niederschläge in den

Tropen der neuen Welt	108	Zoll im Jahre
Tropen der alten Welt	72	„ „ „
Südeuropa	32	„ „ „
Süddeutschland	25	„ „ „
Mittel= und Norddeutschland	20	„ „ · „

Klassifikation der Wolken nach Howard.

Fig. 8. Cirrus oder Flockenwolke.

Fig. 9. Cumulus oder Haufenwolke.

Fig. 10. Stratus oder Schichtwolke.

Fig. 11. Nimbus oder Regenwolke.

Das Maximum findet ſich zu Cherrapoonjee am Himalaja mit 43 Fuß und an der Weſtküſte Indiens mit 398 Zoll oder 33 Fuß, an den Ghats und auf Guadeloupe mit 274¼ Zoll.

Durch lokale Verhältniſſe bedingte ungewöhnlich große Regenmengen zeigt Coimbra, 211 Zoll und Bergen 77,6 Zoll, dagegen ein ſolches Minimum Madrid, das nur 9½ Zoll Regen im Jahre hat.

Wir haben bis jetzt nur von ſehr wenigen Orten über eine längere Reihe von Jahren fortgeſetzte Regenbeobachtungen, für Deutſchland aber ſolche von mehr als zweihundert Stellen. Es ergeben ſich daraus folgende allgemeine Sätze:

An jeder Stelle ſchwanken die Regenmengen in den ver= ſchiedenen Jahren ſehr bedeutend. Nach einer ſiebzigjährigen Beobachtungsreihe beträgt z. B. in Regensburg die mittlere jährliche Regenmenge 21½ Pariſer Zoll, das Minimum (1840) nur 13,6 Zoll, das Maximum (1827) 34,7 Zoll. In Bremen mit einem Mittel von 23½ Zoll fand ſich das Minimum (1857) zu 11¾ Zoll, das Maximum (1836) zu 32,95 Zoll.

Die Regenmenge nimmt unter gleichen Umſtänden ab, je weiter landeinwärts öſtlich die Orte liegen. Das erkennt man leicht aus folgenden Zahlen, welche die Regenmenge verſchiedener Orte des norddeutſchen Tieflandes angeben. Aachen 25,7, Bonn 24,7, Hannover 20,13, Halle 18,94, Breslau 17,5, Polniſch= Wartenberg 11,50.

Die Regenmenge nimmt zu in gebirgigen Gegenden. Auf dem Harze z. B. fällt in Klausthal 47,8 Zoll, während die Ebene rings um ihn nur 20—25 Zoll erhält. In Trautenau auf den Sudeten beträgt die Regenmenge 43,5 Zoll, in König= grätz aber 24,4 und in Brünn nur noch 17,2 Zoll.

Das Maximum überhaupt, welches in Deutſchland fällt, haben die Alpen. In Alt=Auſſee, ſüdöſtlich von Salzburg beträgt die Menge der Niederſchläge 62,7 Zoll!

Doch kommt auch sehr viel auf die Richtung der Ge=
birgsketten in ihrem Verhalten zu der Richtung der uns vor=
zugsweise Regen bringenden Südwest= und Westwinde an, wie
sich die Regenverhältnisse gestalten, und auf die Höhe der
Berge. Es können sich daher die Regenverhältnisse auf ver=
schiedenen Stellen eines und desselben Gebirgskammes sehr
verschieden zeigen. Sie wirken aber auch auf die Ebenen
zurück, welche sich um die Gebirge herum erstrecken. Auch die
Vegetation ist nicht ohne merklichen Einfluß; ausgedehnte
Wälder vermehren die Regenmenge, sandige Flächen verringern
sie. Aus diesem Grunde zeigen auch häufig benachbarte Orte,
die sonst gleiche Lage haben, merkliche Abweichungen der
Regenverhältnisse.

Nach den bis jetzt vorliegenden Beobachtungen hat
v. Möllendorf*) die durchschnittliche Regenmenge für ganz
Deutschland zu 24,98 P. Zoll berechnet. Davon fallen 22,4 pCt.
im Frühling, 36 im Sommer, 23,5 im Herbst und 18,1 im
Winter.

Es giebt auch vollkommen regenlose Gegenden; in der
Sahara, der Wüste Gobi und auf einem Streifen der peru=
anischen Küste fällt nie ein Tropfen Wassers aus der Atmo=
sphäre herab. Einen Ueberblick über die relativen Mengen=
verhältnisse des Regens in den verschiedenen Zonen der Erde
gewährt das Kärtchen (Fig. 12), das die regenlosen Gegenden
weiß, die andern im Verhältniß ihrer Regenmenge immer stärker
schattirt zeigt. Die mittlere Regenmenge der ganzen Erde, gleich=
mäßig über dieselbe vertheilt, würde etwa 28—30 Zoll im
Jahre betragen.

Wir hatten oben angegeben, daß sich nach den Beobach=
tungen in Greenwich die durchschnittliche Verdunstungshöhe
auf 28 Zoll belaufen möge. Diese Angabe findet eine Be=

---

*) Die Regenverhältnisse von Deutschland.

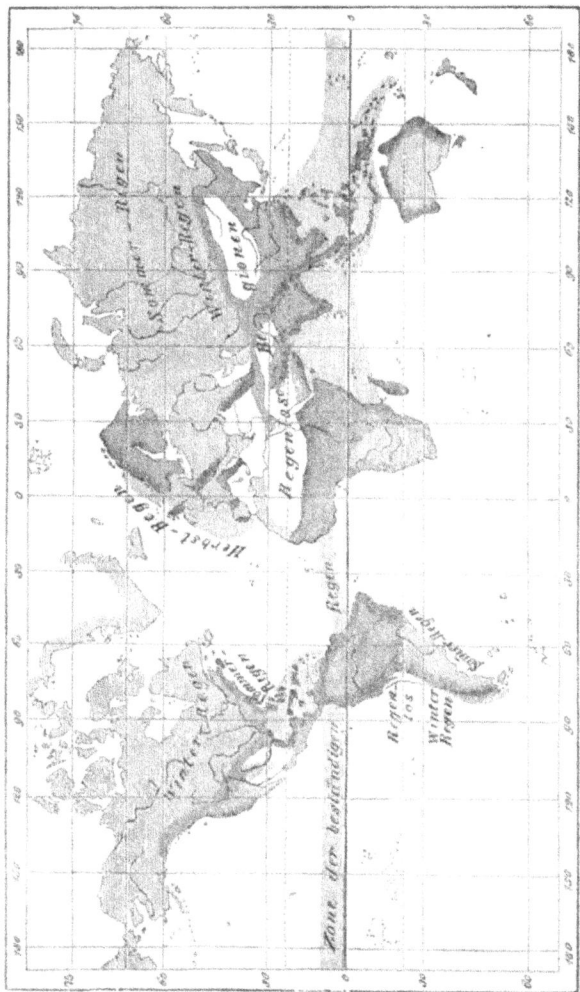

Fig. 12. Darstellung der Regenverhältnisse.

stätigung in der angegebenen Regenmenge, indem aller Regen von verdunstetem Wasser herrührt und es daher nicht mehr regnen als verdunsten kann.

Die Wasserdämpfe in der Luft bringen aber auch außer den atmosphärischen Niederschlägen noch mancherlei andere Wohlthaten über die Länder, sie sind von dem größten Einflusse auf die Wärme derselben, und zwar durch zweierlei Eigenschaften des Dampfes, von denen die eine die bereits vorhandene Wärme erhält, die andere solche erzeugt.

Wir wissen Alle, daß die Luft an hellen Wintertagen und in hellen Sommernächten ungleich kälter ist, als wenn der Himmel mit Wolken bedeckt ist. Es rührt dies davon her, daß die Erde, wie jeder Körper, der sich in einem Raume befindet, dessen Temperatur niedriger ist, als seine eigene, Wärme ausstrahlt. Die Temperatur des Weltraumes ist nun eine außerordentlich niedrige (sie wird nach verschiedenen Versuchen auf 100 — 120° unter Null angegeben), und die Erde müßte jede Nacht ungemein stark sich abkühlen, wenn nicht die Atmosphäre wie ein schützender Mantel die Ausstrahlung bedeutend mäßigte. Durch Versuche ist nun ermittelt, daß Wasserdampf die Wärmestrahlen viel weniger hindurchläßt, als trockene Luft, und noch weniger verdichteter Dampf in Form von Wolken und Nebeln.

Der Dampf liefert aber auch eine sehr beträchtliche Menge Wärme in die Atmosphäre, wenn er sich verdichtet. Nennen wir die Wärmemenge, welche nöthig ist, um die Temperatur von 1 Pfund Wasser um 1° C. zu erhöhen, eine Wärmeeinheit, so findet man, daß man 100 solcher Wärmeeinheiten braucht, um 1 Pfund Wasser vom Nullpunkt bis zum Siedepunkte zu erhitzen, aber 537, um dieselbe Quantität Wasser in Dampf von 100° zu verwandeln. Läßt man daher ein Pfund Wasserdampf von 100° Wärme in 5,37 Pfund Wasser von 0° einströmen, so erhält man 6,37 Pfund Wasser von 100° Wärme

So oft ein Pfund Wasserdampf in tropfbarflüssiges Wasser
übergeht, wird jedesmal so viel Wärme frei, als nöthig ist,
um 1 Pfund Wasser in Dampf zu verwandeln. Unter den
Tropen wird nun diese ungeheure Wärmemenge von den sich
bildenden Wasserdämpfen gebunden und in den Gegenden
wieder abgegeben, in welchen die Verdichtung derselben statt=
findet. So kommt die Hitze der heißen Zone durch den
Wasserdampf der Atmosphäre auch den kältesten Ländern zu
gute, sie wird durch dieselbe dort wieder frei und mindert so
wesentlich die große Kälte dieser Regionen, welche ohne diesen
Wärmeschatz ihre Eisströme bis weit herab in die Festländer
erstrecken und den der Vegetation fähigen Erdraum auf einen
schmalen Streifen zu beiden Seiten des Aequators beschränken
würden.

---

2. Das fließende Wasser.

Quellen.

Bis in dieses Jahrhundert herein dauerte der Streit über
die Frage, ob die Quellen nur dem atmosphärischen Wasser
ihren Ursprung verdanken, wie es schon von Aristoteles
bestimmt behauptet wurde. Man glaubte nämlich, es möchten
auch dadurch Quellen entstehen, daß auf geheimnißvolle Weise
Wasser aus dem Meere durch die Erdrinde aufsteige und hier
und da hervorquelle, eine Ansicht, von der man sich nur wundert,
wie sie in unserm Jahrhundert noch ernsthaft ausgesprochen
werden konnte. Es kann gar keinem Zweifel mehr unterworfen
sein, daß alles fließende Wasser aus der Atmosphäre auf die
Erde gelange und, in die zahllosen Ritzen und Spalten ein=
dringend, nach kürzerem oder längerem Laufe an tiefer ge=
legenen Stellen zum Vorschein komme.

Groß ist der Unterschied in dem Verhalten der Quellen nach verschiedenen Seiten hin, was die Wasserfülle, chemische Beschaffenheit des Wassers und die Temperatur derselben betrifft. Aber alle diese Unterschiede sind bedingt durch die Verhältnisse des Bodens, welchen die Wasser durchdringen, und der alte Spruch von Plinius: tales sunt aquae, quales terrae per quas fluunt (so sind die Wasser wie der Boden, durch den sie fließen), giebt uns die vollständigste Erklärung für dieselben.

Vor Allem kommen hier die mechanischen Verhältnisse des Bodens in Betracht; ein stark zerklüftetes und geschichtetes, festes Gestein giebt Veranlassung zu sehr mächtigen Quellen in den Thälern. Unsere Kalkgebirge geben hierfür den besten Beweis; Quellen, welche wenige Schritte nach ihrem Ursprunge Mühlenräder treiben, sind nicht selten, dagegen treten sie meist spärlich im Gebiete vulkanischer oder massiger Gesteine auf. Eine der berühmtesten ist die aus Kalkstein hervorbrechende Quelle von Vaucluse, die in regenreichen Zeiten selbst 3600 Kubikfuß Wassers in einer Minute liefert. Auch die Lage der Schichten ist von großer Wichtigkeit. Das eindringende Wasser folgt der Neigung der Schichten, und man findet daher häufig an Bergen, die aus solchen geneigten Schichten bestehen, sehr viele Quellen auf der Seite, nach welcher die Schichten sich hinneigen, während die andere ganz quellenlos sich zeigt.

Am einleuchtendsten ist der angeführte Ausspruch des alten Naturforschers für die chemische Zusammensetzung des Quellwassers. Das Regenwasser, durch einen großen Destil=lationsprozeß aus dem Meere entstanden, ist fast ganz chemisch rein. Alle Mineralbestandtheile der Quellen müssen daher aus dem Boden genommen sein, durch den das Wasser floß, ehe es als Quelle zu Tage trat. Führt eine Quelle beträcht=lichere Mengen aufgelöster und durch den Geschmack leicht

bemerkbarer Bestandtheile, so nennen wir sie eine Mineral=
quelle; doch ist dieser Begriff ein etwas unbestimmter, insofern
als alle Quellen mineralische Bestandtheile enthalten. Ebenso
ist aber auch die Temperatur der Quellen abhängig von
der Temperatur der Erdschichten, aus welchen sie kommen.
Wir wissen, daß mit der Tiefe der Erdrinde die Temperatur
immer mehr zunimmt, und dürfen daher annehmen, daß sehr
warme Quellen aus beträchtlichen Tiefen kommen.

Eines der bekanntesten und großartigsten Beispiele einer
solchen heißen Quelle bietet der große Geiser auf der Insel
Island.

Er zeigt zugleich wie andere Quellen daselbst die Eigen=
thümlichkeit, in ziemlich regelmäßigen Intervallen plötzlich
unter heftiger Dampfentwicklung eine bedeutende Wassermasse
aus einem ca. 10 Fuß weiten, 70 Fuß tiefen Kanal, der von
einem 48 Fuß weiten Becken von Kiesel umgeben ist, kochend
und in glänzend weiße Dampfwolken gehüllt, bis 150 Fuß
hoch in die Höhe zu schleudern. Ist dieser Ausbruch vorüber,
so kann man ungefährdet dem von der Quelle selbst aus
schneeweißer Kieselerde gebildeten Bassin sich nahen und das
Wasser, prachtvoll blau erscheinend, wieder allmählich von der
Tiefe bis zu dem Rande des Kieselbeckens sich erheben sehen.
Eine halbe Stunde etwa verhält sich dann der Geiser wie
eine gewöhnliche Quelle, dann steigen immer heftiger große
Dampfblasen von unten herauf, das Wallen und Empor=
spritzen steigert sich immer mehr, bis von Neuem nach einer
gewaltigen Eruption das Wasser in die Tiefe des Kanals
versunken erscheint. „Die ungeheure Masse des emporge=
schleuderten Wassers, die Heftigkeit und das Geheimnißvolle
dieser Gewalt, die unberechenbaren glänzenden Dampfwirbel,
die sich in unerschöpflicher Fülle entwickeln, das alles vereinigt
sich, nm diese Erscheinung als eines der glänzendsten Spiele
der Thätigkeit der Natur erscheinen zu lassen." (Lord

Fig. 13. Der große Geiſer auf Jsland.

4*

Dufferin.) In ganz ähnlicher Weise zeigen fich diefelben
Erscheinungen auch auf der Insel Neuseeland. Um den See
Roto=Mahana herum zeigen fich gegen 200 folcher fprudelnder
Geifire. Der mächtigfte davon ift der Te=Ta=Rata. Die von
den heißen Quellen zu Tage geförderten Maffen von Kiefel=
erbe lagern fich terraffenförmig ab und bilden die fchönften
fchneeweißen Tropffteinmaffen an den Rändern derfelben.
Noch großartiger zeigen fich die Geifire am Yellowftone,
einem Nebenfluffe des Miffouri. Aus mehr als 10000 Oeffnungen
zum Theil von 30 Fuß Durchmeffer erheben fich hier die Waffer=
säulen bis 130 Fuß Höhe und bilden ganze Bäche heißen
Waffers.

Daß fich auch in feitlicher Richtung die Waffer in der
Erde fehr weit fortbewegen, beweifen die Quellen, welche in
dem Meere hervorbrechen. So ift eine folche bekannt, die,
100 Seemeilen von der indifchen Küfte entfernt, aus dem
Grunde des Oceans emporquillt und bis an die Oberfläche
ihr füßes Waffer emporfendet.

Flüffe und Seen.

Wo im Laufe der Jahrtaufende Bewegungen der Erd=
rinde und das fließende, in den Boden fich einfreffende Waffer
felbft Rinnen erzeugte, durch die beftändig das von den Höhen
herabkommende Waffer der Tiefe und dem Meere zueilt, da
fehen wir einen Fluß vor uns. Es geht aus den genannten
Bedingungen für die Entftehung eines folchen unmittelbar
hervor, daß die Verhältniffe der Flüffe außerordentlich ver=
fchieden fein müffen, was Länge, Gefälle, Wafferfülle und
Größe des Stromgebietes betrifft. Unter letzterem Ausdrucke
verfteht man die Ausdehnung des Flächenraumes, von dem
alles abfließende Waffer in dem einen Strome fich fammelt.
Sie find vorzugsweife abhängig von der Gebirgsbildung der
Länder, in welchen die Ströme entftehen, und von den Regen=

verhältnissen in denselben. Wie verschieden sind namentlich
die Größenverhältnisse der Stromgebiete, und keineswegs abhängig von der Größe der Kontinente. Dies sieht man am
deutlichsten an Amerika. Südamerika's Amazonenstrom, Nordamerika's Mississippi übertreffen weitaus an Größe alle übrigen
Ströme der Erde, während Nordamerika wie Südamerika,
jedes nur wenig mehr als ⅓ des Flächeninhaltes von Asien
hat. Der Nil hat nach den neuesten Entdeckungen seiner
Quellen dieselbe Länge wie der Amazonenstrom, aber alle seine
Nebenflüsse versiegen im Sommer, und sein Stromgebiet, auf
einen schmalen Streifen durch die Wüste beschränkt, kommt
kaum dem eines einzigen der großen Nebenflüsse des Amazonas
gleich.

Den Ursprung der großen Ströme finden wir meistens
weit oben in den Hochgebirgen. Mit ihren hohen Häuptern
weit in die Region der Wolken hineinragend, entziehen sie
diesen die Wassermassen, welche dem Meere entstiegen, und
halten sie fest auf ihren mächtigen Eis = und Schneefeldern,
den eigentlichen Quellen der Ströme. Kinder des Eises und
der Sonne, in verborgener Tiefe ernährt, verlassen sie, aus
krystallenem Thore hervorbrechend, ihre schimmernden Wiegen,
und in frühester Jugend schon gewaltig daherbrausend, wachsen
sie in ihrem Laufe durch die Länder allmählich zu Riesen
heran, die dem Meere gleich die größten Schiffe spielend dahin
tragen, Wälder entwurzeln und Berge versetzen.

Nicht selten sammeln sich diese Wasser, die aus dem
Schmelzen des Schnees in den Hochgebirgen sowohl durch
die Wirkung der Sonnen = als der Erdwärme entstehen, in
amphitheatralischen Erweiterungen der höchsten Thäler zu
mehr oder weniger ausgedehnten Seen, die dann als die
Quellen der Ströme bezeichnet werden, welche von ihnen aus
ihren Lauf beginnen. So ist der eine Arm oder Nebenfluß
des Amazonenstromes in Peru, Apurimac (Fig. 14), aus einem

Fig. 14. Quelle des Apurimac in Peru.

Fig. 15. Quelle des Camiña in Peru.

solchen See entstanden, und einen ganz gleichen Ursprung
zeigt ein anderer Fluß desselben Landes, Camisia, den wir in
Fig. 15 dargestellt sehen.

Dem Verhalten zu fließendem Wasser nach können wir außer
diesen sog. Quellseen auch noch Steppenseen oder Binnen=
meere und Flußseen unterscheiden. Man versteht unter
ersteren die kleineren oder größeren beständigen Wasseransamm=
lungen, die nur einen Zufluß, aber keinen, wenigstens keinen an
der Oberfläche der Erde wahrnehmbaren Abfluß zeigen. Die
größten oder bekanntesten dieser Seen sind in der alten Welt der
Aralsee, das kaspische Meer und das todte Meer. Ersterer ist
1267 g. Q.M. groß und stand offenbar früher mit dem jetzt
noch 8413 Q.M. umfassenden kaspischen Meere in Verbindung.
Wie beträchtliche Mengen Wassers durch die Verdunstung in
die Atmosphäre zurückkehren, das zeigt uns eben das Ver=
halten dieser Landseen, in die ununterbrochen so gewaltige
Wasserströme wie die Wolga, der größte aller europäischen
Ströme, sich ergießen, ohne im Stande zu sein, eine Erhöhung
des Wasserspiegels in diesem großen Becken zu erzeugen, von
dessen Fläche eben so viel Wasser als Dampf unsichtbar in
die Luft strömt, als durch die Wolga, den Ural und andere
Flüsse eingeführt wird. Zu den kleineren, aber zu den be=
kanntesten dieser Seen ohne Abfluß gehört das 23 Q.M.
umfassende todte Meer, das zugleich die größte Vertiefung
des Landes darstellt, indem sein Spiegel 1250 Fuß unter
dem Meere liegt. Reich an solchen Seen ist Amerika. Der
große Salzsee mit einem Flächengehalte von 120 Q.M. im
Norden und der Titicaca 239 Q.M. groß in Südamerika
sind die bedeutendsten derselben. Von jeher waren die merk=
würdigen Seen, die man oft ganz unerwartet auf Bergspitzen
findet, ein Gegenstand der Aufmerksamkeit der Naturforscher,
wie ein Anknüpfungspunkt für mancherlei Sagen im Munde
des Volkes. Manche derselben sind Wasseransammlungen in

alten Krateren; die Eiffel und die Auvergne in Frankreich
bieten merkwürdige Beispiele dieser Art, von denen wir den
Laacher See aus ersterer und den See Pavin aus letzterer
erwähnen, der, wie die Abbildung (Fig. 16) schon erkennen

Fig. 16. Pavin-See in der Auvergne.

läßt, durch seine regelmäßige Form ausgezeichnet ist. Selten
beobachtet man an diesen Seen einen Zufluß, sie werden meist
nur von dem Regen gespeist und den Sickerwassern, die von
den Kraterrändern her ihren Weg in das tiefe Becken finden,
in dem einst die glühende Lava aufwallte.

Von ähnlicher Form wenn auch anderen Kräften ihren
Ursprung verdankend zeigen sich unmittelbar unter den schnee-
bedeckten Gipfeln der Hochgebirge manche Alpseen, in die oft
von allen Seiten namentlich zur Zeit der Schneeschmelze tosende
Wasserfälle sich ergießen. In der Schweiz findet sich eine
außerordentlich große Anzahl dieser Seen bis hinauf zu den
höchsten Höhen, wie die am Col de la Fenètre in der Nähe

des Hospizes von St. Bernhard, die 8250 Fuß hoch gelegen
nur kurze Zeit im Jahre einen Wasserspiegel besitzen, in harten
Wintern wohl durchaus gefrieren und daher auch keine Thiere
mehr beherbergen. Je nach der Höhe, in der sie liegen,

Fig. 17. Deschi=See in der Schweiz.

wechselt ihre Umgebung und ihr Anblick; oft sind sie von der
größten Anmuth und Lieblichkeit, eingeschlossen von den herr=
lichsten Matten und Wäldern, über die in blendender Pracht
die schneeblinkenden Häupter der Bergriesen hereinschauen, oft
findet man nichts als nacktes Gestein, das rings das Ufer
umgiebt und höchstens hier und da eine der niederen Erlen=
oder Weidenbüsche aufkommen läßt, wie sie noch in den Hoch=
regionen der Alpen sich finden.

Häufig findet das Wasser dieser Seen durch ein Bächlein
seinen Abfluß, oft sucht es sich durch das stark zerklüftete
Gestein geheime Wege zur Tiefe und kommt erst weit entfernt
als mächtige Quelle zu Tage.

Viel größer an Umfang sind die tiefer gelegenen sog.
Flußseen. Diese sind in der Regel als eine merkwürdige
Vertiefung des Bodens anzusehen, deren Entstehung in manchen
Fällen höchst räthselhaft ist. Namentlich gilt dieses für die
weit unter den Meeresspiegel hinabreichenden Seen, die sich
besonders am Südrande der Alpen finden, aber auch in Asien
und Amerika nicht fehlen.

Wir sehen auf Fig. 18 die Lage und Tiefe einer Reihe
von Seen angegeben, aus der diese Verhältnisse unmittelbar
in die Augen springen. Für die bekanntesten Seen in
alphabetischer Ordnung giebt die folgende Tabelle eine Uebersicht hinsichtlich ihrer Größe, Lage über dem Meere und Tiefe
nach den neuesten Angaben in geographischen Quadrat-Meilen
und Pariser Fuß.

	Ausdehnung	Höhe über dem Meere	Tiefe
Aral-See	1267 Q. M.	24,9	208
Baikal-See	576	1200	430
Boden-See	8²/₃	1210	856
Brienzer-See	¹/₂	1736	2000
Kaspisches Meer . . .	8413	— 78*)	2770
Chiem-See	3,5	1620	430
Comer-See	2,9	654	1806
Erie-See	515	530	191
Garda-See	26,5	213	892
Genfer-See	10,48	1154	991
Huronen-See . . .	987	542	950
Königs-See	0,7	1856	572
Ladoga-See . . .	336,6	?	1155
Loch Lomond . . .	1,6	94	720

*) — vor der Zahl bedeutet, daß der Seespiegel um so viel unter dem Meeres-
spiegel liegt.

1. Titicaca-See.
2. Trichter-See.
3. Wild-Alp-See.
4. Urumia-See.
5. Vikt.-Nyanza-See.
6. Zeller-See.
7. König-See.
8. Brienzer-See.
9. Boden-See.
10. Genfer-See.
11. Comer-See.
12. Lago Maggiore.
13. Ontario-See.
14. Loch Lamond.
15. Ladoga-See.
16. Kaspisches Meer.
17 Todtes Meer.

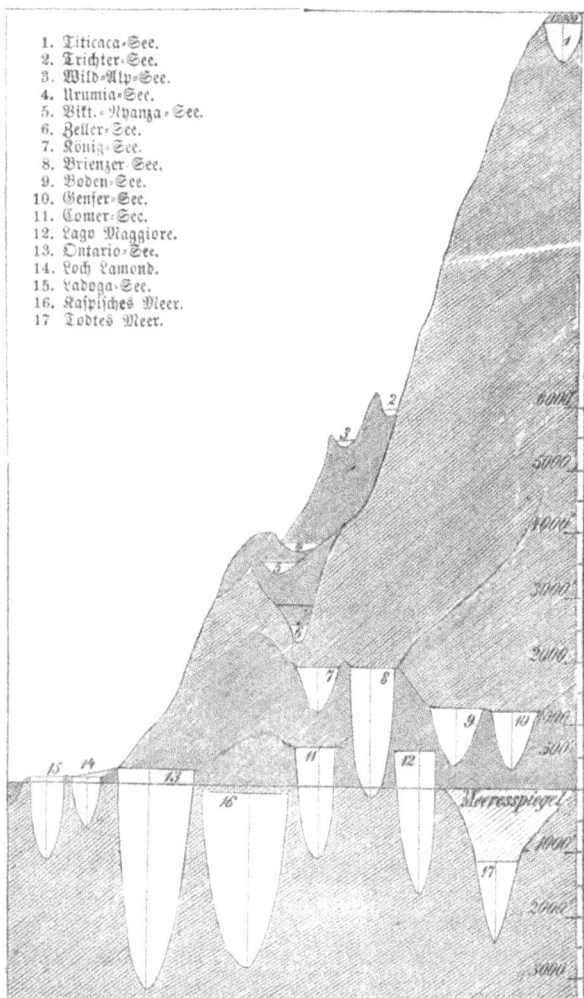

Fig. 18. Niveau und Tiefe der Seen verschiedener Erdtheile.

	Ausdehnung	Höhe über dem Meere	Tiefe
Lago Maggiore . . .	3,7 Q. M.	645	2452
Mälär = See	22,23	1,1	157
Michigan = See . . .	1053,5	542	938
Neusieder = See . . .	7	344	13
Nyanza (Viktor.) = See .	1080	3532	
Obere = See	1505	588	938
Ontario = See . . .	296	216	3409
Platten = See	16	427	36
Titicaca = See . . .	151,3	12 000	672
Todtes Meer . . .	23,3	— 1250	1200
Trichter = See (Tatra) .		6052	
Tsad = See	680	778	15
Urumia = See	81,6	3750	46
Vierwaldstädter = See .	2	1345	800
Wener = See	94,78	135	27
Wild=Alp=See (Tauern)		5422	
Würm = See	1,1	1799	756
Zeller = See (Pinzgau) .	0,12	2316	300
Zuger = See	0,69	1277	1200

Man sieht daraus, wie beträchtlich oft die von den Seen gebildeten Vertiefungen des Bodens oder Senkungen der Erdrinde sind, in denen sich die kleineren Gebirgsflüsse ausgedehnter Landstrecken sammeln, um dann in einem gemeinsamen Strome abzufließen. Das großartigste Beispiel dieser Art liefern die großen nordamerikanischen Seen, das merkwürdigste die beiden Seen, die jetzt als die Quellen des Nils bezeichnet werden.

Die fünf zusammenhängenden amerikanischen Seen, der obere, Michigan=, Huronen=, Erie= und Ontario=See bilden eine Wassermasse von 4357 Q. M. Ausdehnung, also etwas

Fig. 19. Niagarafall.

größer als der dritte Theil von Deutschland. Der Spiegel des Oberen Sees liegt nur 588 Fuß über dem atlantischen Ocean, sein Grund aber geht 350 Fuß unter denselben hinab, da er eine Tiefe von 938 Fuß besitzt. Der des Ontario, des tiefsten aller bis jetzt gemessenen Seen, reicht selbst 3193 Fuß unter das Meeresniveau! Wie ein Blick auf die Karte zeigt, sind es lauter kleine Flüsse, die sich in diese Wasserbecken ergießen; denn überall zieht sich die Wasserscheide zwischen diesem einerseits und dem Mississippi, sowie den dem nördlichen Eismeere zufließenden Wassern andererseits so nahe am See hin, daß nirgends zur Entwicklung eines längeren Flusses Raum blieb. Dennoch ist die Menge des Wassers, welche sich hier ansammelt, eine höchst beträchtliche, und die aus dem Erie-See durch die Niagarafälle 160 Fuß hoch herabstürzende Wassermasse, die durch ein Inselchen in zwei Theile, welche 900 und 700 Fuß breit sind, getrennt ist, beträgt in jeder Sekunde 11200 Tonnen.

Noch merkwürdiger sind die beiden großen Wassermassen, welche unter dem Aequator in gewaltiger, den fünf amerikanischen Seen kaum nachstehender Ausdehnung als die Quellen und Bedingungen des Bestehens des Nils anzusehen sind.

Der Viktoria-Nyanza und der Albert-Nyanza, wie sie von ihren Entdeckern S p e k e und G r a n t und B a k e r genannt wurden, sammeln die vielen kleinen Gewässer, welche von den centralen Hochgebirgen Afrika's herabfließen, in zwei ungeheuren Becken. Das erstere, ca. 3300 Fuß über dem Meere gelegen, liefert den Ueberfluß seines Wassers durch den Nil, der zwischen den beiden Seen ebenfalls einen mächtigen Wasserfall bildet, in den Albert-Nyanza. Aus diesem tritt nun der Nil mit voller Wassermasse aus. Die Existenz dieses Stromes ist in der heißen Jahreszeit nur durch die mächtigen Wassermassen gesichert, welche in diesen Seen sich finden und so viel abfließen lassen, daß der trockene Sand der Wüste und

die glühende Sonne ihn nicht zum Versiegen bringen uud zu
jeder Zeit als stattlichen Strom erscheinen lassen, selbst wenn
alle seine Nebenflüsse längst vertrockneten, deren Wasser nur in
der Regenzeit beträchtlich sind und dann die wohlthätigen Ueberschwemmungen erzeugen, denen Aegypten seine Kultur in alter,
wie in neuer Zeit verdankt.

Fig. 20. Der Nil.

„Die Seequellen Centralafrika's erhalten in Aegypten das
Leben*), indem sie einen Strom schaffen, der in allen Jahreszeiten Wasser genug hat, um der Verdunstung und Einsickerung
Widerstand leisten zu können. Wenn dieser Strom aber keine
Unterstützung erhielte, so könnte er nie über seine Ufer treten
und dann würde Aegypten, der jährlichen Ueberschwemmung
beraubt, blos noch existiren und der Anbau müßte sich auf
die nächste Umgegend des Flusses beschränken. Die Ueberschwemmung entsteht ausschließlich durch Zuflüsse, die aus

---

*) Baker, die Nilzuflüsse in Abessinien.

Abessinien kommen. Die beiden großen abessinischen Wasser=
adern sind der blaue Nil und der Atbara. Diese Flüsse, von
außerordentlicher Größe während der Regenzeit, schrumpfen
in den trockenen Monaten zur höchsten Unbedeutendheit ein.
Der blaue Nil wird so seicht, daß er nicht beschifft werden
kann, und der Atbara trocknet ganz aus." In dem letztge=
nannten Strome haben wir auch ein Beispiel von Flüssen, wie
sie in heißen Ländern nicht ungewöhnlich sind, welche nur den
heftigen Regengüssen ihr Dasein verdanken und nach der
Regenzeit bald völlig oder bis auf geringe Spuren versiegen.
Nichts desto weniger ist die Menge des Wassers, welche sie
dem Meere zuführen, eine höchst beträchtliche. Sehr lebendig
ist die Schilderung, welche Baker von der Entstehung des
genannten Stromes giebt. „Die kühle Nacht kam, und gegen
9 Uhr lag ich im halben Schlaf auf meinem Bette am Flußufer,
als ich einen Ton zu hören glaubte, der wie ferner Donner
klang. Seit Monaten hatte ich einen solchen Ton nicht gehört.
Das dumpfe ununterbrochene Rollen nahm an Stärke zu,
blieb aber immer noch fern. Kaum hatte ich den Kopf gehoben,
um aufmerksam zuzuhören, als im arabischen Lager ein Gewirr
von Stimmen, verbunden mit dem Geräusch laufender Menschen,
entstand und wenige Minuten später Araber in mein Lager
stürzten und meinen Leuten in der Dunkelheit zuriefen: El
bahr, el bahr (der Fluß, der Fluß). Im Augenblicke war
ich auf, und mein Dolmetscher Mehamed, der in der größten
Verwirrung war, erklärte mir jetzt, daß der Fluß herabkomme
und der vermeintliche ferne Donner das Brüllen heranstürzender
Wasser sei... Alles war Dunkelheit und Verwirrung, Jeder=
mann sprach und Niemand hörte. Das große Ereigniß war
eingetreten, der Fluß war gekommen, wie der Dieb in der
Nacht. Am Morgen des 24. Juni stand ich mit Tagesanbruch
am Ufer des edlen Atbarastromes. Ich sah ein Wunder der
Wüste! Gestern lag da ein nackter Streifen glühenden Sandes

mit einem Saum verdorrter Büsche und Bäume, der die gelbe
Fläche der Wüste durchschnitt. Tagelang waren wir an seinem
ausgetrockneten Bette gereist. Die ganze Natur, die hier
überhaupt so arm ist, hatte ihren Zustand höchster Armuth
erreicht. Kein Busch konnte sich eines Blattes rühmen, kein
Baum vermochte Schatten zu geben. Das zusammengetrocknete
Gummi auf den Zweigen der Mimosen knisterte, in der auf-
gesprungenen Rinde, die der Simum gespalten hatte, dörrte
der Splint. In einer Nacht war eine geheimnißvolle Veränderung eingetreten — der mächtige Nil hatte ein Wunder
gethan. Eine Armee von Wasser eilte dem Flußbette zu. Es
war kein Tropfen Regen gefallen, keine Gewitterwolke am
Himmel hatte Hoffnungen erweckt, Alles war trocken und
schwül gewesen. Gestern noch Dürre und Trostlosigkeit und
heute floß ein prächtiger Strom 500 Schritte breit und 15
bis 20 Fuß tief durch die schreckliche Wüste... In Abessinien
strömten die Regen nieder, und diese sind die Nilquellen."

Länge und Tiefe der Flüsse. Größe des Strom-gebiets.

Wie schon erwähnt wurde, sind die größten Ströme in
Nord- und Südamerika zu Hause. Als der mächtigste aller
erscheint der Amazonenstrom, bei dessen Einmündung in der
That noch jetzt dem Seefahrer die Frage, die ihm seinen
Namen Marañon gegeben haben soll, Mare an non, sich immer
wieder aufdrängt, indem seine Mündung, durch Inseln unterbrochen, eine Breite von mehr als 40 g. M. hat. In
zwei Armen entspringt derselbe auf dem höchsten Theile des
Andengebirges, der eine kommt aus dem See von Lauri, der
andere von dem Schneegipfel des Caillomaberges. Längere
Zeit fließt er, ein ächter Gebirgsstrom, durch gewaltige Schluchten
der Richtung der Anden entlang nach Norden, dann wendet

Fig. 21. Mündung des Amazonenstromes.

er sich nach Osten und durchzieht dann langsamen Laufes die unermeßlichen Niederungen Brasiliens, von rechts und links sämmtliche Wasser eines Landstriches von 112000 Q. M. aufnehmend. Schon bei seinem Eintritte in die Ebenen ist seine Breite in der Regel 6000 — 7000 Fuß, seine Tiefe selten unter 45 Fuß. Im letzten Theile seines Laufes ist auch von der Mitte seines Stromes von einem niedrigen Boote aus kaum das Ufer zu erblicken, seine Tiefe nicht selten über 300 Fuß. Hier „entspinnt sich ein heftiger Kampf zwischen dem abwärts fließenden Strom und der aufwärts dringenden Fluth. Zweimal täglich kämpfen sie um den Vorrang, und Thier und Mensch fliehen den furchtbaren Erfolg. Bei dem Stoße der enormen Wassermassen erhebt sich die schäumende Brandung zur Höhe von 180 Fuß; die benachbarten Inseln werden dadurch erschüttert, Schiffer, Fischer und Alligatoren fliehen zitternd vor dem Stoß. Zur Springfluthzeit ist diese Kollision so heftig, daß die entgegengesetzten Wellen feindlichen Heeren gleich auf einander stürzen. Die Gestade werden auf eine große Entfernung mit Massen schäumenden Wassers bedeckt, ungeheure Felsen werden gleich Barken hoch an der Oberfläche getragen; das entsetzliche Getöse, von Insel zu Insel widerhallend, giebt dem weit entfernten Schiff das erste Anzeichen, daß es sich den Küsten von Südamerika nähere".

Ihm an Größe am nächsten kommt der Mississippi, dessen Länge, den Lauf des Missouri eingerechnet, von Manchen selbst als beträchtlicher angenommen wird; denn die des Amazonenstromes soll 780 g. M. betragen, während von der Mündung des Mississippi bis zur Quelle des Missouri 879 g. M. für den Flußlauf angegeben werden. Für diese, wie für die meisten außereuropäischen Ströme, ist es bis jetzt nicht möglich, zuverlässige Angaben über ihre Länge zu machen. An Wasserfülle stehen jedenfalls alle dem Amazonenstrome nach, wie er auch der Ausbreitung seines Stromgebietes nach alle anderen weit hinter sich läßt, indem er einen Flächenraum von 112'000 g. O. M., also ungefähr die zehnfache Ausdehnung von Deutschland einnimmt. Das nächst größte des Mississippi hat doch nur wenig mehr als die Hälfte, nämlich 60000 g. O. M. Immerhin ist er aber ein würdiger Bruder des Amazonenstromes. Seine Breite beträgt bei Neu-Orleans 4500 Fuß und seine Tiefe zwischen dieser Stadt und seiner Mündung 180—240 Fuß.

Als die Ansiedelungen an dem Hauptstrome wie an seinen Nebenströmen noch weniger zahlreich waren und alle ihre Wasser durch dichte Waldungen flossen, wurden ungeheuere Massen von Stämmen mit fortgerissen, die theils einzeln von den Ufern herabstürzten, häufig aber auch, wenn bei Ueber-schwemmungen der Fluß in die Wälder einbrach und sich zum Theil ein neues Bette darin grub, zu Tausenden auf einmal. So bildeten sich kolossale natürliche Flöße, die sich an einer Stelle, oft durch einige versunkene Stämme dazu veranlaßt, festsetzten und so schwimmende Inseln erzeugten, deren erstes Stadium wir hier abgebidet sehen (f. Fig. 22). Bald füllen sich die Zwischenräume zwischen den Stämmen mit Laub, Wasserpflanzen und Schlamm und gewähren so zunächst für Schilf und Rohr einen passenden Boden, auf dem sich bald auch andere Gewächse einfinden, so daß der trügerische Schein einer wirklichen Insel erzeugt wird, bis dieselbe einmal plötzlich bei höherem Fluthstande von ihrem hölzernen natürlichen Anker sich losreißt und mit dem Strome dahintreibt, endlich aber in ihrer alten Größe oder in Stücken in einer Bucht oder an einer anderen Stelle sich wieder festsetzt, das Fahr-wasser des Flusses bedeutend verändernd und oft zu einem schmalen Kanale einengend. An der Einmündungsstelle der Nebenflüsse entstehen besonders häufig solche Stammanhäu-fungen, rafts von den Amerikanern genannt, da die gewaltige Strömung des Mississippi, namentlich bei höherem Wasserstande, die kleinere Wassermasse jener aufstaut. Das größte derartige Raft

Fig. 22. Schwimmende Insel auf dem Missouri.

bildete sich in einem Arme des Mississippi, dem Atchafalaya, wo er in seinem Unterlaufe die walbigen und sumpfigen Niederungen, das Werk seiner eigenen Anschwemmungen im Laufe der Jahrtausende, durchströmt. Die Baumstämme und Pflanzenmassen hatten sich hier im Laufe von 40 Jahren so angehäuft, daß sie eine Insel von etwas mehr als 1½ Meile Länge, 700 Fuß Breite und stellenweise von 60 Fuß Höhe bildeten. Die Hindernisse für die Schifffahrt wurden allmählich so bedeutend, daß die Regierung von Louisiana sich genöthigt sah, die Zerstörung dieser Insel vorzunehmen.

Nach den beiden genannten amerikanischen kommen der Größe nach die großen asiatischen Ströme; an Länge die andern alle übertreffend ist der Jenisei, 720 Meilen lang. Dann kommt der 650 Meilen lange Jantsekiang in China, dessen Stromgebiet übrigens größer ist, als das des Jenisei. indem dieses zu 49 000, das des Jantsekiang zu 54 000 Q. M. angegeben wird.

Vergleichen wir damit die Ströme Europa's, so tritt uns hier ein auffallender Unterschied entgegen, der uns in sehr schlagender Weise die Eigenthümlichkeiten im Baue der verschiedenen Kontinente erkennen läßt. Sehen wir von den Küstenflüssen ab, so hat Südamerika drei große Wasseradern, Orinoko, Amazonas und Plata; Nordamerika drei, den Mississippi, Lorenzstrom und den in das nördliche Eismeer fließenden Mackenzie. Das dreimal kleinere Europa dagegen hat eine ungemein große Menge wohl entwickelter Stromsysteme, die nach allen Richtungen hin sich wenden, während dort nur nach Süden, Osten und Norden je ein stärkerer Strom sich ergießt.

Die Größe der europäischen Ströme kann daher auch, da die Regenmenge keine bedeutendere ist, als in den gleich gelegenen Gegenden Amerika's, bei weitem sich nicht mit der jener gewaltigen Wasserstraßen vergleichen. Der größte europäiſche Strom iſt die Wolga, 460 Meilen lang, mit einem Stromgebiete von 25 000 Q. M.; nach ihr kommt die Donau, 380 Meilen lang, mit einem Stromgebiete von 14 600 Q. M. Alle übrigen europäiſchen Ströme haben einen viel kürzeren Lauf und eine geringere Ausdehnung ihres Gebietes; der Rhein eine Länge von 150 Meilen und 4000 Q. M. ſteht an der Spitze aller weſt= und mitteleuropäiſchen Flüſſe.

Die folgende Tabelle gibt eine Ueberſicht der wichtigſten Ströme der Erde. Bei den meiſten findet man zwei Zahlen in den beiden Kolumnen. Es ſind dieſes die höchſten und die niederſten Angaben, die oft ſehr bedeutend von einander ab= weichen und wohl noch vielfacher Korrektionen bedürfen. Daß für die fraglichen Verhältniſſe wohl nie ganz zuverläſſige Werthe zu erhalten ſein werden, liegt in der Natur der Sache.

Die erſte Kolumne enthält die Namen, ebenfalls in alpha= betiſcher Ordnung, die zweite die Ausdehnung des Flußgebietes nach geographiſchen Quadrat=Meilen, die dritte die Länge des Fluſſes in geographiſchen Meilen.

Amazonas	88000—126000	730—791
Amur	37400— 53560	430—595
Donau	14400— 14600	374—432
Ebro	1200— 1696	92—105
Elbe	2600— 2900	155—179
Euphrat	11200— 12230	373—435
Ganges	20000— 27000	240—437
Hoangho	33600	500—718
Jeniſei	33000— 48000	670—846
Indus	18900— 19500	304—400
Lena	36500— 37100	440—605
Loire	2121— 2540	120—132
Miſſiſſippi	37000— 61400	755—980
Niger		650
Nil	54936	845
Ob	57800— 64000	475—682

Oder	. . . . .	1980—	2440	103—136
Orinoko	. . . .	14500—	18000	317—378
Plata	. . . .	55000—	71000	460—567
Po	. . . . .	1200—	1872	88—101
Rhein	. . . .	3600—	4700	147—208
Rhone	. . . . .	1760—	2243	109—140
Seine	. . . .	1200—	2140	85—108
Senegal	. . . .		25600	242—350
Tajo	. . . . .	1360—	1453	97—134
Themse	. . . .		228	46— 50
Tiber	. . . . .		348	42— 67
Weser	. . . .	820—	1220	57— 70
Wolga	. . . .	24800—	30000	430—507
Jantsekiang	. . .	34000—	35000	650—777

Gefälle.

Von großer Wichtigkeit für die Schifffahrts=, damit also auch für die Kulturverhältnisse der Bevölkerung eines Fluß= gebietes ist das Gefälle eines Stromes. Die meisten größeren Ströme entspringen, wie schon erwähnt wurde, auf den Hoch= gebirgen. So lange sie in dem Hochgebirge selbst fließen, ist ihr Gefälle d. h. die Neigung ihres Bettes eine beträchtliche. Mit großer Schnelligkeit, oft über dazwischen liegende Felsen sich stürzend, eilen sie den eigentlichen Thälern zu; aber auch in diesen finden sich noch, je nach dem Baue des Gebirges und der Richtung der Thäler im Verhältnisse zu dem der Schichten, mehr oder weniger oft steilere Strecken, sogenannte Stromschnellen (siehe Fig. 23), oder selbst Wasserfälle, durch die die Wassermassen von einer Stufe des Landes zur andern herabsteigen. Verlassen sie das eigentliche Hochgebirge, so ist in der Regel der Lauf noch ein rascherer, und erst in dem eigentlichen Flachlande wird er langsam, ja träge. Man hat darnach den Lauf der Ströme in einen Oberlauf, Mittellauf und Unterlauf eingetheilt, eine Eintheilung, die jedoch nicht

auf alle Flüsse paßt. Es braucht wohl kaum der Erwähnung,
daß es für die Schifffahrt am vortheilhaftesten ist, wenn ein
Strom einen möglichst langen Unterlauf besitzt. Auch in dieser
Beziehung steht der Amazonenstrom unübertroffen da, indem
er nicht nur absolut, sondern auch relativ den längsten Unter=
lauf hat. Nach den Messungen der großartigen unter
Castelnau's Leitung ausgeführten französischen Expedition
hat der Amazonenstrom an seiner Vereinigung mit dem Ucayale
bei Nauta nur eine Höhe von 342 Fuß über dem atlantischen
Ocean, während sein Lauf bis dahin noch 480 g. M. beträgt.
Würde er von dem genannten Orte an ganz gleichmäßig fallen,
so würde sein Bett auf je 32000 Fuß 1 Fuß sinken. Genau
dieselbe Höhe über dem Meere hat der Main bei Hanau,
der nach einem Laufe von 65 Meilen schon das Meer erreicht.
Dieses geringe Gefälle bei der ungeheuern Wassermasse erlaubt
es selbst Seeschiffen bis zu 400 Meilen den Strom hinauf
zu fahren, eine Entfernung, die derjenigen von Lissabon bis
zum kaspischen Meere gleichkommt. Von den europäischen
Flüssen haben Wolga und Donau den längsten Unterlauf,
beide sind auf beiläufig $9/10$ ihres Laufes schiffbar, während
der Rhein nur $2/3$ seiner Länge befahren werden kann.

Natürlich kommt es auf das Verhältniß der Gebirgs=
bildung eines Landes an, ob dasselbe zur Entwicklung von
Strömen mit weitem Unterlaufe geeignet ist, namentlich ob die
Hochgebirge nahe dem Meere oder weit von demselben entfernt
sich erheben. Auch für diese Verhältnisse finden sich die
Extreme in Amerika; der Amazonenstrom entspringt nur
15 Meilen von dem stillen Ocean entfernt, die Wasser, welche
auf den Westabhang desselben Berges auffallen, von dem er
entspringt, kommen nach kurzem Laufe wieder zum Meere
zurück, während ihm der Weg durch die weiten Flächen des
ganzen Kontinentes zum atlantischen Ocean vorgeschrieben ist.

Fig. 23. Stromschnelle des Montmorency (Canada).

Was die Neigungsverhältnisse der Flüsse in ihrem Oberlaufe, Mittellaufe und Unterlaufe betrifft, so mögen darüber einige wenige nähere Angaben genügen. In dem Oberlaufe stürzen häufig die Flüsse als Wildbäche von Absatz zu Absatz, ohne eine zusammenhängende Wassermasse mehr zu bilden. Eine solche erhält sich nur da, wo die Neigung des Bettes nicht mehr als etwa 4° oder 1 Fuß auf 14 Fuß beträgt.

Bei einer Neigung von $1^1/_2$° oder 1 Fuß auf $41^2/_3$ werden noch Blöcke von 2 Fuß im Durchmesser fortgerollt. Die Grenze der Schiffbarkeit eines Flusses ist bei einem Gefälle von $3^1/_3$ Minute oder 1 auf 1000 Fuß. In ihrem Unterlaufe ist die Neigung der Flußbetten nur einige Sekunden oder 1 auf 20 000 — 40 000 Fuß.

Außer der Größe der Neigung eines Strombettes ist für die Entwicklung des Kulturzustandes der Bevölkerung an seinen Ufern von dem größten Einflusse die Richtung seines Laufes. Die Einmündung eines Stromes in das Polarmeer hebt die wohlthätigen Folgen, welche ein mächtiger Strom für die Entwicklung des Lebens eines Volkes sonst hat, fast völlig wieder auf. Unter die größten Ströme mit den ausgedehn= testen Flußgebieten gehören die nordasiatischen Ströme Obi, Lena und Jenisei, von denen letzterer, was die Ausdehnung des Stromgebietes betrifft, unmittelbar an den Mississippi sich anschließt. Dieser, nach Süden strömend, weckt und befördert das Leben und die Thätigkeit eines ganzen Kontinentes; die sibirischen Ströme, von dem Polareis fast das ganze Jahr in einen strengen Blokadezustand erklärt, sind ohne Einfluß auf die Entwicklung Sibiriens, und ihre gewaltigen Wassermassen fließen durch Wälder und Einöden unbelastet dem Meere zu und stehen so in grellstem Gegensatze zu dem von Schiffen wimmelnden Mississippi, dessen Ufer mit immer riesiger heran= wachsenden Städten besetzt sind.

6*

Die Menge des Flußwassers im Verhältniß zur Menge der atmosphärischen Niederschläge.

Wir haben schon häufig von dem Kreislaufe des Wassers gesprochen, das in Dampfform vom Meere durch die Luft über das Land ziehe, sich über demselben niederschlage und von da durch die Flüsse wieder in das Meer zurückkehre. Wir bemerken nun an letzterem weder eine Zunahme noch eine Abnahme und könnten daher schließen, daß dem Zuflusse durch die Ströme das Gleichgewicht halte die Abnahme durch die Verdunstung, daß also die Menge des durch die Flüsse dem Meere zurückgebrachten Wassers gleich sei den auf ihr Gebiet auffallenden Niederschlägen. Die Beobachtung entspricht aber diesem Schlusse durchaus nicht, und wir stehen hier vor einer Erscheinung, die noch sehr viel Räthselhaftes darbietet.

Wir können nämlich sofort bei etwas näherer Erwägung der Verhältnisse mit Bestimmtheit sagen, daß die Flüsse dem Meere weniger Wasser zuführen, als auf ihr Gebiet aus der Atmosphäre niederfällt. Ein großer Theil des auf den Boden auffallenden Wassers dringt nämlich in denselben ein, wird von ihm festgehalten und kehrt in Dampfform durch die Verdunstung wieder in die Atmosphäre zurück, ein anderer Theil dringt in die Erde tiefer ein und speist die Quellen, ein dritter fließt unmittelbar über die Abhänge den Flüssen und dem Meere zu. Die bis jetzt angestellten Messungen über Regenmenge in einem Flußgebiete und Wassermasse des Flusses ergaben, daß die letztere $\frac{1}{3}$ bis über $\frac{2}{3}$ der ersteren betrage. Nach der Berechnung Dalton's liefern z. B. die sämmtlichen Flüsse Britanniens 39,8% von der Regenmasse, die auf dieses Land fällt, ins Meer zurück. Die Seine nach Arago nur $33\frac{1}{3}$%, der Rhein nach Berghaus 49,8%, die Weser nach demselben 52,9%, die Lippe dagegen schon 71,6%. Je gebirgiger und felsiger das Flußgebiet ist, desto mehr wird

der Abfluß des Wassers begünstigt; je flacher und lockerer der
Boden, desto mehr wird derselbe verschlucken.

Erwägen wir nun diese Verhältnisse, so drängen sich sofort
olgende Fragen auf: Wohin gelangt das nicht durch die Flüsse
abströmende Wasser? Offenbar giebt es nur zwei Wege; ent=
weder es geht vollständig in die Luft zurück, oder es geht ein
Theil tiefer in die Erde und wird so dem Kreislaufe des
Wassers entzogen, wenn es nicht allenfalls in der Tiefe auf
unerforschbaren Wegen auch wieder in das Meer zurückkehrt.
Ist das erstere der Fall, so würden wir daraus entnehmen können,
wie groß die Menge des direkt aus dem Meere uns zukom=
menden Wasserquantums ist, nämlich offenbar wäre sie dann
gleich der durch die Flüsse zurückgeführten Masse, die übrige
Menge der atmosphärischen Niederschläge würde gedeckt durch
die Verdunstung über dem Lande.

Ist das letztere der Fall, daß ein Theil des Wassers tiefer
in die Erde eindringt und nicht mehr durch die Quellen zum
Vorschein kommt, so bleibt uns nur zweierlei anzunehmen
übrig: entweder daß dieses Wasser auf uns unzugänglichen
Wegen wieder dem Meere zurückgegeben werde, oder daß die
Menge des Wassers auf der Erde allmälich abnehme, das
Meer sich vermindere. Wir sind nicht im Stande nach dem
jetzigen Maße unserer Kenntnisse darüber eine sichere Auskunft
zu geben, da wir die Mengenverhältnisse der Verdunstung
auf der Erde noch zu wenig kennen, um mit Bestimmtheit
sagen zu können, sämmtliches von den Flüssen nicht fort=
geführtes Wasser aus den atmosphärischen Niederschlägen kehrt
in die Atmosphäre zurück, oder: Verdunstung und Flüsse
zusammen liefern nicht so viel Wasser, als aus der Luft
niederfällt.

Geologische Betrachtungen machen es übrigens nicht un=
wahrscheinlich, daß in der That Theile des Wassers von der
Oberfläche verschwinden und in unerreichbaren Tiefen von dem

Kreislaufe an der Oberwelt ausruhen und wie die Menschen bald nach einem längeren thatenreichen und vielbewegten, bald auch schon nach kurzem ereignißlosen Dasein von der Erde verschwinden.

III.

Physikalische und chemische Eigenschaften des Wassers.

Wir haben in den vorhergehenden Kapiteln schon manche Eigenschaften des Wassers kennen gelernt, und werden es in dem nächsten Abschnitte in das Laboratorium der Natur zu begleiten haben, wo es vermöge dieser die gewaltigsten und mannigfaltigsten Dienste leistet. Deswegen dürfte es wohl an der Zeit sein, diesen merkwürdigen Stoff nach seinem verschiedenen Verhalten etwas näher zu betrachten und vorher einmal zu untersuchen, wie er sich in unseren Laboratorien verhält und welche Aufschlüsse wir hier über denselben erhalten. Es hat lange gedauert, bis er uns in denselben seine wahre Natur enthüllte, und es hat große Anstrengungen erfordert, um nachzuweisen, daß das flüssige Element kein Element in dem Sinne des Chemikers, d. h. kein Stoff sei, den wir nicht in verschiedene Elemente oder Grundstoffe zerlegen und aus diesen wieder zusammensetzen können.

Aber auch die physikalischen Eigenschaften des Wassers sind höchst merkwürdig in manchen Beziehungen zeigt es ein Verhalten, das von dem aller übrigen Stoffe ganz abweicht, namentlich gilt dieses von der Art und Weise, wie es sich in der Wärme verhält, deren Beziehungen zum Wasser wir daher zunächst besprechen wollen.

---

1. Verhalten des Wassers zur Wärme und zum Lichte, die dreierlei Aggregatzustände.

Wenn wir die uns umgebende Körperwelt betrachten und die Art und Weise, in welcher ihre einzelnen Theilchen sich gegen einander verhalten, so finden wir daß sie entweder unbeweglich an einander haften, fest sind wie ein Stein, oder verschiebbar und tropfbar=flüssig wie Wasser, oder elastisch=flüssig, gasförmig wie die Luft. Man nennt diese drei verschiedenen Formen des Daseins die Aggregatzu= stände eines Körpers.

Alltägliche Erfahrungen lehren uns, daß dieselben bei verschiedenen Stoffen willkürlich verändert werden können, und genauere Untersuchungen beweisen, daß es wohl keinen einzigen Stoff giebt, den wir nicht nach Belieben fest, flüssig oder auch gasförmig machen können, und daß wir dieses einfach durch Erniedrigung und Erhöhung der Wärme zu Wege bringen. Von den in der Natur sich findenden Stoffen ist das Wasser der einzige, welcher bei jeder Temperatur aus dem festen oder flüssigen in den gasförmigen Zustand übergeht, und macht in dieser Beziehung eine Ausnahme von allen andern irdischen Körpern. Diesem Umstande verdanken wir es, daß nirgends auf der Erde die Luft ohne Wasserdampf sein kann und aus den Gletschern der Polarländer ebensogut sich in die Lüfte erhebt, wie aus den Seen der Tropengenden; nur die Menge ist, wie wir schon S. 35 erörterten, in beiden Fällen eine ver= schiedene. Am leichtesten und raschesten tritt das Verdampfen bei einer gewissen Temperatur ein, die man nach den dabei wahrnehmbaren Bewegungen der Flüssigkeit den Siedepunkt oder Kochpunkt genannt hat. Wir wollen diese Erscheinungen etwas näher betrachten.

Kochen oder Sieden des Wassers.

Bringen wir ein Gefäß mit Wasser über ein Feuer, nachdem wir ein Thermometer in das erstere gesteckt haben, so bemerken wir, daß die Temperatur des Wassers immer mehr sich steigert, bis es endlich einen bestimmten Grad erreicht hat. Wir dürfen dann ununterbrochen die größte Hitze einwirken lassen, das Quecksilber des Thermometers bleibt unverrückt auf derselben Stelle. Wir entnehmen daraus, daß in einem offenen Gefäße das Wasser nur bis zu einem bestimmten Grade erhitzt werden kann. Diese Erfahrung benützt man, um einen festen Punkt für die Bestimmung der Grade unserer Thermometer zu haben. Bei den in Deutschland gebräuchlichsten erhält er nach Réaumur die Zahl 80, nach Celsius die Zahl 100, und wird mit Siedepunkt bezeichnet. Erhitzen wir nun Wasser, das auf seinen Siedepunkt bereits gelangt ist, noch länger, so bemerken wir nun ein sehr lebhaftes Aufwallen desselben, eine sehr starke Dampfentwicklung und in Folge dessen eine rasche Abnahme des Wassers im Gefäße. Die Wärme des Wasserdampfes, welcher sich unter diesen Umständen entwickelt, ist aber ebenfalls nicht höher als die des Wassers; auch der Dampf zeigt genau die Temperatur des kochenden Wassers.

Wir wollen nun sehen, was geschieht, wenn wir das Gefäß schließen und das Entweichen des Dampfes verhindern. Haben wir ein dazu passendes Gefäß mit einem wohlverschlossenen Deckel, durch den zwei Oeffnungen hindurchgehen, deren eine durch ein Thermometer, die andere durch einen Hahn oder Ventil verschlossen werden kann, so bemerken wir von dem Augenblicke an, in welchem beide Oeffnungen geschlossen sind, daß das Thermometer steigt, daß das Wasser also immer höhere und höhere Temperatur annimmt. Es entwickelt sich natürlich auch in diesem Falle Dampf, derselbe kann aber

nicht entweichen, da das Gefäß verschlossen ist. Es ist eine
nothwendige Folge davon, daß nun, da die neu hinzugeführte
Wärme nicht mit dem Dampfe sich entfernen kann, das Wasser
und der darüber befindliche Dampf eine höhere Temperatur
zeigen müssen, als in einem offenen Gefäße. Der Dampf,
welcher sich über dem Wasser im geschlossenen Gefäße befindet,
drückt aber ebensogut auf die Oberfläche des Wassers, wie auf
die Wände des Gefäßes. Es kann sich daher nur eine bestimmte Menge Dampfes aus dem Wasser entwickeln, das
Wasser muß also unter diesem Drucke eine höhere Temperatur
annehmen, als in einem offenen Gefäße, aus dem der Dampf,
ohne auf die Oberfläche des Wassers zu drücken, entweichen
kann. Je nachdem man ein Ventil, das dem Dampfe den
Ausgang versperrt, stärker oder schwächer beschwert, je
nachdem es also dem andrängenden Dampfe einen höheren
oder niedrigeren Gegendruck entgegensetzt, beobachtet man eine
beträchtlichere oder geringere Erhöhung der Temperatur des
Wassers. Man hat auf diese Weise dasselbe schon bis zu
300° C. oder 240° R. erhitzt. Da sich die auflösenden Wirkungen des Wassers mit seiner Temperatur steigern, so hat
man in der Chemie wie auch in der Kochkunst vielfach Anwendung von Vorrichtungen gemacht, welche den Dampf vollständig zurückhalten oder nur nach Ueberwindung eines starken
Druckes entweichen lassen. Die älteste derartige Vorrichtung
ist der Fig. 24 abgebildete nach seinem Erfinder sogenannte
Papin'sche Topf, dessen Einrichtung wohl keiner weiteren
Beschreibung bedarf.

Wir sehen aus den angeführten Beobachtungen, daß die
Temperatur des siedenden Wassers mit dem auf die Oberfläche
desselben wirkenden Drucke steigt oder fällt. Daraus ergiebt
sich sogleich mit Nothwendigkeit, daß der Siedepunkt an keiner
Stelle der Erde stets derselbe sei und daß er abhängig sei
von der Lage eines Ortes über der Meeresfläche. Denn wie

uns das Barometer belehrt, schwankt der Druck der Atmosphäre an ein= und derselben Stelle nicht unbeträchtlich, ebenso
zeigt uns dasselbe Instrument, wie mit der Erhebung über
die Meeresfläche der Druck der Atmosphäre immer geringer
wird. Der normale Siedepunkt eines Thermometers giebt
die Temperatur an, bei welcher unmittelbar am Meeresspiegel
bei einem Barometerstand von 760 mm oder 28 Zoll 1 Linie

Fig. 24. Papin'scher Topf.

das Wasser siedet. Bei einem Barometerstand von 733,2 mm
oder 27 Zoll 1 Linie siedet das Wasser bei 99°, bei einem
Barometerstand von 542,96 mm oder 20 Zoll ⁶/₁₀ Linien
schon bei 91°.

So gut man nun das Barometer zu Höhenmessungen
gebrauchen kann, ebensogut, ja in mancher Beziehung noch viel

besser eignet sich dazu ein Thermometer, welches so eingerichtet ist, daß die letzten 10 oder 20 Grade in je 50 oder 100 Theile getheilt sind. Sie sind in der neueren Zeit unter dem Namen Hypsothermometer mannigfach zum Höhenmessen benützt worden. Auf einem Berge von 8470 Fuß würde das Wasser bei jener Temperatur von 91° C. sieden.

Verringern wir daher den Luftdruck über einer Wasser= fläche künstlich, so erniedrigen wir damit auch den Siedepunkt.

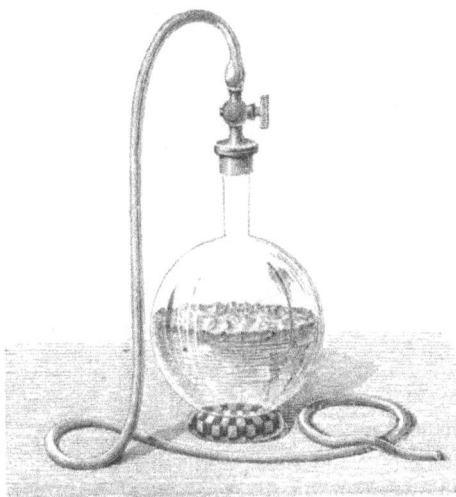

Fig. 25. Kochen in einem luftleeren Gefäße.

Bringen wir z. B. einen Kolben mit Wasser durch einen Gummischlauch mit einer Luftpumpe in Verbindung und saugen rasch die Luft wie die sich bildenden Dämpfe aus, so bemerken wir ein lebhaftes Kochen des Wassers schon bei gewöhnlicher Temperatur, wir können ohne Schaden dieses Gefäß mit kochendem Wasser in die Hand nehmen und darin halten.

Gefrieren.

Die Erfahrungen des Winters belehren uns, daß das Wasser nur bis zu einer bestimmten Temperatur flüssig bleibt, bei größerer Kälte aus dem flüssigen in den festen Zustand übergeht. Wir bekommen so einen zweiten leicht anwendbaren festen Temperaturpunkt zur Eintheilung unserer Thermometer, es ist dieses der Gefrierpunkt oder Nullpunkt; unter gewöhnlichen Umständen kann reines Wasser in offenen Gefäßen nicht kälter werden. Aufgelöste Bestandtheile, Druck, Abschluß der Luft erhalten das Wasser auch noch unter Null Grad flüssig, daher auch das Meer erst mehrere Grade unter Null gefriert und am leichtesten da, wo Flüsse sich in dasselbe ergießen und den Salzgehalt in ihm geringer machen.

Wärmeerscheinungen bei Aenderung des Aggregatzustandes.

Höchst merkwürdig und von dem gewaltigsten Einflusse auf die klimatischen Verhältnisse der Erde sind die bei den Veränderungen des Aggregatzustandes des Wassers auftretenden Wärmeerscheinungen. Einen dieser auffallenden Vorgänge haben wir schon erwähnt; wir führten die Thatsache an, daß Wasser in offenen Gefäßen nie höher als auf 100° C. erwärmt werden kann. Wohin kommt nun die Menge der Wärme, welche wir kochendem Wasser in reichlichstem Maße zuführen mögen, ohne das Wasser, wie den aus demselben sich entwickelnden Dampf höher als auf 100° erwärmen zu können? Sie versteckt sich im Dampf gleichsam vor unseren Thermometern, sie wird latent, wie sich der Physiker ausdrückt, oder gebunden, aber sie geht nicht verloren und wir können sie wieder zwingen, zu erscheinen und frei zu werden, so wie wir den Dampf wieder in flüssiges Wasser verwandeln. Nennen wir die Menge Wärme, welche wir brauchen, um 1 Pfund

Wasser um 1° C. zu erwärmen, eine Wärmeeinheit, so be=
dürfen wir 100 Wärmeeinheiten, um die genannte Menge
Wassers vom Nullpunkt bis zum Siedepunkt zu erhitzen (was
durch ⅛₀ Pfund Holzkohle erreicht werden könnte, wenn gar
kein Wärmeverlust beim Verbrennen derselben stattfände).
Lassen wir nun 1 Pfund Wasserdampf von 100° Temperatur
in 5½ Pfund Wasser von Null Grad einströmen, so bekommen
wir 6½ Pfund Wasser von 100 Grad. Es enthält also
Wasserdampf von 100° die 5½ fache Wärmemenge einer
gleichen Menge flüssigen Wassers von derselben Temperatur,
die demnach sofort frei wird, sowie der Dampf in den flüssigen
Zustand übergeht. Nehmen wir ferner ein Pfund Wasser von
Null Grad und mischen es mit einem Pfund Wasser von 100°,
so erhalten wir 2 Pfund Wasser von 50°. Vereinigen wir
aber 1 Pfund Eis von Null Grad mit einem Pfund Wasser
von 100°, so erhalten wir 2 Pfund Wasser von Null Grad.
Hier sind also ebenfalls wieder 100 Wärmeeinheiten latent
geworden, sie dienten ebenfalls dazu, den Aggregatzustand des
Wassers als Eis zu ändern, aus dem festen in den flüssigen
Zustand zu bringen. Dieselbe Menge von Wärme wird aber
sofort wieder frei, sowie das Wasser wieder aus dem flüssigen
in den festen Zustand zurückgeführt wird, und diese beiden
Vorgänge, Uebergang aus dem dampfförmigen in den flüssigen
Zustand, aus diesem in den festen, finden im großartigsten
Maßstabe in der Natur statt. So dient das Wasser dazu,
die Temperatur der Tropengegenden wie der Polarländer zu
mäßigen, dort indem es durch sein energisches Verdampfen
eine ungeheure Menge Wärme bindet, hier indem es dieselbe
Menge beim Uebergang in den flüssigen und festen Zustand
an die Umgebung wieder abgiebt. Wie groß diese Menge sei,
davon können wir uns überzeugen, wenn wir erst darüber
Vergleiche anstellen, wie sich die übrigen Körper hinsichtlich
der Erwärmung verhalten, ihre Eigenwärme oder spezi=

fische Wärme mit der des Wassers vergleichen. Auch hiezu bedient man sich am besten des Verfahrens, Wasser mit den verschiedenen Stoffen, beide bei bestimmter Temperatur, zusammenzubringen. Durch diese Untersuchungen hat sich die merkwürdige Thatsache ergeben, daß das Wasser unter allen irdischen Stoffen am allermeisten Wärme braucht, um seine Temperatur um 1° zu erhöhen, die größte „Wärmecapacität" besitzt, also auch im Stande ist, durch Abgeben von Wärme alle übrigen Stoffe in viel größerem Betrage zu erwärmen. So haben z. B. unsere Gebirgsarten nur ¼ — ⅕ von der Wärmecapicität des Wassers, d. h. dieselbe Menge Wärme, welche nöthig ist, 1 Pfund Wasser um 1 Grad zu erwärmen, reicht hin, um 1 Pfund dieser Gesteine um 4 oder 5 Grad oder 4 — 5 Pfund um 1° in ihrer Temperatur zu erhöhen. Eben so einzig steht auch das Wasser der Wärme gegenüber da, wenn wir die Wirkungen derselben hinsichtlich der Veränderungen des Volumens der verschiedenen Körper betrachten.

Ausdehnung durch die Wärme.

Während nämlich alle übrigen Flüssigkeiten dem allgemeinen Gesetze folgen, daß sie sich von ihrem Schmelzpunkte an bis zu ihrem Siedepunkte unablässig mit der wachsenden Temperatur ausdehnen, findet bei dem Wasser das höchst merkwürdige Verhalten statt, daß es von Null Grad bis zu 4° C. sich stets zusammenzieht und dann erst wieder ausdehnt. Es hat seine größte Dichtigkeit bei 4,08° C. Auch dieses räthselhafte Verhalten ist von dem größten und wohlthätigsten Einflusse auf die klimatischen Verhältnisse namentlich der Kontinente. Es bedingt, daß unsere Seen in der Winterkälte nicht in eine einzige Eismasse sich verwandeln, sondern unter einer Eisdecke sich noch zum größten Theile flüssig erhalten. Das Wasser derselben hat nämlich seine größte Dichtigkeit, wie wir schon erwähnten, bei 4° C. Sowie daher das Wasser

an der Oberfläche sich bis zu diesem Punkte abgekühlt hat,
sinkt es zu Boden und macht wärmeren Schichten Platz; dies
geht so lange fort, bis die ganze Wassermasse auf 4° erkaltet
ist; erst dann kann die Oberfläche sich stärker abkühlen und
gefrieren. Durch die sich oberflächlch bildende, auf dem Wasser
schwimmende Eisdecke ist aber der Einfluß der Kälte auf die
tiefer liegenden Schichten wesentlich gemindert, da das Eis
die Wärme, also auch die Kälte sehr schwer fortleitet. Tiefe
Seen, auch wenn sie klein sind, überdecken sich deswegen selten
mit einer sehr dicken Eisrinde, und unter derselben bleibt die
für kaltblütige Thiere ganz angemessene Temperatur von 4° C.
fortwährend bestehen. Die Erniedrigung der Temperatur unter
diesen Grad kann nur Schicht für Schicht von oben nach
unten eintreten; aber ein Zubodensinken der kälteren Wasser=
schichten oder des Eises, eine Vermischung der oben erkalteten
mit den unteren wärmeren kann nur bis 4° stattfinden, dann
erfolgt die fernere Abkühlung einfach nach den Gesetzen der
Wärmeleitung in festen Körpern, und die Beobachtung hat ge=
lehrt, daß das Wasser zu den schlechtesten Wärmeleitern gehört.
Es braucht wohl kaum einer Erwähnung, welch einen nach=
theiligen Einfluß es auf unsere klimatischen Verhältnisse hätte,
wenn unsere mittel= und nordeuropäischen Seen in strengen
Wintern sich in eine Eismasse verwandelten, wie viel Wärme
dieselben verbrauchen würden, um wieder bis zum Grunde
aufzuthauen. Bei manchen derselben würde unsere Sonne oft
einen schweren Stand haben, dies im Laufe eines Sommers
zu Wege zu bringen.

Eis und Schnee.

Sinkt die Temperatur einer Wassermasse unter Null
Grad, so fängt sie an in den festen Zustand überzugehen „sie
gefriert" und wird Eis. Das Eis ist merklich leichter als
Wasser, es schwimmt auf demselben, wozu die in jedem Eise

eingeschlossenen Luftbläschen wesentlich mit beitragen. Alles
Wasser enthält nämlich Luft aufgelöst, die beim Gefrieren sich
ausscheidet und beim Kochen des Wassers ausgetrieben wird.
Frisch ausgekochtes Wasser, das rasch gefriert, zeigt daher diese
Luftblasen nicht, wenn es Eis geworden ist. Das spezifische
Gewicht des Eises wird verschieden angegeben, gewöhnlich zu
0,9268, das des Wassers bei seiner größten Dichtigkeit zu 1
angenommen; doch ist das noch nicht ganz sicher ausgemacht
und wohl schwer ganz zuverlässig zu bestimmen. Geht bei
ruhiger Wasserfläche der Gefrierungsprozeß langsam vor sich,
so sieht man, daß ähnliche Erscheinungen eintreten, wie bei
Auflösungen von Salzen während des Verdampfens oder anderen
geschmolzenen und langsam erstarrenden Substanzen. Es geht
nämlich das Festwerden von einzelnen Punkten aus, die sich
dann immer mehr vergrößern und meist nadel= oder stab=
förmige eckige Körper darstellen. Es bildet sich das Eis als
krystallinische Masse aus. Durch das optische Verhalten im
sogenannten polarisirten Lichte zeigt sich das Eis in der That
als eine krystallisirte Substanz; noch deutlicher erscheint die
Krystallbildung bei dem Schnee.

Wenn in unseren Breiten nach größerer Kälte an heiterem
Himmel sich leichte Wolken bilden und zarte vereinzelte Schnee=
flocken herabfallen, dann beobachtet man sehr leicht, wenn sie
auf einen dunkeln Körper auffallen, wie z. B. ein schwarzes
Kleid, daß sie die zierlichsten, im Allgemeinen sechsstrahligen
Sternen gleichenden Krystallblättchen bilden. Einige dieser
Formen stellt die Figur 26 dar; durch die Beobachtungen in
den Hochgebirgen und in den Polargegenden sind mehr als
50 solcher bekannt geworden. Sie folgen alle demselben Ge=
setze der Krystallisation und gehören dem hexagonalen (sechs=
eckigen) Krystallsysteme an. Demselben Gesetze folgt auch das
gefrierende Wasser, und es ist in der neuesten Zeit gelungen,
in dem klaren, durchsichtigen, dem Glase gleich ohne alle regel=

mäßige Anordnung ſeiner kleinſten Theilchen erſcheinenden
Eisſtücke eine höchſt wunderbare, regelmäßige Struktur, ein
zartes Gewebe der zierlichſten Formen gewirkt durch die Kry=
ſtalliſationskraft zu erkennen.

Fig. 26. Schneeflocken.

Nehmen wir zu dieſem Behufe ein Stückchen der Eisrinde
die ſich auf einem Gefäße mit Waſſer gebildet hat, und laſſen
durch daſſelbe ein intenſives Licht hindurchſtrömen, am beſten
elektriſches Licht, ſo kann man mit Hülfe einer hinter dem Eiſe
in paſſender Entfernung angebrachten Linſe (Fig. 27) ein ver=
größertes Bild der Strukturverhältniſſe des Eiſes auf einem
Schirme auffangen. Wir ſehen dann wieder Figuren, Sternen
und Blumen ähnlich, wie wir ſie unter den Schneeflocken
wahrnehmen. Das Eis bietet noch eine eigenthümliche Er=
ſcheinung dar, auf die der bekannte Phyſiker F a r a d a y zuerſt
aufmerkſam gemacht und deren Erklärung manches Dunkel
aufgehellt hat, welches noch hinſichtlich der gewaltigſten Eis=
maſſen, die die Natur liefert, nämlich der Gletſcher, herrſchte.
Sie iſt unter dem Namen R e g e l a t i o n in die Wiſſenſchaft
eingeführt worden. Wenn man nämlich zwei Stücke Eis mit
einander in Berührung bringt, ſo haften ſie an einander, ſie

gefrieren zusammen und zwar selbst dann, wenn die Luft 30° C. um dieselbe zeigt. Sogar in lauem Wasser kann man trotz des fortschreitenden Schmelzungsprozesses eine Menge von Eisfragmenten so vereinigen, daß sie alle an einander haften und, wie verschiedene Eisen= stücke durch einen Magneten, eines am andern hängend in die Höhe gehoben werden können. Man beobachtet bei solchen Versuchen, daß je stärker der Druck ist, der auf zwei getrennte Eisstücke wirkt, desto rascher das Aneinandergefrie= ren sich einstellt. Man hat mancherlei zur Erklärung dieser räthselhaften Thatsache vorge= bracht. Die richtige hat wohl Tyndall, der englische Phy= siker, dem die Lehre von der Wärme viel verdankt, gegeben. Setzt man ein Gemisch von Eis und Wasser in einem geschlossenen Gefäße einem starken Drucke aus, so wird dasselbe kälter, der Gefrier= punkt des Wassers erniedrigt sich unter starkem Drucke. Pressen wir daher zwei Eis= stücke an einander, die eine Schichte Wasser an sich haben, so wird das gepreßte Eis kälter als Null Grad und bringt das

Fig. 27. Projektion der Eisblumen.

flüssige Wasser um die Berührungsstelle herum sofort zum
Gefrieren, indem wohl das Eis, aber nicht das Wasser auf
dem Eise unter diesen Umständen gepreßt wird, da letzteres
beim Druck der Eisstücke auf einander nach den Seiten ent=
weichen kann.   Helmholtz hat auch gezeigt, daß das Anein=
anderhaften genau im Verhältniß zu dem angewandten Drucke
rascher und inniger erfolge, so daß wir diesem also jedenfalls
die Hauptrolle bei dieser Erscheinung zuzuschreiben haben.
Nach den genauesten Untersuchungen sinkt der Gefrierpunkt
für den Druck je einer Atmosphäre um $1/_{115}$° C. Diese geringe
Differenz reicht aber vollständig hin, um auch an kleinen
Eisstückchen so viel Wasser zum Gefrieren zu bringen, daß sie
an einander haften.   Wir werden später sehen, daß bei den
Gletschern die Erscheinung der Regelation im großartigsten
Maße wirksam ist, wie sie im Kleinen unsere Kinder unbe=
wußt beim Verfertigen der Schneeballen wirken lassen.

Farbe des Wassers.

Wenn wir eine geringe Masse Wassers in einem farb=
losen Glasgefäße betrachten, so bemerken wir durchaus keine
Spur einer Färbung und nennen auch die klarsten und reinsten
Krystalle wie Diamant und Bergkrystall „wasserhell“. Ganz
anders erscheint es aber, sowie wir eine größere Wassermasse
betrachten, etwa einen tiefen See oder das Meer. Wir be=
merken dann sogleich eine intensive prachtvolle Färbung, die
bald als grün, bald als blau bezeichnet wird. Man hat nun
vielfach darüber gestritten, welches die eigentliche Farbe des
Wassers sei und warum es bald grün, bald blau erscheine.
Wir können nun, vorzugsweise durch die Untersuchungen
Bunsen's mit Bestimmtheit dem reinen Wasser das Blau
als wesentliche Farbe zusprechen. Das Grün zeigt sich nur
in Wasser, welches organische oder anorganische, darin schwebende
Stoffe enthält. Es ist bekannt, daß Wasser, welches aus

7*

Sümpfen, Mooren und dichten Wäldern kommt, dunkelgelb, ja selbst kaffeebraun erscheint und diese Farbe den organischen Bestandtheilen verdankt, die es aus dem Boden aufgenommen. Mischt sich nun dieses gelbe Wasser mit reinem blauen, so erzeugt es eine grüne Farbe, die bald mehr ins Blaue, bald mehr ins Gelbe sich zieht.

Der englische Physiker Tyndall hat die Entstehung der grünen Farbe namentlich im Meere in sehr einfacher Weise erklärt. Wenn man an Stellen, wo das Meer prachtvoll blau erscheint, einen weißen Gegenstand z. B. einen Porzellanteller langsam unter das Wasser läßt, so erscheint über ihm nach kurzer Zeit das Meerwasser grün, läßt man ihn noch tiefer hinab, so wird er immer mehr blaugrün, und wenn man nichts mehr von ihm wahrnimmt, ist überall das Blau wieder in voller Reinheit. Offenbar sind es hier die von dem Teller zurückgeworfenen Strahlen, welche durch das Wasser hindurch= gehend bei geringerer Dicke der Wasserschichte zuerst noch weiß erscheinen, bis später alle Farbenstrahlen außer dem grünen Lichte absorbirt werden. Wird die Schichte noch dicker, so werden auch die grünen Strahlen noch verschluckt und es kommen nur noch die blauen allein aus dem Wasser zurück.

Was in diesem Versuche der weiße Teller bewirkt, wird in der Natur durch die feinen Staubtheilchen, die sich dem Wasser beigesellen und in ihm schweben, erzeugt. Jedes von ihnen wirft einen Theil des in das Wasser eindringenden Lichtes zurück. Tyndall konnte auch nachweisen, daß je reicher an solchen schwebenden Bestandtheilen das Meerwasser war, desto stärker auch die grüne Farbe sich zeigte. Jedenfalls ist die Farbe des Wassers eine äußerst schwache, weswegen sie nur in dickeren Massen desselben wahrgenommen wird. Be= kannt ist in dieser Beziehung die blaue Grotte von Capri, welche allein durch das Licht erhellt wird, welches erst, nach= dem es eine längere Strecke durch das Wasser zurückgelegt hat, in die Grotte gelangen kann und dieselbe nun mit einem wunderbar blauen Schimmer erleuchtet.

Namentlich im Meere beobachtet man oft eine andere Färbung, wie gelb und roth, welche aber nur durch fremd= artige Beimengungen theils mineralischer, theils organischer Natur erzeugt wird.   Vorzugsweise sind es in Milliarden auftretende kleine Pflänzchen und Thierchen, die mit dem bloßen Auge kaum erkenntlich, diese abweichenden Färbungen über hunderte von Quadratmeilen hervorrufen, wie auch das wundervolle Leuchten des Meeres bei Nacht seinen Ursprung dem Phosphoresciren mikroskopischer Wesen verdankt, die besonders in den wärmeren Gegenden jeden aufspritzenden Tropfen wie einen glänzenden Funken erscheinen lassen und weit= hin den Lauf des Schiffes mit einem Feuerstreifen bezeichnen.

Dieselbe Farbe, welches das Wasser im flüssigen Zustande erkennen läßt, zeigt es auch als Eis.   Wer einen Gletscher besuchte, hat wohl an seinem Ende die häufig sich bildenden Grotten betreten oder auch in Spalten hinabgeschaut, die ein= zelne Massen kompakten Eises in solcher Dicke absondern, daß das Licht noch hindurchscheinen konnte.   Dann wird er auch die prachtvolle blaue Farbe bewundert haben, die an den Wänden in überraschender und mit der meist trüben und schmutzigen Oberfläche merkwürdig kontrastirender Pracht her= vortritt.   Kaum eine Annäherung an Grün wird hie und da bemerkt.

Wir haben oben die zwei von namhaften Physikern an= genommene Erklärung von der Entstehung der grünen Farbe des Wassers mitgetheilt; jede von ihnen paßt wohl für einen andern Fall.   Schwer mit der von Tyndall zu vereinigen ist der Umstand, daß das Meer auch in der Nähe der Küsten überhaupt blau erscheint; dagegen erklärt sie die Thatsache, daß ein= und dasselbe Meer, selbst bei fortwährend bedecktem Himmel, oft ziemlich rasch seine Farbe von Blau in Grün verändert,

wie es unter Andern A. v. Humboldt bestätigt hat. Es
bedarf hier nur der Annahme eines Aufrührens der Bestand=
theile durch stärkeren Wellenschlag und ein später wieder ein=
tretendes tieferes Sinken derselben.

Durchsichtigkeit.

Wie das Wasser in dünneren Massen vollkommen farblos,
so erscheint es ebenso vollkommen durchsichtig. Schon der
Umstand, daß es bei größerer Anhäufung, in dickeren Schichten
gefärbt erscheint, zeigt uns, daß seine Durchsichtigkeit beschränkt
sei. Auch auf diese wirkt der Aggregatzustand bedeutend ein.
Eis, obwohl spezifisch leichter, weniger dicht als Wasser, ist
bei weitem nicht so durchsichtig alles dieses. Man hat ver=
schiedene Versuche angestellt, um die Grenze der Durchsichtig=
keit des Wassers zu bestimmen; es liegt in der Natur der
Sache, daß genaue Resultate nicht zu erreichen sind. Die
natürlichen Wassermassen zeigen verschiedene Grade der Durch=
sichtigkeit. An den Antillen ist das Meer so klar, daß man
in einer Tiefe von 60 Fuß noch den Grund erkennen kann;
anderswo verschwindet er schon bei einer Tiefe von 25 Fuß.
Läßt man eine weiße Fläche z. B. ein weiß angestrichenes
Brett in die Tiefe hinab, so verschwindet es in einigen Meeren
bei 25, in anderen bei 75 Fuß Tiefe. Man nimmt an, daß
in einer Tiefe von 100—150 Fuß auch bei ruhiger See die
Sonne nur noch so hell wie der Mond gesehen würde. Die
für die tieferen Regionen geschaffenen Thiere bringen daher
ihr Leben in ewiger Dämmerung oder selbst völliger Nacht
zu. Höchst durchsichtig ist dagegen der Wasserdampf, er erhöht
die Durchsichtigkeit der Atmosphäre bedeutend. Darauf beruht
die Erscheinung, daß bei sehr feuchter Luft ferne Gegenstände,
wie Berge, viel deutlicher erscheinen, und da bei dieser leichter
Regen kommt, ist sie in der That als ein Zeichen bevor=
stehender Wetteränderung anzusehen.

2. Chemische Eigenschaften des Wassers.

Zusammensetzung.

Noch zu Ende des vorigen Jahrhunderts gehörte das Wasser unter diejenigen Stoffe, welche nicht zerlegt werden konnten. Zuerst wurde dasselbe von Cavendish 1781 zersetzt, auf elektrischem Wege zuerst von Carlisle; später lernte man verschiedene andere kennen, um das Wasser in 2 Bestandtheile zu trennen. Doch ist der genannte immer noch der einfachste, indem er uns beide sofort gesondert liefert, ihre Natur näher zu untersuchen und sie selbst wieder zu Wasser zu vereinigen gestattet. Die folgende Fig. 28 zeigt einen sehr einfachen Wasserzerlegungsapparat.

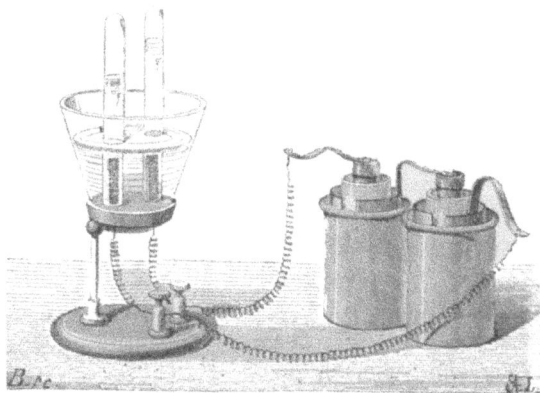

Fig. 28. Wasserzerlegungsapparat.

Ein Glasgefäß ist mit einem durchbrochenen Boden versehen, durch welchen zwei Drähte gehen, die an ihren Enden mit Platinplättchen versehen sind. Ueber dieselben sind zwei cylindrische Glasgefäße gestürzt, bestimmt, die beiden Stoffe aufzusammeln, aus denen das Wasser besteht. Bringt man nun diese beiden Drähte in Verbindung mit einem galvanischen Apparat, wie er auf der rechten Seite der Figur dargestellt ist, so beginnt augenblicklich die Zersetzung des Wassers. Man bemerkt nämlich, daß fortwährend farblose Gasbläschen von den Platinblechen aufsteigen, das Wasser aus den kleinen Glascylindern verdrängen und dieselben nach und nach ganz anfüllen. Zu gleicher Zeit beobachtet man eine Verringerung der Menge des Wassers. Sind die beiden Gefäße, in welchen sich die Gase ansammeln, zum Messen der Menge ihres Inhaltes eingetheilt, so beobachtet man auch, daß in dem einen, mit dem negativen Pole des Apparates in Verbindung stehenden Gefäße stets genau die doppelte Menge von Gas in der gleichen Zeit sich anhäuft, als in dem andern, dessen Draht zu dem positiven Pole führt.

Nehmen wir die mit Gas gefüllten Gläser weg und nähern wir demjenigen, welches die doppelte Menge Gas enthält, eine Kerze, so entzündet es sich augenblicklich, indem die kaum leuchtende Flamme rasch das ganze Gefäß erfüllt. Bringen wir eine Kerze an das andere Gefäß, so bemerken wir, daß das Gas in demselben nicht brennt, aber die Kerze flammt äußerst lebhaft auf, selbst ein nur glimmender Span in dieses Gas gebracht brennt augenblicklich höchst lebhaft mit sehr stark leuchtender Flamme.

Das erstere Gas hat man Wasserstoff, Hydrogen, genannt, das zweite Sauerstoff oder Oxygen.

Auch auf chemischem Wege läßt sich das Wasser leicht zersetzen. Manche Metalle, wie z. B. Kalium und Natrium, haben eine so große Verwandtschaft zum Sauerstoff, daß sie schon bei gewöhnlicher Temperatur denselben zwingen, aus seiner Verbindung mit dem Wasser auszutreten und mit ihnen sich zu vereinigen. Dann entweicht der zweite Bestand=theil des Wassers, der Wasserstoff, allein. Andere Metalle

zerlegen das Wasser nur bei sehr hoher Temperatur, z. B.
das Eisen. Füllt man eine eiserne Röhre mit Eisenfeilspänen,
erhitzt dieselben zum Glühen und läßt nun aus einer Retorte
(rechts) Wasserdämpfe durch dieselben hindurchstreichen, so
tritt an dem andern Ende (links) ein Gas aus, das in einem
Glascylinder aufgefangen bei der Untersuchung sich sogleich
als Wasserstoff zu erkennen giebt. Der Sauerstoff hat sich
mit dem Eisen zu Eisenoxyd verbunden.

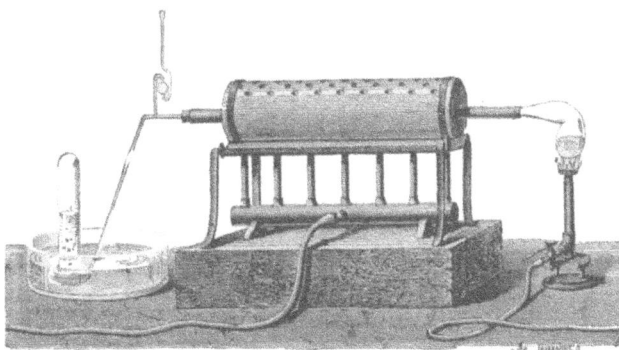

Fig. 29. Zersetzung des Wassers.

Um in größeren Quantitäten Wasserstoff zu entwickeln,
wendet man am einfachsten ein sehr billiges Metall, das Zink
an, aus dem es in der Fig. 29 dargestellten Weise rasch in
großer Menge erhalten werden kann.

Bringt man in eine mit zwei Hälsen versehene Glas=
flasche (sog. Woulf'sche Flasche) Zinkstückchen und Wasser
und gießt alsdann durch das oben mit einem trichterförmigen
Ende versehene Glasröhrchen in die Flasche Schwefelsäure,
so zersetzt sich das Wasser sofort, der Sauerstoff desselben ver=
bindet sich mit dem Zink zu Zinkoxyd, das mit der Schwefel=
säure zu schwefelsaurem Zinkoxyd — Zinkvitriol — zusammen=

tritt, der Wasserstoff entweicht als Gas und kann dann leicht in dem mit Wasser gefüllten und unter Wasser in der Schüssel links gehaltenen Glascylinder aufgefangen werden.

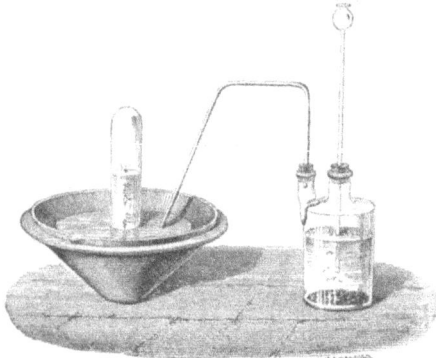

Fig. 30. Zersetzung des Wassers durch Zink und Schwefelsäure.

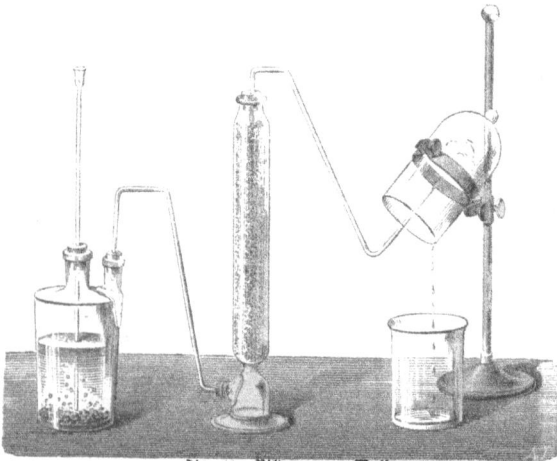

Fig. 31. Bildung von Wasser.

Ein einfacher Versuch zeigt uns, daß beim Verbrennen des Wasserstoffes in gewöhnlicher Luft, d. h. bei seiner Verbindung mit dem Sauerstoff der Atmosphäre, Wasser gebildet wird. Unsere Fig. 30 zeigt einen dazu geeigneten Apparat.

Entwickelt man in der eben angegebenen Weise aus der Flasche links Wasserstoff und läßt denselben durch ein mit Chlorcalcium gefülltes Gefäß (in der Mitte der Fig. 31) streichen, wodurch er vollkommen trocken wird, indem diese Substanz höchst begierig den mit ihm zugleich entweichenden Wasserdampf an sich zieht, so kann man ihn an dem Ende der geknickten Glasröhre, über welche eine Glasglocke gestürzt ist, anzünden. Das sich durch die Verbrennung hier bildende Wasser verbreitet sich wegen der dabei entstehenden Hitze dampfförmig um die Verbrennungsstelle. Es beschlägt sich dann dieselbe Glasglocke mit Wasserdunst, der sich allmählich zu Tropfen ausbildet, die an der geneigten Glaswand herabfließen und in einem untergestellten Gefäße aufgefangen werden können. Sie zeigen sich als vollständig reines Wasser, reiner als irgend eines unserer Quellwasser.

Wir sehen aus den oben besprochenen Versuchen, daß das Wasser sich in zwei Luftarten zersetzen und durch Verbrennung der einen in der Atmosphäre wieder zusammensetzen läßt. Wir haben auch schon erwähnt, daß von dieser, dem sog. Wasserstoffe sich zweimal so viel dem Volumen nach bilde, als von der andern, die wir als Sauerstoff bezeichnet haben. Den vollständigen Beweis, daß das Wasser nur aus diesen beiden Gasen bestehe, haben wir aber erst dann, wenn wir zeigen, daß wir 1. aus diesen beiden Gasen wieder Wasser bilden können, daß 2. das so erzeugte Wasser dem Gewichte nach gerade so viel beträgt als das Gewicht der beiden Gase für sich.

1. Man hat in der neueren Zeit eine höchst einfache Weise kennen gelernt, aus einem Gemische von Wasserstoff und Sauer-

stoff Wasser zu erhalten, indem man fand, daß die Elektricität,
welche Wasser in seine beiden Bestandtheile zersetzt, in anderer
Weise angewandt aus ihnen wieder Wasser bildet. Hat man
nämlich ein Gemenge dieser beiden Gase im Verhältniß von
zwei Volumen Wasserstoff zu einem Volumen Sauerstoff und
läßt durch dasselbe einen elektrischen Funken hindurchschlagen,
so vereinigen sich dieselben augenblicklich zu Wasser. Die ein=
fachste Weise stellt die folgende Fig. 32 dar.

Fig. 32. Bildung von Wasser aus Wasser= und Sauerstoff.

Ein cylindrisches Glasgefäß ist oben mit einer metallenen
Hülse geschlossen, aus welcher ein feiner Draht spiralig durch
das Glasgefäß führt. Füllt man unter Quecksilber dieses
genau graduirte Gefäß mit zwei Volumen Sauerstoff und
zwei Volumen Wasserstoff und läßt nun mittelst eines sog.
Elektrophors einen elektrischen Funken, der sich in dem Drahte
fortbewegt, durch das Gasgemenge hindurchschlagen, so be=

obachtet man ein Aufsteigen des Quecksilbers in dem Glas=
gefäß. Das der Menge nach sehr geringe Volumen Wasser=
dampf verdichtet sich nämlich zu einem Wassertröpfchen und
der durch diese Verdichtung entstandene leere Raum wird
durch das aufsteigende Quecksilber in Folge des Luftdruckes
auf seine Oberfläche ausgefüllt. Wenn das Quecksilber nicht
mehr steigt, kann man an der eingetheilten Röhre sehen, daß
von den zwei Volumen Wasserstoff und zwei Volumen Sauer=
stoff nur noch ein Volumen Gas übrig geblieben ist. Unter=
suchen wir dieses Gas, so finden wir, daß es reines Sauer=
stoffgas ist. Wir können schon daraus schließen, daß zwei
Volumen Wasserstoff sich mit einem Volumen Sauerstoff zu
Wasser verbinden, daß aber die Menge des so entstandenen
tropfbarflüssigen Wassers ein verschwindendes Volumen habe
gegen das Volumen der beiden Gase.

2. Füllen wir nach einander leichte mit einem Hahn
verschließbare Gefäße bei gleicher Temperatur und gleichem
Barometerstande — also unter gleichem Drucke — mit ver=
schiedenen Gasen an, so finden wir das Gewichtsverhältniß
dieser verschiedenen Gase bei gleichem Volumen, wenn wir
dieselben auf einer feinen Wage wiegen. Man hat auf diese
Weise gefunden, daß unter allen bekannten Gasen der Wasser=
stoff das leichteste sei. Eben deswegen wird er zum Füllen
der Luftballons verwendet. Bezeichnen wir das Gewicht eines
bestimmten Volumens Wasserstoff mit 1, so findet sich das
Gewicht desselben Volumens Sauerstoff = 16, das unserer
atmosphärischen Luft = 14,438 u. s. f.

Füllen wir dasselbe Gefäß mit Wasserdampf an, so finden
wir das Gewicht desselben = 9. Wir wissen aber aus dem
oben mitgetheilten Versuche, daß sich zwei Volumina Wasser=
stoff mit einem Volumen Sauerstoff zu Wasser verbinden,
aber das Volumen dieses Wassers in Gasform blieb uns noch
unbekannt. Stellen wir nun den Versuch wiederholt in der

Art an, daß wir Wasser zersetzen, die daraus erhaltenen zwei Volumina Wasserstoff und das eine Volumen Sauerstoff in ein Gefäß bringen, das fortwährend von heißen Dämpfen umgeben ist, so wird nun beim Hindurchschlagen eines elektrischen Funkens sich auch Wasserstoff und Sauerstoff verbinden, aber nicht zu tropfbar-flüssigem Wasser, sondern zu Wasser im gasförmigen Zustande, zu Wasserdampf. Dieser zeigt nun das Volumen zwei; es ist also eine Verdichtung eingetreten, indem zwei Volumina Wasserstoff und ein Volumen Sauerstoff zwei Volumina Wassergas bilden, die genau dasselbe Gewicht haben wie die zwei Volumina Wasserstoff und das eine Sauerstoff, nämlich $1 + 1 + 16 = 18$. Ein Volumen Wassergas wiegt daher $^{18}/_2 = 9$, wie wir es auch als durch den Versuch gefunden oben angegeben haben; dem Gewichte nach sind also in dem Wasser ein Theil Wasserstoff und acht Theile Sauerstoff enthalten.

Wir hatten bei dem oben besprochenen Versuche erwähnt, daß das Volumen des tropfbar-flüssigen Wassers verschwindend klein sei gegen dasjenige des Gasgemenges, aus dem es entstanden sei. Dies zeigt sich sofort, wenn wir die Gewichte dieser Stoffe mit einander vergleichen. Da der Wasserstoff als der leichteste aller bekannten Stoffe sich herausgestellt, so haben ihn die Chemiker als Gewichtseinheit fast ausnahmslos angenommen. Der berühmte Chemiker Hofmann in Berlin hat nun auch ein bestimmtes Volumen, nämlich ein Kubikdecimeter oder ein Liter als Gewichtseinheit für die verschiedenen Stoffe vorgeschlagen und dasselbe Krith genannt (von dem griechischen Worte $\varkappa\varrho\iota\vartheta\eta$, das gleichbedeutend ist mit dem lateinischen granum, Korn, woher der Name Gran im Medicinalgewicht kommt). Ein Krith Wasserstoff wiegt nun 0,0896 Gramm, während ein Krith Wasser 1 Kilogramm oder 1000 Gramm wiegt. Ein Krith Sauerstoff wiegt 1,4336 Gramm, ein Krith Wassergas 0,8064 Gramm. Es verhält sich also das Gewicht des tropfbar-flüssigen Wassers zu dem des Wassergases unter gleichen Umständen wie 8 : 10,000 oder wie 1 : 1250, die Volumina stehen natürlich in demselben Verhältnisse zu einander, und wir begreifen nun, wie in dem obigen Versuche, das von Wasserstoff und Sauerstoff gebildete Wasser im verdichteten, flüssigen Zustande sich der Beobachtung entziehen mußte.

Von den übrigen chemischen Eigenschaften des Wassers wollen wir nur die bekannteste noch erwähnen, nämlich die

auflösende Wirkung

desselben. Alltägliche Erscheinungen und Erfahrungen haben Jeden mit derselben schon bekannt gemacht; in welch groß-artiger Weise dieselbe durch die ganze anorganische wie organische Natur thätig ist, so daß wir sagen können, alle Veränderungen in der leblosen Natur, wie aller Wechsel im Pflanzen- und Thierkörper werden durch das Wasser vermittelt, das näher auszuführen ist die Aufgabe der kommenden Kapitel.

Nur Folgendes sei noch im Allgemeinen hier darüber erwähnt. Wenn ein fester Körper durch einen flüssigen Körper ebenfalls in den flüssigen Zustand versetzt wird und mit diesem dann eine vollkommen gleichartige Flüssigkeit darstellt, so sagen wir: er sei aufgelöst worden. Das Wasser hat solche auf-lösende Kräfte in hohem Grade. Von den im Mineralreiche vorkommenden Körpern ist kein einziger vollständig unauflöslich. Wir wissen aber ebenfalls aus zahlreichen Erfahrungen des gewöhnlichen Lebens, daß die verschiedenen Körper in dieser Beziehung sich sehr verschieden verhalten. Salz, Zucker löst sich in großer Menge und leicht in Wasser, Weinstein schon beträchtlich weniger, vom Gyps ist es schon kaum mehr merklich. Es ist bisher nicht möglich gewesen, irgend eine Beziehung zwischen den übrigen Eigenschaften der Körper und ihrer Löslichkeit im Wasser zu ermitteln. Einige lösen sich in be-

trächtlich größerer Menge in heißem als in kaltem Waſſer,
z. B. Alaun; bei anderen, z. B. beim Kochſalz, zeigt ſich die
Temperatur ohne allen Einfluß. Das Volumen des Waſſers
vermehrt ſich durch alle in ihm aufgelöſten Körper, aber eben=
falls in keinem im Voraus zu beſtimmenden Verhältniſſe. Iſt
der im Waſſer auflösbare Körper gefärbt, ſo theilt er auch
der Löſung eine Farbe mit; doch iſt dieſe, wenn auch in der
Regel, doch nicht immer dieſelbe wie die des feſten Körpers.

Man ſieht aus dieſen wenigen Mittheilungen, wie viel
Räthſelhaftes auch in dieſer Beziehung das Waſſer darbietet,
wie überhaupt ſeine chemiſchen Eigenſchaften und ſeine Eigen=
thümlichkeiten in Verbindungen mit andern Stoffen noch des
Wunderbaren und Unaufgehellten genug darbieten.

IV.

Das Waſſer im Haushalte der Natur.

Wenn wir auch nur die alltäglichſten Erſcheinungen uns
vergegenwärtigen, die uns das Waſſer darbietet, ſo werden
wir ſogleich darauf aufmerkſam, welch eine wichtige Rolle
das Waſſer im Haushalte der Natur ſpielt, wie es in allen
Naturreichen die weſentlichſten Dienſte leiſtet und Pflanzen
wie Thiere von ihm nicht nur getränkt, ſondern im eigent=
lichſten Sinne auch genährt und gebildet werden. Wir ſehen,
wie das Waſſer zunächſt aus nackten Felſen den Boden ſchafft,
in welchem Gewächſe ihre Wurzeln verbreiten können, wie es
die Nahrungsmittel herbeiführt, deren dieſelben bedürfen, und
ſie in flüſſige Form bringt, in welcher ſie allein von ihnen
aufgenommen werden können. Ja $^7/_8$ der ganzen Pflanze
beſtehen aus den Elementen des Waſſers, nur $^1/_8$ wird von
Kohlenſtoff und mineraliſchen Stoffen, den ſog. Aſchenbeſtand=
theilen der Pflanze gebildet.

Die Pflanzen sind aber die alleinigen Ernährer aller Thiere, indem kein Thier, wie jene es können, aus dem Mineralreich und der Atmosphäre seine Nahrung unmittelbar zu entnehmen vermag, sondern alle auf die Pflanzen oder auf andere von diesen sich nährende Thiere zu ihrem Unterhalte angewiesen sind. Auch der thierische Körper besteht gleich dem pflanzlichen aus wenig mineralischen Bestandtheilen und außerdem aus Wasser oder Wasser mit Kohlenstoff in verschiedenen Verhältnissen verbunden, zu denen sich nur höchst spärlich andere Elemente, wie Stickstoff, Schwefel und Phosphor, gesellen. Pflanzen und Thiere sind, so lange sie leben, einem beständigen, unaufhaltsam ihren Körper umändernden Stoffwechsel unterworfen; dieser kann nur unter Vermittlung des Wassers vor sich gehen.

Der menschliche Körper selbst enthält mehr als 76% seines Gewichtes Wasser!

Auch in dieser Beziehung ist das Wasser in einem beständigen Kreislaufe begriffen, indem es aus der Atmosphäre oder aus dem Boden in den Pflanzen- und Thierkörper eindringt, hier die mannigfachsten Aenderungen hervorruft und wieder aus demselben theils durch direkte Ausscheidung oder Verdunstung, theils durch den Verbrennungs- oder Verwesungsprozeß in die Atmosphäre zurückkehrt.

Wie wir den früher betrachteten großen Kreislauf des Wassers über die Erde als einen physikalischen, so können wir den eben erörterten kleineren durch die Organismen als einen chemischen bezeichnen. Beide gehen in der Gegenwart unablässig gleichzeitig neben einander her. Die Geologie lehrt uns aber, daß dieses nicht immer der Fall gewesen sei, indem in den frühesten Zeiten der Erdgeschichte keine Pflanzen und Thiere existirten. Jahrhunderte vergingen wohl, ehe durch den großen Kreislauf des Wassers und seine Wirkungen auf die Erdrinde ein Boden, für Pflanzenwachsthum geeignet, geschaffen war,

und nach den Pflanzen kamen dann erſt die Thiere, welche
ſich von ihnen nährten.

So iſt uns durch die Geſchichte unſerer Erde auch der
natürliche Gang angewieſen, wie wir die Thätigkeit des Waſſers
am beſten betrachten. Wir werden, der natürlichen Ordnung
folgend, zunächſt die Wirkungen des kreiſenden Waſſers auf
die Erdrinde betrachten und daran das Verhalten des Waſſers
zu den Organismen ſich anſchließen laſſen.

---

1. Mechaniſche Wirkungen des fließenden Waſſers.

Regen.

Ein Gang ins Freie nach einem etwas ſtärkeren Regen
läßt uns mit einem Blicke die verſchiedenen Wirkungen des
fließenden Waſſers überſehen. Wenden wir unſere Augen
einem etwas ſteileren Abhange zu, ſo ſehen wir deutlich, wie
das Regenwaſſer eine Anzahl von kleinen Rinnen in den
loeren Boden eingeriſſen hat, die je weiter nach abwärts immer
tiefer und breiter werden. Da wo der Abhang auf ebenem
Boden ſich verliert, liegen zuerſt die Steinchen und der gröbere
Sand, welchen das Waſſer aus den Rinnen herausgewühlt,
das feinere Material iſt weiterhin fächerartig ausgebreitet,
und das feinſte, der ſog. Schlamm, meiſt aus Lehm beſtehend,
trübt die Lachen und Bäche und läßt oft tagelang die Flüſſe
mit gelblicher oder röthlicher Farbe erſcheinen. Dieſe auf
engem Gebiete wahrnehmbaren Erſcheinungen geben uns ein
Bild für die geſammte mechaniſche Thätigkeit des fließenden
Waſſers auf der Erde. Wo ſie ſich auch zeigt, überall folgt
ſie denſelben Geſetzen, die Verſchiedenheit in der Wirkung
hängt allein ab von der Menge und der Schnelligkeit des
bewegten Waſſers und von der Größe und Schwere der ihm
entgegenſtehenden feſten Theile, auf die es wirkt. Dennoch

ist der Unterschied in der Wirkung nur ein gradweiser zwischen dem einzelnen fallenden Tropfen und dem herabdonnernden Wasserfall, zwischen dem momentan über den Boden rieselnden Wasserfaden eines Regengusses und dem unablässig das Thal erfüllenden Riesenstrome.

Sehen wir nun auf die Orte, von welchen das Wasser Steinchen, Sand oder Schlamm wegnimmt, so müssen wir sagen, das Wasser zerstört die Länder; betrachten wir aber die Stellen, an welchen es endlich dieselben niederlegt, so werden wir mit demselben Rechte sagen: das Wasser schafft Land. Was es an der einen Seite einreißt, baut es an der andern wieder auf, Schaffen und Zerstören geht neben einander her, ja von den Flüssen müssen wir gestehen, daß sie das Land mehr vergrößern als verkleinern. Doch wir wollen sie etwas näher auf ihrem ganzen Laufe verfolgen.

Quellen und Wildbäche.

Gehen wir hinauf in das Hochgebirge zu den Quellen unserer Ströme, so sehen wir sie hier, wenn auch noch klein, wie Riesenkinder die gewaltigsten Felsblöcke spielend bergab= rollen. Schäumend und tosend versuchen die Wellen ihre Kraft an den Massen, die ihnen der Winter neckend ins Bette geworfen; was ihnen heute nicht gelingt, das gelingt ihnen morgen, oder übers Jahr, oder auch erst in hundert Jahren, denn jede Welle stößt an den groben Gesellen, der sich ihr so breit entgegenstemmt, sie nagt im Vorbeieilen an seiner Seite, sie feilt mit dem Sande schon zermalmter Blöcke an seinen Kanten und meißelt an seinen Ecken mit kleineren Steinen, die sie gegen ihn schleudert. So dauert es nicht lange und der scharfkantige Block wird immer runder und kleiner, und wenn einmal der Schnee rasch schmilzt und die Fluth geschwellt daherjagt, so wankt auch er, der festgewurzelt schien, und in wildem Tosen wird er kopfüber hinabgerollt.

8*

zerschellt, zermalmt und im Meersande kannst du seine Trümmer
wieder finden. Am stärksten geht diese Pocharbeit der Natur
da vor sich, wo Stromschnellen mit Wasserfällen im Oberlaufe
sich finden.

Ein Felsblock kann ebensowenig einen Sprung in eine
solche Tiefe aushalten als ein Mensch, sie werden ebenso
zermalmt, und auch für das Wasser gilt der Satz divide et
impera. Ist ein Block erst einmal in mehrere Theile zerspalten, so geht seine völlige Vernichtung zu Sand und Staub
nur um so rascher vorwärts.

Bei diesem Fortrollen der Felsen durch das Wasser kommt
noch das in Betracht, daß, wie bekannt, jeder Körper in
Wasser so viel an Gewicht verliert, als ein gleich großes Volumen
Wassers schwer ist. Ein Stein, der 250 Pfund an der Luft
wiegt und wie die meisten unserer Gesteine ein spezifisches
Gewicht von 2½ hat, wiegt im Wasser nur 150 Pfund, wird
also um so viel leichter in diesem Elemente fortgewälzt. Jeder,
der einmal einen und denselben Stein unter Wasser und in
der Luft gehoben hat, wird auch den auffallenden Unterschied
im Kraftaufwande bemerkt haben, der nöthig ist, ihn in dieser
oder in jenem zu haben.

Vereinigen sich noch im Hochgebirge mehrere Ströme,
so reißen sie oft beträchtliche Mengen von Felsblöcken mit sich
fort. Bei niederem Wasserstande sieht man oft eine große
Zahl solcher abgerundeter Steine in den Flüssen liegen, die
dann bei dem nächsten Hochwasser weiter fortgeschafft, an
einander gerieben und immer mehr und mehr verkleinert
werden. Man hat gefunden, daß bei einem Gefälle von 1 auf
43½ Fuß noch Blöcke von 2 Fuß im Durchmesser fortgerollt
werden. Verlangsamt sich die Bewegung mit der Abnahme
der Neigung des Flußbettes, so bleiben alle diejenigen Massen
liegen, welche nur bei größerer Schnelligkeit des Wassers von
demselben fortgeführt werden können. Aber auch diese bleiben

Fig. 33. Beispiel eines ausgespülten Felsens durch Reibung des Wassers.'
Schlucht von Occobamba (Südamerika).

Fig. 34. Vom Fluſſe fortgeriſſene Felsſtüde. — Verbindung der Flüſſe P) anatili und Quilliбamba (Peru).

nicht lange in Ruhe, da sie durch die Thätigkeit des Wassers immer abgerieben, dadurch kleiner und leichter werden und nun von Neuem von demselben weitergerollt werden können. So wird nach und nach alles in den Fluß fallende Gestein zermalmt, zerrieben, endlich in feinen Sand oder Schlamm verwandelt. Bei einer Geschwindigkeit des Stromes von 3 Fuß in der Sekunde bleiben eigroße Steine liegen, bei 2 Fuß abgerollte Kiesel von 1 Zoll im Durchmesser; feiner Sand wird noch fortgerollt, wenn die Schnelligkeit etwas mehr als $\frac{1}{2}$ Fuß beträgt, feiner Schlamm senkt sich erst bei 3 Zoll Geschwindigkeit langsam zu Boden.

Denken wir uns die ungeheuren Wassermassen eines großen Stromes, bedenken wir, daß unablässig Jahrtausende hindurch festes Material von den Flüssen in das Meer geschwemmt wird, so kommen wir sofort zu dem Schlusse, daß die Veränderung des Landes durch die Thätigkeit der Flüsse eine sehr beträchtliche sein müsse, ebensowohl bemerklich an dem Laufe des Flusses selbst, wie an den Reliefverhältnissen des ganzen Landes, aus welchem seine Wasser kommen. So viel ist unter allen Umständen klar, daß die Menge des Festlandes innerhalb des ganzen Stromgebietes abnehmen muß. Die Flüsse arbeiten alle gleichmäßig an der Erniedrigung der Höhen, sie haben eine nivellirende Wirkung. Diese Thätigkeit zeigt sich nun aber äußerst verschieden an verschiedenen Stellen eines Flußgebietes und zu verschiedenen Zeiten. In dem Oberlaufe der Flüsse ist die zerstörende Wirkung des Wassers vorherrschend, besonders zeigt sich dies auch in eigenthümlicher Weise an den

Wasserfällen.

Bei allen bemerkt man ein Zurückweichen derselben, das wohl erklärlich ist. Einmal wird durch die ungeheure Wirbelbewegung, die am Fuße des Falles entsteht, die Klippenreihe, über welche das Wasser stürzt, fortwährend unterwühlt, und endlich bricht dann der obere Rand zusammmen. Dann frißt aber auch das Wasser, wie eine Feile an einer scharfen Kante kräftiger wirkt, stärker bei seiner raschen Bewegung an dem oberen Rande und bröckelt immer mehr und mehr von demselben ab. Meistens stürzen daher die Wasserfälle in Schluchten herab, die sich immer weiter stromaufwärts verlängern.

Die folgende Figur 35 stellt den Wasserfall des Zambese nach Livingstone dar, der in eine noch kurze Schlucht herabstürzt, die ursprünglich nur eine Spalte in Basalt darstellte, aber nun durch Thätigkeit des fast 5000 Fuß breiten Falles immer weiter und weiter gemacht wird.

Am bekanntesten ist das Zurückweichen des Niagarafalles, das zu mancherlei geologischen Berechnungen über die Dauer des Bestehens dieses Falles Veranlassung gegeben hat. Es geht dieses dadurch verhältnißmäßig so rasch von statten, daß die obersten Lager, über welche der Fluß stürzt, aus 70 Fuß dicken harten Kalksteinen bestehen, welche auf leicht zerstörbaren Schiefern ruhen. Diese letzteren werden nun von dem furchtbar heftigen Wogenschlag der herabgestürzten Wassermassen losgerissen, so daß dann der seiner Unterlage beraubte Kalk nachstürzen muß.

Natürlich ist in diesem Falle, wie in allen übrigen, die Härte des Gesteins, seine Struktur, ob schieferig oder massig, seine Lage, ob in horizontalen oder geneigten Schichten, von dem größten Einfluß auf das Zurückweichen der Fälle. Gegenwärtig soll das Zurückweichen des Niagara 2—3 Schuh im Jahre betragen, und man hat daraus berechnet, daß die Schlucht, welche dieser Strom zwischen Ontario und Eriesee nach und nach eingesägt, wenn die Verhältnisse dieselben waren wie gegenwärtig, 60000 Jahre zu ihrer Bildung erfordert habe. Doch sind alle derartigen Rechnungen als höchst unsicher zu bezeichnen.

Fig. 35. Wasserfall von Zambese, nach Livingstone.

Fig. 37. Fall von Gavarnie.

Sehr gering, ja selbst in längeren Zeiträumen kaum merklich ist diese Erscheinung an dem Rheinfall bei Schaff=hausen, der 80 Fuß hoch über harte Klippen von Juragestein sich herabstürzt.

Fig. 36. Der Rheinfall bei Schaffhausen.

Kaum wahrnehmbar wird die Wirkung, wenn bei gerin=gerer Wasserfülle die Höhe des Sturzes so bedeutend ist, daß durch den Widerstand der Luft das Wasser in die feinsten Tröpfchen wie in Staub aufgelöst wird und gegen das untere Ende wie ein dünner Schleier, jedem Windstoße nachgebend, vor den Felsen hängt. Am bekanntesten ist von solchen Fällen der Staubbach von Lauterbrunn, dessen Höhe 1100 Fuß beträgt. Noch bedeutender sind die Fälle von Gavarnie in den Pyrenäen. Der beträchtlichste unter ihnen hat eine Höhe von 1300 Fuß.

„Er fällt langsam, wie eine sich herabsinkende Wolke oder ein wehender Schleier, die Luft mildert seinen Fall; das Auge folgt mit Wohlgefallen dem anmuthigen Kräuseln des schönen luftigen Schleiers."*)

*) Taine, Reise in den Pyrenäen.

Thätigkeit der Flüsse.

Unter allen Umständen ist in dem obersten Theile des Flußlaufes die Gewalt des Wassers eine so große, daß das Bett des Flusses immer tiefer und weiter ausgehöhlt wird. Ganz anders verhält es sich in dem unteren Theile des Laufes, indem hier ein großer Theil des gröberen Materiales niedergelegt wird, welcher aus den oberen Regionen kommt. Wir bemerken daher auch bei den meisten Flüssen, daß sie ihr Bett da, wo sie in die Ebenen eintreten, erhöhen. Besonders deutlich tritt dieses da auf, wo die flachen Ufer eines Flusses Jahrhunderte hindurch mit Städten besetzt sind. Um diese nicht den Ueberschwemmungen preiszugeben, erhöht man die Ufer des Flusses. Der Strom selbst aber bettet sich durch die von ferne hergeschwemmten Materialien stets höher und höher. Das großartigste Beispiel hierfür zeigt der Po. Dieser Fluß läuft gegenwärtig, genau betrachtet, auf einem hohen Damme, den er erzeugt und die Anwohner mit Ufern versehen haben. Jetzt schon ist der Grund seines Bettes höher als die Dächer von Ferrara! Wo sich die Flüsse selbst überlassen sind, kommt natürlich ein derartiges Verhältniß nicht vor, indem jede Ueberschwemmung zu einer Erhöhung des ganzen Thales oder der Ebene zu beiden Seiten des Flusses auf große Entfernungen hin beiträgt. Allerdings wird auch hier unmittelbar neben dem Flusse die Erhöhung beträchtlicher ausfallen, weil hier der meiste Sand und Schlamm, den der überfließende Strom mit sich führt, liegen bleibt. Die Ungleichheit kann aber deswegen keine beträchtlichere werden, weil der Fluß sonst bei einer größeren Fluth diese lockeren Massen durchbrechen und sich ein neues Bett durch die tieferen Stellen der Ebene brechen würde, wie dies im Unterlaufe großer, durch weite Ebenen dahin ziehender Ströme nicht selten beobachtet wird, wenn ihnen nicht durch der Menschen Hand ein bestimmtes Bett angewiesen und erhalten wird.

Wollen wir uns eine klare Vorstellung von dem Betrage der Veränderung machen, welche die Flüsse im Lande erzeugen, so müssen wir nahe an der Mündung derselben untersuchen, wie viel Festes sie mechanisch mit sich führen, und müssen die Menge desselben da betrachten, wo sie es niederlegen und aufhäufen, nämlich im Meere.

Auch in dieser Beziehung zeigen die Flüsse sehr beträchtliche Unterschiede, namentlich diejenigen der Tropengegenden zeigen sich sehr abweichend von denjenigen der gemäßigten Zonen. Nach dem früher über die Flüsse Mitgetheilten sind sie ja anzusehen als der Ueberschuß der atmosphärischen Niederschläge auf ihrem Flußgebiete über die Verdampfung und Versickerung auf demselben. Wie sehr verschieden sind aber diese Verhältnisse unter den verschiedenen Zonen! Unter den Tropen monatelang furchtbare Regengüsse, dann eben so entsetzliche Dürre, als Folge davon Anschwellungen des Flusses zu förmlichen Seen, dann wieder Schwinden desselben bis zur vollständigen Trockenheit seines Bettes. In den gemäßigten Zonen dagegen geringe, aber über alle Monate vertheilte Niederschläge und eben so geringe Differenzen zwischen Hochfluthen und niedrigem Wasserstande. In demselben Verhältnisse steht aber auch der Gehalt an festem Material in den Gewässern und die Wirkungen derselben auf den Boden, über den sie fließen.

Sehr schön schildert diese paroxystische Thätigkeit eines tropischen Flusses der schon früher genannte B a k e r a. a. O. S. 83: „Nachdem wir eine anscheinend vollkommene Fläche des reichsten Alluvialbodens zehn Meilen weit bereist hatten, gelangten wir plötzlich an den Rand eines tiefen Thales, das zwischen einer Meile und zwei breit war und in dessen Sohle 200 Fuß unter dem allgemeinen Niveau des Landes, der Atbara floß. An der entgegengesetzten Seite des Thales lief dieselbe ungeheuere Hochebene bis zum westlichen Horizonte fort.

Wir ritten zur Fläche hinunter. Die Thalwände, wie das Thal selbst waren eine Reihenfolge von Rissen und Schluchten, Erdrutschen und Wasserrinnen. Die ganze meilenbreite Vertiefung war augenscheinlich das Werk des Flusses. Wie viele Jahrhunderte lang mögen die Regen und der Strom an der Arbeit gewesen sein, ehe sie dieses breite und tiefe Thal in die flache Hochebene eingeschnitten haben. Hier war der riesige Werkmeister, der den weichen Lehm auf das Delta Oberägyptens geschaufelt hat. . . . In der Regenzeit kommen täglich Erdrutsche vor, in Strömen fließt reicher Schlamm an den Wänden nieder, und da der Fluß unten zu einem Bergstrome anschwillt, so stürzen seine bröcklichen Ufer ein und lösen sich auf. Der Atbara wird so dick wie eine Erbsensuppe und sein schlammiges Wasser erfüllt noch heute die Pflicht, für die es von Jahrhundert zu Jahrhundert thätig gewesen. In dieser Weise war der große Strom auch da thätig, als wir an seinem Ufer unten in der Thalsohle ankamen. Sein arabischer Name Bahr el Arvet (schwarzer Fluß) ist ganz richtig. Es ist der schwarze Vater Aegyptens und führt seinem Sprößlinge noch heute die Nahrung zu, aus der das Delta ursprünglich entstanden ist."

Auf keinen der Ströme in der gemäßigten Zone würde auch nur annähernd eine solche Beschreibung passen, während sie mehr oder minder auf alle tropischen Gewässer anwendbar ist. Wenn wir hören, daß an manchen Orten, wie z. B. in Cayenne in der neuen, Bombay in der alten Welt, in 24 Stunden manchmal 21 Zoll Regen fällt, so viel wie im östlichen Deutschland in einem ganzen Jahre, daß die Flüsse oft 10 Fuß über ihren mittleren Stand sich erheben, so können wir uns eine Vorstellung machen von den gewaltigen Zerstörungen, denen das Land durch die Regengüsse, die Bäche und Flüsse ausgesetzt ist.

Je heftiger nämlich die Regengüsse sind, desto mehr wird

das ganze Land zerstört und abgetragen werden; je geringer dieselben sind, desto mehr wird sich die Zerstörung d. h. die Abtragung und Verkleinerung auf das Flußthal selbst be=schränken. Denn auch bei uns können wir häufig wahrnehmen, wie bei ungewöhnlich starken Regengüssen jeder Hohlweg, jede Schlucht, jeder Bergeinschnitt zu einem Bache wird, der Massen von Steinchen, Sand, Lehm oder Schlamm in die Flüsse hineinführt, während bei gewöhnlichen Verhältnissen nur wenig schmale Wasseräderchen sich einen Weg zur Ebene bahnen und überall an dem Fuße der Abhänge schon ihren Raub liegen lassen und sofort wieder im Boden versinken. Wir wissen ja aus einer Reihe von Messungen des Wassergehaltes der Flüsse, daß sie durchschnittlich nur die Hälfte der Wasser=menge in das Meer liefern, welche als Regen und Schnee auf ihr ganzes Stromgebiet herniedergekommen ist.

Fassen wir kurz die mechanischen Wirkungen des fließenden Wassers zusammen, so können wir sie mit folgenden Worten bezeichnen:

1. Durch den Regen wird das ganze Festland in seiner Höhe vermindert, indem die Berge erniedrigt, die Ebenen durch das herabgeschwemmte Material erhöht werden.

2. Die Flüsse nagen sich Rinnen in das Land, durch welche sie den Ueberschuß des Regens über Verdampfung und Versickerung, zugleich mit einer mehr oder minder beträchtlichen Menge fester Bestandtheile im feinzermalmten Zustande fort=führen. Es braucht keiner Erwähnung mehr, daß alle diese Erscheinungen und Vorgänge außerordentlich wechseln, je nach der mineralogischen Beschaffenheit des Bodens, über welche die Wasser sich bewegen, nach den Neigungs= und Vegetations=verhältnissen desselben, nach der Menge und Vertheilung des Regens.

Wir haben bis jetzt nur für wenig Flüsse direkte Mes=sungen über die Menge des Materiales, welches sie mechanisch

9*

fortführen; doch sehen wir aus diesen, daß die Wirkungen schließlich nicht unbeträchtlich sind.

Der Rhein führt täglich im Durchschnitte 6360 Mill. Kbf. Wasser aus Deutschland, also im Jahre 2″321 400′000 000 Kbf. Sein Flußgebiet hat 3060 Q. M., und da 1 Q. M. 521′682 619 Q. F. enthält, beträgt dasselbe 1″596 348′814 140 Q. F. Man sieht daraus, daß für jeden Quadratfuß seines Stromgebietes 1,4 Kubikfuß Wasser dem Meere zufließt, was ebenfalls ziemlich genau der Hälfte der Regen- und Schneemenge entspricht, die auf dieses Gebiet im Laufe eines Jahres fällt. In den Zeiten des höchsten Wasserstandes enthält das Rheinwasser $\frac{1}{100}$ an mechanisch fortgeführten festen Bestandtheilen; nach langer Trockenheit wird es so rein, daß nur noch $\frac{1,7}{100\,000}$ solcher in ihm sich finden. Nehmen wir $\frac{16,5}{100,000}$ als durchschnittliche Schlammführung an, so würde dies in einem Jahre genau 147,5 Millionen Knbikfuß, das spezifische Gewicht des Schlammes zu 2,6 angenommen, liefern. Würde diese Masse ganz gleichmäßig vom ganzen Flußgebiete weggenommen sein, so würde dies dadurch im Laufe eines Jahres um $\frac{1}{10000}$ Fuß erniedrigt werden, in 10000 Jahren also um einen Fuß.

So gering auch diese Größe der Abtragung erscheint, so beträchtlich ist ihre Wirkung doch da, wo sich das abgelagerte Material absetzt, im Meere vor der Mündung der Flüsse, wie wir sogleich sehen werden.

Eine ähnliche Berechnung der Schlammführung haben wir für den Ganges. Nach den Untersuchungen von Everest führt der Ganges während der Regenzeit in 122 Tagen $\frac{1}{656}$ des Volumens der Wassermasse Schlamm mit sich, und zwar im Betrage von 6082 Millionen Kbf. In der übrigen Zeit ist die Menge der im Wasser schwebenden festen Bestandtheile sehr gering, sie beträgt in den übrigen acht Monaten nur 286 Millionen Kubikfuß. Es würde die Gesammtmenge eines

Jahres dem Volumen nach gleich 60 der größten Pyramiden sein oder über eine Fläche von 12 g. Q. M. ausgebreitet dieselbe 1 Fuß hoch bedecken. Sein Flußgebiet zu 22000 g. M. angenommen würde dasselbe in 2000 Jahren um 1 Fuß dadurch abgetragen werden. Der Mississippi mit einer jährlichen Schlammförderung von 7468,8 Millionen Kubikfuß würde sein Flußgebiet in 3880 Jahren um 1 Fuß erniedrigen.

Deltabildung.

Es ist durchaus nicht daran zu zweifeln, daß der Lauf unserer Flüsse schon seit einer Reihe von Jahrtausenden derselbe gewesen sei, wie wir ihn heute vor uns sehen. Daraus folgt denn auch sofort, daß sie in derselben Weise wie jetzt Sand und Schlamm in das Meer eingeführt, und vor ihren Mündungen abgelagert haben müssen. Diese Bildungen müssen deswegen auch von beträchtlichem Umfange sein. Man bezeichnet diese durch die Flüsse an ihrer Einmündungsstelle erzeugten Landbildungen mit dem Namen Delta, weil sie meistens eine dreieckige, also der Form des griechischen Buchstabens Delta (Δ) ähnliche Gestalt haben. Die Basis des Dreiecks ist dem Meere zugekehrt, die Spitze dem Lande. Meist veräftelt sich der Fluß sehr stark in diesem seinem untersten Theile, verändert seinen Lauf sehr häufig, indem bei Ueberschwemmungen diese niedrigen angeschwemmten Landstrecken ganz unter Wasser zu stehen kommen und der Fluß selbst dann bald da, bald dort sich durch die lockeren Massen ein neues Bette wühlt. Ein Blick auf eine etwas bessere Landkarte läßt uns sofort diese eigenthümliche Veräftelung an allen Deltas, wie am Po, Nil, Ganges und anderen Strömen, erkennen. Ihre Bildung ist wohl begreiflich. Gerade zur Zeit des Hochwassers führen die Ströme die größte Masse von Schlamm mit sich, der weithin in dem Meere sich vertheilt, aber der größten Masse nach doch unmittelbar vor der Mündung

des Flusses liegen bleibt und sich fächerförmig nach allen
Seiten hin ausbreitet. So hat man schon 50 Meilen von
der Mündung des Amazonenstromes das Meer von den
Schlammmassen dieses Riesenstromes getrübt gesehen, und das
gelbe Meer verdankt seinen Namen dem Schlamme, den die
großen chinesischen Ströme in dasselbe einschwemmen. Die
gegen das Land ankämpfende Brandung häuft dann diese
Massen über einander, so daß sie zu beiden Seiten der Strömung
einen Wall bilden, eine Verlängerung der Flußufer, die bei
jedem Hochwasser wieder überschwemmt und durchbrochen,
aber auch vergrößert werden. So wie nur bei niedrigem
Wasserstande etwas dieser fetten, fruchtbaren Anschwemmungen
ins Trockne geräth, stellt sich bald eine, meist höchst üppige
Vegetation ein, die zur Befestigung und zur Erhöhung der=
selben wesentlich beiträgt. Anfangs ist es Schilf, Rohr,
Sumpfgewächse aller Art, was sich hier ansiedelt; sie helfen
dann den Boden herrichten für Bäume und ausdauernde
Gewächse, die mit ihren Wurzeln schon einen größeren Wider=
stand dem Hochwasser entgegensetzen. In warmen Ländern
sind diese Anschwemmungen eben so ausgezeichnet durch ihre
Fruchtbarkeit, wie durch ihre Verderblichkeit, und es bedarf
lange dauernder Verbesserung durch den Menschen, um sie
aus einer Wüste für Raubthiere und einer Brutstätte von
Seuchen zu einer Stätte zu machen, an der Menschen wohnen
und sich bleibend niederlassen können.

Unter allen Deltas ist das des Nils das bekannteste und
am längsten hinsichtlich seiner Veränderungen in historischer
Zeit verfolgt. Nach Homer war Pharos eine Insel, eine
Tagefahrt vom Lande entfernt; gegenwärtig ist sie hart an
der Küste gelegen und mit ihr durch einen künstlichen Damm
verbunden. Damiette, zur Zeit als die Kreuzfahrer in Aegypten
landeten, an der Mündung des Nils gelegen, ist jetzt eine
Stunde oberhalb derselben.

Auch an unseren kleineren europäischen Flüssen kann man diese bauende Wirkung der Flüsse genau historisch verfolgen. Die Stadt Adria, welche zu Augustus' Zeit einen Theil der römischen Flotte beherbergte, liegt jetzt 3 g. M. in gerader Linie vom Meere entfernt und 1½ von der Mündung des Po, fast ausschließlich durch die Anschwemmungen dieses Flusses so weit von dem adriatischen Meere getrennt.

Auch in unseren Landseen geht diese Deltabildung sehr rasch vor sich, weil hier die Flüsse meist bei ihrem raschen Laufe verhältnißmäßig viel beträchtlichere Massen von Geröll, Sand und Schlamm mit sich führen, als die größeren Ströme in ihrem Unterlauf. An dem Genfer-See macht sich dieses besonders bemerklich durch die Thätigkeit der Rhone. Das Städtchen Portus Valesiae (Port Valais), vor acht Jahrhunderten am Ufer des Sees gelegen, ist gegenwärtig durch einen Landstrich von 6000 Fuß Breite von demselben getrennt.

Sehr augenfällig macht sich diese Wirkung der Flüsse in allen Gebirgsseen, sowohl wenn man das Vorrücken des Landes ins Auge faßt, als auch wenn man die Tiefe des Sees genauer untersucht und sich das Relief des Bodens darnach vergegenwärtigt. Sehr klar tritt dies an dem Bodensee hervor; man sieht, daß der Rhein einen kolossalen Damm in diesen See vorgeschoben, und es ist wohl auch nur eine Frage der Zeit die Ausfüllung aller unserer Seen. Nachweisbar ist schon eine ziemliche Zahl kleinerer ganz ausgefüllt, andere sind einer raschen Verkleinerung unterworfen. So hat z. B. die wilde Kander seit dem Jahre 1714 in dem Thuner-See eine theils schon mit Wald bewachsene Landfläche von mehr als 7 Millionen Quadratschuh gebildet, obwohl der See an ihrer damaligen Einmündung 200 Fuß tief war. Auch die größten Seen werden der endlichen Ausfüllung nicht entgehen, vorausgesetzt daß den Flüssen die nöthige Zeit dazu gelassen wird.

Was die Ausdehnung der Deltas der großen Ströme anbelangt, so ist dieselbe hie und da höchst beträchtlich. Das des Nils wird auf 400 g. Q. M., also fast so groß wie die Insel Sicilien, angegeben. Noch größer ist das des Ganges, nämlich über 800 g. Q. M. Seine Spitze liegt gegenwärtig 50 g. Q. M. von dem Meere entfernt, während die Sehne des Bogens, den seine Basis von der westlichsten bis zur östlichsten Mündung beschreibt, 40 g. Q. M. beträgt. Nehmen wir gute Karten zur Hand, so bemerken wir sogleich, daß nicht alle Ströme Deltas haben; gerade einige der größten wie der Amazonas, der Plata zeigen nichts von einer derartigen Bildung. Worin mag dies seinen Grund haben?

Sicher nicht in dem Mangel an dazu passendem Material, denn das wird von allen Flüssen in das Meer eingeführt. Der Grund muß also darin liegen, daß dasselbe sich nicht vor der Einmündungsstelle dieser Flüsse ansammeln kann. Das Meer ist es, welches dieses verhindert. Deltas sehen wir überall nur in Landseen, oder Binnenmeeren wie das mittelländische, oder in Meerbusen wie der mexikanische und der Golf von Bengalen. Wo in ein freies, Ebbe und Fluth, starke Brandung oder Strömungen zeigendes Meer ein Strom einmündet, wird das von ihm herbeigeschwemmte feine Material sofort auf weite Strecken über den Meeresgrund hin ausgebreitet, es kann sich nicht über den Spiegel desselben erheben. Alle diese Flüsse haben nur eine zerstörende, das Land verkleinernde Wirkung, während diejenigen, welche ein Delta bilden, dasselbe vergrößern; es sind schaffende oder arbeitende Flüsse, wie schon Herodot den Nil bezeichnete. Ehe wir einen Blick auf die Folgen der früheren Thätigkeit des Wassers werfen, wollen wir auch noch kurz die stets mit der mechanischen Hand in Hand gehende andere, die chemische, betrachten.

2. Chemische Wirkungen des fließenden Wassers.

Während die mechanische Thätigkeit sichtbar auf allen
ihren Stufen mit den Augen von uns bis ins Kleinste ver=
folgt werden kann, ist die chemische Wirkung für uns fast
ganz unsichtbar während ihres ganzen Verlaufes und erst
nach längerer Zeit durch ihre Folgen bemerklich oder durch
mühselige Untersuchungen zu bestimmen. Erstere wirkt auf
die Oberfläche, Theile von ihr abtragend; letztere greift in die
Tiefe, aus dem Innern der Berge Theile ausziehend. Wir
haben daher für sie vorzugsweise das in den Boden eindringende
und tiefer unten als Quelle wieder hervorbrechende Wasser
näher in das Auge zu fassen.

Durchdringbarkeit der Gesteine.

Verfolgen wir zunächst etwas genauer seinen Lauf. Es
ist eine auch dem Laien, der nur einmal ein Bergwerk besucht
hat, auffallende Erscheinung, daß auch in den größten Tiefen
überall Wasser sich findet. Es schwitzt an den Wänden aus,
es tropft von den Gewölben, und zwar in so großer Menge,
daß dem Bergbau seine Grenze nach der Tiefe zu von dem
Wasser gesteckt ist. Es ist zuletzt nicht mehr möglich, oder
wenigstens viel zu kostspielig, das Wasser auszupumpen, um
die Arbeiten weiter fortsetzen zu können. Diese Beobachtungen,
sowie auch genaue Versuche zeigen, daß es kein Gestein giebt,
welches für Wasser absolut undurchdringlich wäre, wenn auch
kleinere Stücke desselben es sind. Dazu kommt noch der
Umstand, daß alle Gesteine mehr oder weniger zerklüftet und
von Spalten durchsetzt sind. Nach den bisherigen Erfahrungen
ist man berechtigt zu sagen, daß auf der ganzen Erde nirgends
ein Gestein sich findet, aus dem man einen Würfel von 30 Fuß
Durchmesser herausschlagen könnte, der nicht Spalten zeigte.

Die verschiedene Bildungsweise der Gesteine bringt es mit sich, daß sie alle zwei Arten von Zusammenhangstrennungen erkennen lassen. Sie zeigen nämlich einmal gröbere, schon mit dem bloßen Auge sichtbare Risse; dann sind sie aber auch noch von unsichtbar feinen Spältchen durchzogen. Es bedarf wohl kaum einer Erwähnung, daß sich unter den verschiedenen Gesteinen die größten Verschiedenheiten in dieser Beziehung zeigen. Granit und dichter Kalkstein zeigen die erste Art als bedeutende Klüfte; Sandsteine sind arm an ersteren, reich an Spältchen der zweiten Art.

Demgemäß ist auch das Eindringen des atmosphärischen Wassers in die Tiefe ein rascheres oder langsameres, ein reichlicheres oder sparsameres. Massen, welche das Wasser sehr schwer durchlassen, nennen wir wasserhaltend; die größte wasserhaltende Kraft hat Thon, namentlich wenn er zwischen anderen Gesteinen eingeschlossen ist und sich durch Aufnahme von Wasser daher nicht sehr ausdehnen und auflockern kann. Man bringt ihn daher gern unter und hinter die Mauersteine von Gruben, welche möglichst wasserdicht sein sollen.

Jedermann weiß, daß, wenn er einen Stoff in Wasser auflösen will, z. B. Zucker, dies am raschesten geschieht, wenn er den Zucker fein zerstößt und außerdem noch durch Umrühren stets frische Wassertheilchen mit ihm in Berührung bringt. Dasselbe Verhältniß der leichteren Auflöslichkeit bieten Gesteine dar, die von vielen sehr feinen Spältchen durchsetzt sind. Das Wasser gelangt auf seinem Wege in die Tiefe fein zertheilt mit dem durch die Spältchen ebenfalls in viele Körnchen getheilten Gesteine anhaltend in Berührung. Es sind in diesem Falle also die günstigsten Verhältnisse für die Auflösung eines Gesteines gegeben, während die ungünstigsten da sich finden, wo das Wasser rasch auf weiten Spalten in die Tiefe dringen kann. Man kann an vielen Orten oft sogleich aus der Be=schaffenheit der Quellen erkennen, ob der eine oder andere

der zwei Fälle hier stattfinde. In dem letzteren Falle findet
man meist starke Quellen im Grunde der Thäler, die nach
jedem stärkeren Regen trüb und reichlicher hervorbrechen; im
ersteren fließen dieselben ziemlich gleichmäßig und ungetrübt.
Nicht selten, wenn dasselbe Gestein nämlich noch unter den
Grund der Thäler hinabreicht, erkennt man stark zerklüftete
Gesteine an dem gänzlichen Wassermangel und dem Fehlen
auch der schwächsten Quelle, wie der sog. Karst nördlich von
Triest ein trauriges Beispiel darbietet. Hier sinkt das Wasser
rasch in unerreichbare Tiefen.

Betrachten wir nun die chemische Wirkung des Wassers
auf die Gesteine näher, so bemerken wir sofort zwei wesentlich
verschiedene Seiten derselben. Wir sehen nämlich deutlich, daß
das Wasser 1. eine auflösende, 2. aber auch eine zersetzende, umwandelnde Thätigkeit zeigt.

Die auflösende Eigenschaft des Wassers

ist diejenige, von welcher wir täglich Gebrauch machen, und
die uns täglich zu Gute kommt. Alle unsere Getränke und
flüssigen Nahrungsmittel enthalten die mannigfachsten Stoffe
aufgelöst, ja unser Trinkwasser selbst ist nicht ganz frei von
aufgelösten Bestandtheilen. Wir unterscheiden nun zwar im
gewöhnlichen Leben im Wasser auflösliche und unauflösliche
Stoffe, und rechnen z. B. das Glas unter die letzteren; aber
genau genommen giebt es gar keinen vollständig unauflöslichen
Körper, die Chemie und die Beobachtungen über die Bildung
der Krystalle in der Natur zeigen uns dies auf das deutlichste.
Wir nennen eben denjenigen Stoff unauflöslich, von dem wir
nicht bemerken, daß er sich auflöst. Unser gewöhnliches Glas
z. B. gehört unter diese Stoffe. Eine Wasserflasche können
wir täglich mit Wasser füllen und zehn und zwanzig Jahre
gebrauchen, wenn sie nicht allenfalls früher ein gewaltsames
Ende erreicht, und brauchen nicht zu befürchten, daß sie dünner

und dünner wird und endlich Löcher bekomme, und dennoch
kann man sich sehr leicht davon überzeugen, daß das Glas in
Wasser auflöslich ist. Glas haben wohl schon alle Menschen
im Munde gehabt, aber wie es schmeckt, werden trotzdem sehr
wenige wissen; es hat sich eben nichts davon im Munde aufgelöst. Es ist aber sehr leicht nachzuweisen, daß es sich auf der
Zunge auflöst. Man braucht nur an einem Glasstückchen mit
einer feinen Feile ein staubartiges Pulver zu erzeugen, wozu
ein paar Striche schon genügen, man wird dann beim Lecken
daran sogleich einen eigenthümlichen laugenartigen Geschmack
wahrnehmen, der von dem im Glase enthaltenen Natron oder
Kali herrührt, das sich auf der Zunge auflöst. Man hat eben
in diesem Falle die Auflöslichkeit dadurch vermehrt, daß man
das Glas äußerst fein pulverte, somit die Oberfläche, die der
auflösenden Wirkung des Wassers ausgesetzt ist, beträchtlich
vermehrte.

Alle unsere Quellen zeigen uns auch auf das deutlichste
die Auflöslichkeit der Gesteine. Auch die reinste Quelle enthält
mineralische Bestandtheile, welche das durch die Sonnenwärme
aus dem Meere destillirte und als Regen herniederkommende
Wasser auf seinem unterirdischen Laufe aus der Erdrinde
ausgezogen. Natürlich hängt die Menge der auf diese Weise
ausgezogenen Bestandtheile ebensowohl von der physikalischen
Anordnung der Theilchen eines Gesteines ab, die wir schon
erörtert haben, als auch von der chemischen Zusammensetzung.
Denn obwohl wir im Allgemeinen alle Gesteine als unauflöslich oder richtiger als sehr schwer auflöslich bezeichnen, so
ist doch immer noch ein großer Unterschied unter ihnen; der
Gyps, der Kalkstein löst sich immerhin noch viel leichter als
Kieselsteine oder die Bestandtheile des Granites. Wohl
nirgends entfaltet aber das Wasser allein seine lösende Wirkung,
immer geht mit ihr Hand in Hand die zweite der eben
genannten, die wir als

zersetzende Wirkung

bezeichnet haben. Dem reinen Wasser für sich kommt aller=
dings dieselbe nicht zu, wohl aber allem atmosphärischen
Wasser, das stets zwei Stoffe aufgelöst enthält, welche diese
zersetzende Thätigkeit vermitteln, nämlich Sauerstoff und Kohlen=
säure, zwei Gasarten, die in der Luft stets vorhanden sind
und von dem Wasser bei gewöhnlicher Temperatur begierig
aufgenommen werden, während der dritte Hauptbestandtheil
der Atmosphäre, der Stickstoff, zwar auch von dem Wasser
gelöst wird, aber die chemische Thätigkeit desselben in der Erd=
rinde in keiner Weise unterstützt oder hindert. Wer frisches
Wasser erwärmt oder auch nur im Sommer länger in warmer
Luft hat stehen lassen, wird die Luftbläschen beobachtet haben,
die in letzterem Falle sich an den Wänden des Glases an=
sammeln, in ersterem Falle mit steigender Temperatur sich
immer stürmischer loslösen und aufsteigen. Durch Kochen
können wir alle Luft aus dem Wasser austreiben, aber beim
Erkalten verbindet sie sich aufs Neue mit diesem. Die Kohlen=
säure ist von den beiden genannten Stoffen der wichtigere
Bundesgenosse für das Wasser. Sie hat eine außerordentlich
große Verwandtschaft zu der Kalkerde und die Eigenschaft,
in nicht unbeträchtlicher Menge die von ihr gebildete Ver=
bindung mit derselben, den kohlensauren Kalk, in Wasser
auflöslich zu machen. Wo sich daher ein Gestein befindet,
welches die Kalkerde an die Kieselsäure gebunden enthält, wie
dies z. B. in allen Grünsteinen, Basalten und vulkanischen
Gesteinen der Fall ist, da trennt die Kohlensäure nach und
nach diese Verbindung, sie treibt die Kieselsäure aus und
bemächtigt sich der Kalkerde. Dasselbe geschieht mit dem Eisen=
oxydul, einer Verbindung von Eisen und Sauerstoff; auch
dieses verbindet sich leicht mit der Kohlensäure und wird
ebenfalls von kohlensäurehaltigem Wasser in beträchtlicher

Menge gelöst, wovon die vielen Heilquellen, welche diesen Stoff enthalten, Zeugniß ablegen.

Weniger wirksam ist der Sauerstoff in dem atmosphärischen Wasser. Seine Hauptwirksamkeit besteht in seiner Verbindung mit dem Eisenoxydul, das aus einer Verbindung von je einem Atom Eisen und einem Atom Sauerstoff besteht. Wo dieses mit Wasser und Sauerstoff in Berührung kommt, nimmt es noch weiteren Sauerstoff auf, so daß das Verhältniß dieses zum Eisen wie 3 : 2 wird. Da dieses nur unter einer Vermehrung des Volumens vor sich gehen kann, so werden dadurch die Gesteine aufgelockert und der Verwitterung zugänglicher. Die im Mineralreich, namentlich an Thonen und Sandsteinen so häufig auftretende rothe Farbe rührt von Eisenoxyd her. Dieses hat wieder die Eigenschaft, begierig Wasser an sich zu ziehen, ein sog. Hydrat zu bilden; es ist dieses der Stoff, welcher sich als Ocker an allen eisenhaltigen Quellen absetzt und durch seine gelbe oder bräunliche Farbe leicht kenntlich ist.

Es würde natürlich viel zu weit führen, alle chemischen Wirkungen des Wassers auf die Gesteine näher zu betrachten, da wir hier eben die so verschiedene chemische Zusammensetzung derselben erst besprechen müßten. Für unseren Zweck genüge es, einige der wichtigsten und am häufigsten vor sich gehenden etwas eingehender zu besprechen.

Kieselsäurebildungen.

Die wichtigste Rolle, wenigstens was die Menge des Vorkommens betrifft, spielt im Mineralreiche die Kieselsäure. Als Bergkrystall für sich allein ein wesentlicher Gemengtheil aller Urgebirge, ist sie außerdem noch in den Feldspathen von 43—69, in den Glimmerarten und den übrigen Mineralien, welche die Urgebirgsarten bilden, von 40—60% enthalten. Sie bildet in kleinen Körnchen fast allein unsere Sandsteine und wieder in den Thonen 41—47% ihrer Masse. Sie wird ebenfalls als unlöslich angesehen, und doch fehlt sie in keinem Wasser, welches aus Gesteinen kommt, die Kieselsäure enthalten. In der Asche unserer Gräser, in den Federn und Haaren der Thiere fehlt sie nie; schon das zeugt von ihrer Löslichkeit im Wasser. Die verkieselten Hölzer, in denen die feinsten Strukturverhältnisse noch so genau erhalten sind, daß man an dünngeschliffenen Plättchen derselben die Arten so genau unterscheiden kann, wie an lebenden Exemplaren, die schönen Achate mit ihren feinen Streifen und Lamellen lassen uns erkennen, wie anhaltend, gleichmäßig und langsam diese Substanz aus dem Wasser sich ausgeschieden haben muß. Die Masse derselben — findet man doch fußdicke Stämme von 30—80 Fuß Länge ganz und gar in Kiesel verwandelt — läßt uns gleich einen Schluß ziehen, welche außerordentlich langen Zeiträume diese Bildungen erfordert haben, namentlich wenn wir sie zusammenhalten mit dem Gehalte an Kieselsäure, den die Quellen erkennen lassen. In den meisten kalten Quellen ist die Menge derselben kaum mehr mit der Wage zu bestimmen, sie schwankt in Quellen und Flüssen von 0,2—4 in 100000 Theilen Wassers. Im Meerwasser beträgt sie nur $^3/_{1000}$%! Am reichsten daran sind die heißen Quellen; der große Geiser Islands enthält davon nach den Untersuchungen aus verschiedenen Jahren $^4/_{100}$—$^8/_{100}$%. Weit umher um diese Quelle ist alles wie von Eismassen von mächtigen Kiesel=tuffen bedeckt. Noch großartiger zeigen sich diese Ablagerungen von Kieselsäure an den heißen Quellen Nordamerika's und Neuseelands, die ähnlich den isländischen Geisiren stoßweise in paroxystischer Thätigkeit heißes Wasser in mächtigen Strahlen emporschleudern. Den interessantesten Punkt dieser Gegend zeigt die nachstehende Fig. 38.

Eine große Mannigfaltigkeit der Formen findet sich hier; wahre Treppen von Kiesel, über die sich die kochenden Kaskaden

ergießen; an anderen Stellen wechseln großen Schwämmen
gleichende Gebilde mit tropfsteinartigen Massen, die meilenweit
den nördlichen Theil der Insel erfüllen.

Weit bedeutender noch als die kieseligen Bildungen und
weit häufiger sind die

Kalkablagerungen.

Nächst der Kieselsäure ist nämlich die Kohlensäure die
verbreitetste im Mineralreiche, die fortwährend durch den
Verbrennungsprozeß, den Athmungsprozeß der Thiere und
die Verwesung aller organischen Stoffe erzeugt wird. Wie
schon erwähnt wurde, hat sie die größte Verwandtschaft zur
Kalkerde, ist bei gewöhnlicher Temperatur eine stärkere Säure
als die Kieselsäure und vermag daher die meisten Verbindungen
derselben zu zersetzen. In den meisten Quellen wird nun
kohlensaurer Kalk gefunden, der unter günstigen Umständen
bis $1/10\%$ in kohlensäurehaltigem Wasser sich lösen kann.
Quellen und Flüsse, die aus Kalkgebirge kommen, enthalten
am meisten von ihm, doch nicht so viel, als sich überhaupt in
Wasser lösen läßt, in der Regel nur $1/3—1/2$ davon. Wenn
wir aber die Menge des Wassers bedenken, welches auch nur
eine einzige starke Quelle liefert, so sehen wir sofort ein, wie
beträchtlich die Masse der unserer Erdrinde chemisch entzogenen
Stoffe sein muß. Das Wasser der Pader z. B. enthält nach
G. Bischof's Untersuchungen nur $1/3930$ seines Gewichtes an
kohlensaurem Kalk; nichts desto weniger führt dieses kleine Flüß=
chen kurz nach der Vereinigung seiner verschiedenen Quellen
in jeder Minute 271,4 Pfund Kalk davon. Dies würde in
einem Tage 395000 Pfund oder, da der Kubikfuß Kalkstein
150 Pfund wiegt, 2633 Kubikfuß geben; im Laufe eines Jahres
würde daher dieses Flüßchen 961045 Kubikfuß festen Ge=
steins unsichtbar dem Meere zuführen.

Fig. 38. Der Te-Ta-Rata (Neuseeland) vor seinem Ausbruch.

Die mit einer Temperatur von 15⁰—17⁰ R. zu Tage kommenden Quellen bei Kanstatt, deren Zahl gegen 50 beträgt, liefern nach Walchner's Untersuchen täglich gegen 2000 Centner oder 800 Kubikfuß fester Bestandtheile, die fast ausschließlich aus kohlensaurem Kalke bestehen.

Auch aus heißen Quellen setzen sich oft sehr beträchtliche Massen von kohlensaurem Kalke ab. Es geschieht dies noch rascher als aus kaltem Wasser, weil aus warmem die zur Lösung des kohlensauren Kalkes nöthige Kohlensäure viel rascher entweicht. Eines der bekanntesten Beispiele für solche Absätze liefert der Karlsbader Sprudel, der eine ungeheure Menge von verschieden gefärbten Massen, unter dem Namen Sprudel= steine vielfach verschliffen und verarbeitet, absetzt. Die festen, braunen und faserigen dieser Art bestehen bis 97% aus reinem kohlensauren Kalk.

Wohl nirgends finden sich die Ablagerungen des Kalkes aus heißen wie aus kalten Quellen in solcher Ausdehnung wie an den Abhängen der Apenninen in Italien. Bei San Filippo in Toskana haben die warmen Quellen der Bäder einen ganzen Hügel aus Lagen des schönsten weißen Kalktuffes 250 Fuß hoch und ½ Meile lang gebildet. Die inkrustirende Kraft des Wassers ist so groß, daß Gegenstände, die man in das Wasser bringt, in kurzer Zeit mit einer Kalkschale über= zogen sind und ganze Basreliefs in wenigen Tagen in Kalk abgeformt werden können.

Schon seit uralter Zeit berühmt und zu vielen Bauwerken benützt ist der Lapis Tiburtinus der Römer, von ihnen zum Riesenbau des Coliseums verwendet, jetzt unter dem Namen Travertin bekannt, der sich noch gegenwärtig in großer Menge namentlich bei Tivoli bildet. Das Wasser der so berühmten Kaskaden enthält so viel Kalk, daß kleine Kunstwerke von Holz oder Stein dem Wasserstaube der Fälle ausgesetzt in kurzer Zeit sich mit den glänzendsten Kalkkörnchen überziehen und wie bereift erscheinen.

Fig. 30. Ein durch die Wasser der Heropolis gebildeter steiniger Wasserfall. (Kleinasien.)

Viele Gegenden Kleinasiens sind durch ähnliche Quellen-absätze berühmt, so die südöstlich von Smyrna liegende Quelle von Pambuk Kalissi in der Nähe der Ruinen des alten Hiera=

polis. „In vier Arme getheilt stürzt sich ihre größere Wasser=
fülle, zu einem volluferigen Hauptstrome gesammelt, durch die
Mitte ihrer festgebildeten Stalaktitengruppen im wildesten
schäumigen Schusse hinab in die Thaltiefe. Der mächtige Strom
schießt, von unten gesehen, silberschäumend aus dunklen Grotten
hervor; über diesen wölben sich kolossale Gruppen wie herab=
hängendes Gebüsch von Thränenweiden, aber als kreideweiße
Stalaktitengebilde mit wolligem, schäumigem Ansehen.   Sie
geben jenen phantastischen Anblick, welchem der moderne Name
des Ganzen bei den heutigen türkischen Anwohnern, nämlich
Pambuk Kalissi d. h. Baumwollenkastell, vollkommen ent=
spricht." (C. Ritter).

Höchst mannigfach ist die Struktur dieser Kalksteine, welche
Quellen, Flüssen oder Teichen ihren Ursprung verdanken.
Meistens sind sie nicht so fest wie die dichten Massen unserer
Kalkgebirge. Mehr oder weniger porös, zellig oder blasig,
haben sie ein niedriges spezifisches Gewicht und geben wegen
dieser Struktur ein vortreffliches Baumaterial. In den meisten
Fällen haben die aus dem Gesteine, als es noch als Schlamm
sich abgesetzt hatte, aufsteigenden Gasblasen die Struktur be=
dingt. Auch unter dem Namen Tuffsteine werden sie öfters
aufgeführt, aus welchem Worte in manchen Gegenden Süd=
deutschlands der Name Taufstein oder auch Tauchstein im
Munde des Volkes sich gebildet hat. Am Urmiahsee in Persien
zeigen sich dagegen diese Kalkabsätze aus Quellen als der
schönste kompakte körnige Marmor, so durchscheinend, daß
dünne Tafeln desselben statt der Fenster in Badezimmern be=
nützt werden.

Ganz eigenthümlich ist eine Art der Ausbildung dieser
Quellenprodukte, die sich noch jetzt an manchen Orten, z. B.
bei Karlsbad und Tivoli findet und in ihrem ganzen Verlaufe
beobachten läßt. Sie liefert die unter dem Namen Rogen=
oder Erbsenstein seit langer Zeit bekannten Massen, die sich

auch in früheren Perioden der Erdgeschichte außerordentlich
häufig gebildet haben müssen. In einer dieser früheren Ab=
lagerungen, der sog. Juraformation, finden sie sich in England
so außerordentlich verbreitet, daß man dieselbe dort als Oolith=

Fig. 40. Bruchstücke von Eier= und Erbsensteinbildungen durch das Wasser.

Formation (Eiersteinformation) bezeichnete, weil man sie in
der That lange für versteinerte Fischeier gehalten hatte. Diese
Körnchen oder Kügelchen bilden sich auf sehr einfache Weise
in bewegtem Wasser. Irgend ein kleines Körnchen wird im
Wasser durch dessen Bewegung fortgerollt und überzieht sich
mit einer Kalkhaut nach der andern; es wächst und wächst so
lange, bis es dem Wasser zu schwer wird, es fortzuwälzen;
dann bleibt es liegen und verbindet sich mit seinen Vorgängern
und Nachfolgern zu dichten von Kalk zusammengekitteten Massen.
Wir sehen in der Gegenwart derartige Eiersteine oder Erbsen=
steine in der angegebenen Weise entstehen; ob die alten, sehr
kleinkörnigen Massen sich in derselben Weise gebildet haben,
läßt sich allerdings nicht mit Sicherheit nachweisen. Jeden=
falls aber verdanken auch sie ihren Ursprung den auflösenden
Wirkungen des Wassers.

Tropfsteine.

Wohl am bekanntesten und auch am meisten bewundert
sind die Bildungen von kohlensaurem Kalke, welche das Wasser

im Innern der Erde, in den Höhlungen der Gebirge absetzte, die darnach so häufig den Namen Tropfsteinhöhlen erhalten haben. Sie gehören in der That zu den merkwürdigsten Erscheinungen in der anorganischen Natur und geben uns die schönsten Beweise von den großartigen Wirkungen, die die Natur mit dem kleinsten Aufwande von Kräften, nur mit fallenden Wassertropfen — aber allerdings mit dem größten Zeitaufwande nach und nach — zu Stande bringt.

In gleicher Weise entstanden, bieten alle diese Höhlen die gleichen Verhältnisse, dieselben phantastischen Formen von schneeweißen, Eiszapfen gleich herabhängenden Zacken, Stalaktiten, und von unten ihnen entgegenwachsenden Pfeilern, Stalagmiten. Nur die Formen und Dimensionen der Höhlen sind verschieden; von kleinen, einem Einsiedler kaum zum Aufenthalt hinreichend großen Grotten, wölben sie sich zu den ungeheueren Domen, deren Gewölbe bei dem Scheine der Fackeln das Auge nicht erreicht, und durch deren Grund brausende Flüsse sich in nächtliche Tiefen verlieren. Aber überall ist der Schmuck der Wände, der Decke und des Bodens der gleiche, hier in Zacken oder Vorhängen herabhängend, dort wie ein im Frost erstarrter Wasserfall vorspringend, während vom Boden aus bald mit dünneren, bald mit dickeren Zapfen wie mit weißen Armen die Kalkbildung hinaufgreift; hier erhebt sie sich noch wenig über den Boden, dort ist sie mit der äußersten Spitze schon nahe der Vereinigung mit dem oben sich herabsenkenden Stalaktiten, während daneben schon ein zierlicher Pfeiler oder eine riesige Säule dies vollendete Zusammenwachsen beider bezeichnet.

In den Kalkgebirgen aller Länder finden sich derartige Höhlen; zu den berühmtesten und größten gehören diejenigen bei Adelsberg im Alpenkalke, die Grotte von Antiparos, die Baumannshöhle im Harz, die Grotte von Han in Belgien

und die Grotte des Demoiselles in Hérault, deren eine Ab=
theilung durch Fig. 41 dargestellt ist.

Fig. 41. Die Grotte des Demoiselles in Hérault.

Steht man in einer solchen Grotte ruhig da, nachdem
sich das Auge an den seltsamen Formen satt gesehen, aber um=
sonst nach dem Werkmeister umherspäht, der sie geschaffen, so

führt uns das Ohr auf seine verborgenen Spuren und zeigt
uns, daß er noch immer mit seinem Werke beschäftigt ist. In
der tiefen Stille, die dich hier unten umgiebt, hörst du bald
hier, bald da ein leises Geräusch, das eben so plötzlich, wie es
kommt, auch wieder verschwindet, und es bedarf aller Aufmerk=
samkeit, bis du die Stelle entdeckst, wo der vom Gewölbe
herabfallende Wassertropfen dem Steine unten, den er gebaut,
das leichte Geräusch entlockt, das dir erzählt, wie hier die
Natur diese wunderbaren Gebilde geschaffen, die deinem Auge
so anziehend und so räthselhaft erscheinen.

Man kann lange an einer Stelle stehen und doch nur
wenige Tropfen fallen hören, und wie wenig Stein ist erst
noch in einem solchen Tröpfchen! Wo wir in der leblosen
Natur ein Wachsen verfolgen, überall sehen wir, daß es un=
endlich langsam hergegangen ist; eines Eichbaums Lebenszeit
erscheint wie die einer Eintagsfliege neben der Zeit, die einer
dieser schlanken Steinstämme zu seinem Werden erforderte.
In unseren fränkischen Tropfsteinhöhlen hat man Versuche
gemacht, diese Zeit zu messen. Ueber einem der Stalagmiten
wurde das herabtropfende Wasser gesammelt und die darin
enthaltene Kalkmenge bestimmt. Es zeigte sich, daß sie $\frac{1}{4500}$
des Gewichtes betrug, in 24 Stunden 120 Milligramm oder
$\frac{1}{14}$ eines Quentchens! Um einen Kubikfuß Tropfstein zu
liefern, wären demnach 2125 Jahre erforderlich. Es bedarf
wohl keiner Erwähnung, daß solche einer einzigen Stelle ent=
nommenen Berechnungen durchaus nicht sofort auf andere
angewendet werden können. Dieselben Bildungen mögen hier
rascher, dort langsamer, selbst an ein= und derselben Stelle
ungleich rasch erfolgt sein, aber so viel zeigen sie uns jedenfalls,
daß das Wachsthum der Tropfsteine äußerst langsam vor sich
geht und die zum Theil kolossalen Massen derselben ungemein
lange Zeiträume zu ihrer Bildung erfordert haben müssen.

Bestandtheile des Flußwassers.

Da der kohlensaure Kalk so außerordentlich verbreitet ist, in unseren Kalkgebirgen häufig ausschließlich über viele Quadratmeilen sich erstreckt und Berge von mehreren tausend Fuß Höhe allein bildet, so wird es uns nicht wundern, daß er bisher in dem Wasser keines Flusses vermißt worden ist, und daß er in allen derjenige Bestandtheil ist, der in der größten Menge sich darin findet. Je nach der Zeit, ob bei niedrigem Wasserstand oder bei hohem, ob nach starken Regengüssen oder zur Zeit des Eisganges Wasser untersucht wird, wechselt selbst an einem und demselben Orte der Gehalt an Kalk wie überhaupt an aufgelösten Bestandtheilen nicht unbeträchtlich. Im Rhein bei Bonn schwankt der Gehalt an kohlensaurem Kalk zwischen 3,24 (März 1850) und 9,46 (März 1852); die Gesammtsumme der aufgelösten Bestandtheile betrug in denselben Zeiten 11,23 und 17,08 in 100000 Theilen Wassers. Zu den ebenfalls in größeren Flüssen, deren Gewässer aus den verschiedensten Gegenden herkommen, nie fehlenden Bestandtheilen gehört der schwefelsaure Kalk, der als Gyps noch sehr verbreitet ist und zu den am leichtesten löslichen Gesteinen gehört, indem schon in 380 Theilen Wassers ein Theil sich löst. Wo sich daher Gyps in etwas größerer Menge findet, sind die Quellen, die mit ihm in Berührung kommen, sehr reich an diesem der Gesundheit nicht zuträglichen Stoffe. Auswaschungen und Aushöhlungen mit nachfolgenden Einstürzen von mehr oder weniger ausgedehnten Strecken der Erdrinde gehören daher im Gebiete der Gypsgebirge zu den häufigen Erscheinungen, und man hat selbst die Erdbeben mancher Gegenden, z. B. die des Visperthales in Wallis, auf dieselben zurückzuführen gesucht. Nach dem kohlensauren ist der schwefelsaure Kalk derjenige Bestandtheil, welcher in größter Menge im Flusse vorkommt. Unter den bis jetzt bekannten Analysen von größeren Flüssen wechselt er zwischen 0,6 und 8 in 100000 Theilen Wassers; ersteres findet sich in der Rhone bei Lyon, das Maximum 8 in der Themse unterhalb London. Gänzlich fehlt er in der Loire bei Orleans und einigen amerikanischen Flüssen. Im Rhein beträgt er zwischen 1,5 und 2,38.

Ein eben so häufiger Bestandtheil ist das Kochsalz, Chlornatrium, das jedoch in den meisten Quellen und Flüssen nur in geringerer Menge angetroffen wird und selten mehr als 1,5 in 100000 Theilen Wassers beträgt.

Das Flußwasser verhält sich in manchen Beziehungen ähnlich wie das Meerwasser; je genauere und größere Mengen desselben untersucht werden, desto mehr Stoffe findet man in ihm.

Folgende sind bis jetzt in den Flüssen angegeben worden:

Kohlensaurer Kalk,	Chlor-Natrium
„ „ Magnesia,	„ Kalium
„ „ Natron,	„ Kalcium,
Schwefelsaurer Kalk,	„ Magnesium,
„ „ Magnesia,	Eisenoxyd,
„ „ Kali,	Manganoxyd,
„ „ Natron,	Thonerde,
Kieselsäure,	Salpetersaure Salze,
Kieselsaures Kali,	Organ. Substanzen.
Phosphorsaurer Kalk und Eisen,	

Die Gesammtmenge der festen Bestandtheile ist sehr verschieden; wie schon erwähnt wurde, wechselt sie nach den Jahreszeiten bedeutend, und je nachdem heftige atmosphärische Niederschläge kurz vor der Untersuchung des Flußwassers stattgefunden haben oder nicht. Auch die Anwesenheit sehr großer Städte ist von merklichem Einflusse. Unter allen bisher untersuchten Flüssen hat die Themse bei Greenwich den größten Gehalt an aufgelösten Stoffen, nämlich 39,79, darunter 5,82 organische; der Rhein bei Bonn führt zwischen 11,23 und

17,09 feste Stoffe und keine wägbaren Mengen organischer Substanz. Am wenigsten enthalten die Gletscherbäche, zwischen 2,5 und 10.

Nehmen wir als mittleren Gehalt an festen Bestandtheilen für den Rhein 15 in 100000 Theilen Wassers, so würde er, nach den oben S. 132 mitgetheilten Angaben über seine Wassermasse das spezifische Gewicht der gelösten Stoffe zu 2½ angenommen, 147512000 Kubikfuß derselben dem Lande entziehen und dem Meere zuführen.

Wir sehen daraus, daß auch die chemische Thätigkeit wie die mechanische auf eine Erniedrigung und Abtragung des Landes hinarbeitet. Während aber diese fast ausschließlich die Oberfläche der Erde angreift, wirkt jene auch in der Tiefe; sie bringt Stoffe in das Meer, welche durch mechanische Wirkung nicht in die Flüsse gekommen wären, und unter diesen gerade diejenigen, welche für die im Meere lebenden Organismen als unentbehrliche Nahrungsmittel oder in anderer Weise als unerläßliche Bedingung ihres Daseins sich herausgestellt haben.

Wir werden im Folgenden sehen, was das fernere Schicksal dieser in das Meer geführten Mineralstoffe sei, wie sie im Haushalte der Natur weiter verwendet werden.

---

3. Die Wirkungen des Meeres.

Zerstörende Wirkungen.

Wir haben in unserem ersten Abschnitte schon die mancherlei Bewegungen des Wassers im Meere erwähnt, die als Wellen, Ebbe und Fluth und als gewaltige in einer Richtung dahinziehende Strömungen sich zu erkennen geben. Auch diese Bewegungen sind nicht ohne mechanische Einwirkung auf das Land, geben sich aber der Natur der Sache nach fast aus-

Fig. 42. Beispiel von Felsenzerstörungen durch das Wasser. (Etretot.)

schließlich als zerstörende an den Küsten der Kontinente und
Inseln zu erkennen. Die unaufhörliche Bewegung der Wellen
wirkt in derselben Weise wie rasch fließendes Wasser, mit dem
Unterschiede jedoch, daß die Wassermasse, die hier bewegt wird,
eine ungleich beträchtlichere ist, als in unseren Wildbächen oder
Strömen, namentlich dann, wenn Fluth, Wind und Wellen
zusammenwirken und wahre Wasserberge gegen die Küsten
hereinbrechen. An allen zeigt sich diese zerstörende Wirkung
des Meeres, das Tag für Tag, Stunde für Stunde Millionen
von Sturmböcken in seinen Wellen gegen diese Feste des Landes
ihre verderblichen Stöße ausführen läßt. Auch hier kommt
es hinsichtlich des hervorgebrachten Effektes vor Allem auf
die Beschaffenheit des Landes an, ob eine flache, sandige Küste,
oder eine felsige, jäh aufsteigende den Angriffen des Meeres
ausgesetzt ist. In letzterem Falle ist dann die Natur und Anordnung der Gesteinselemente von bemerkenswerthem Einfluß,
sowie die vorzugsweise Richtung des Windes. Zu den wunder-
lichsten Formen werden die Felsen oft von den Wellen bearbeitet, hier ein Thor, dort ein spitziger Pfeiler geschaffen,
der Zusammenhang einzelner Felsen gelöst, so daß sie ein Hauf-
werk künstlich auf einander gethürmter Blöcke darstellen.

Besonders rasch schreitet die Zerstörung auch mächtiger
Klippen vor sich, wenn unter dem härteren Gesteine in einer
den Wellen erreichbaren Höhe weichere Massen wie Mergel,
Schiefer oder Thone sich finden, oder auch die ganze Küste
aus solchen Massen besteht. Dann werden von den Wellen
rasch die Felsen ausgehöhlt und die obere Masse ihres Haltes
beraubt, stürzt in Kurzem zusammen. An den Küsten von
England und Frankreich sind Beispiele für derartige Zerstörungen nicht selten. Die durch Shakespeare's Schilderung in
Lear so berühmt gewordene und nach ihm benannte Klippe an
der Südküste Englands ist auf diese Weise fast vollständig ein
Raub des Meeres geworden. Die herabgestürzten Massen

unterliegen derselben Bearbeitung durch die Wellen, wie die
Blöcke in den Wildbächen, und werden immer kleiner und
kleiner, bis sie endlich in Sandform gebracht sind.

Sehr deutlich sieht man auch diese Form der fortschreitenden
Zerstörung an den Küsten der Bretagne, wie die eine Strecke
derselben bei Quiberon darstellende Abbildung (Fig. 43)
erkennen läßt.

Da das Meerwasser schwerer ist als Flußwasser, so verlieren die Gesteine noch mehr von ihrem Gewichte in jenem
und können daher auch noch leichter fortbewegt werden.
Welche ungeheure Gewalt aber die Wellen haben, davon kann
man sich an felsigen Küsten leicht überzeugen, wenn man bemerkt, wie klaftergroße herabgestürzte Blöcke von den Wellen
noch fortbewegt werden. An den Küsten Schottlands wurden
schon Gneißblöcke von 500 Kubikfuß, also mit einem Gewichte
von 760 Centnern fortgerissen, und der berühmte Leuchtthurm
von Eddystone wurde schon einige Male von der Fluth hinweggespült, obwohl er von ungeheuren mit eisernen Klammern
zusammengefügten Steinen erbaut war. Freilich erhebt sich
an diesen Stellen, wo der Meeresgrund ziemlich rasch ansteigt
und eine heftige Brandung sich bildet, das Wasser bei starken
Stürmen mehr als 100 Fuß über die gewöhnliche Fluthhöhe
und übt dann einen Druck von 6000 Pfund auf jeden Q. F.
Fläche aus, während der stärkste Orkan, der in den Tropen
beobachtet wurde, bei einer Schnelligkeit von 146,7 Fuß in
der Sekunde nur einem Druck von 49,2 auf einen Quadratschuh gleichkommt.

Am wenigsten leiden die Küsten, welche von hartem
massigen Gesteine oder solchem gebildet werden, was schon bei
seiner Entstehung in größere Blöcke sich absonderte. Die
größeren losgelösten Blöcke bilden einen Wall an dem Fuße
der Klippen, der die Gewalt der Wellen einigermaßen bricht
und so das Fortschreiten der Zerstörung einigermaßen aufhält.

Fig. 43. Wellenschlag gegen abgebrochene Felsen. (Quiberon.)

11

Fig. 44. Trümmerhaufen gegenüber dem Wellenschlag. (Fécamp.)

11*

Auch hierfür liefern die wellengepeitschten Küsten der Bretagne viele Beispiele, wie das Fig. 44 dargestellte.

Noch verderblicher und großartiger wird der Eingriff des Meeres, wenn es flache und aus lockerem Material bestehende Küsten bearbeitet, obschon in solchen Fällen die kleineren Einbußen an Land nicht so rasch sich bemerklich machen. Namentlich die Küste der Nordsee von Holland bis Jütland ist reich an Beispielen von der landzerstörenden Wuth des Meeres.

Von Texel bis zur Eider waren zu der Römer Zeiten noch 23 Inseln vorhanden; sieben von ihnen sind spurlos verschwunden, und die übrigen, zum Theil schon in mehrere zerspalten, gehen alle demselben Schicksale entgegen; namentlich sind es die an der Westküste Schleswigs gelegenen Inseln, welche trotz aller Schutzmittel von Seiten ihrer Bewohner gegen das Meer immer mehr und mehr durch dasselbe verkleinert und weggewaschen werden.

Nicht diese Vorposten des Landes allein sind es aber, welche das Meer angreift, häufig wird auch das hinter ihnen liegende Land durch einen gewaltigen Einbruch der See verheert und zerstört. Auch für solche Einfälle eines unruhigen Nachbarn bietet Deutschland an seiner Nordküste traurige Beispiele dar. Noch zu Anfang des 13. Jahrhunderts war keine Spur von den großen Meerbusen vorhanden, die jetzt als Dollart und Jahdebusen einen Raum von mehr als 6 g. Q.M. einnehmen. 1277 erfolgte der erste erfolgreiche Eingriff des Meeres, das bis zum Jahre 1539 immer weiter das Land aushöhlte. Eine Stadt Torum mit fünfzig Märkten, Dörfern und Klöstern, den reichsten und schönsten von ganz Friesland, wurden ein Raub der Fluthen; 13000 Schritte weit rückte das Meer ins Land, der so entstandene Meerbusen hatte eine Größe von 6 g. Q.M. und erstreckte sich bis Bunda, von dem nun durch die Anschwemmungen des Flusses und

Sandanhäufungen des Meeres das letztere wieder ½ Meile hinausgerückt ist.

Etwas früher begann die Bildung des Jahdebusens, 1218; auch mit seiner Erweiterung hatte das Meer 300 Jahre zu schaffen, 1511 wurden die letzten Dörfer verschlungen.

Auch der große Suider=See wurde vom Meere in derselben Zeit 1219—1287 in einen Meerbusen verwandelt, indem die Uferstrecken, die diesen früheren einfachen Landsee von dem Meere trennten, hinweggespült wurden.

Wo das Meer an sandige, flache Küsten grenzt, entsteht aber häufig auch eine Vergrößerung des Landes, wenn die Verhältnisse von Wind und Wellen dazu günstig sind und keine stetig in derselben Richtung parallel den Küsten sich hinziehende Meeresströmungen stattfinden. Ist das letztere nicht der Fall, so häufen die regelmäßig gegen das Land andringenden Wellen Sand, kleine Steinchen, Muschelfragmente zu einem Walle auf, der die Ufer umgiebt und namentlich da, wo das Meer viel Kalk aufgelöst enthält, von diesem zur Zeit der Ebbe zu einer oft mörtelartigen harten Masse zusammen=gekittet wird.

Zu den merkwürdigsten dieser Erzeugnisse des Meeres gehören

die Dünen.

Man könnte sie mit demselben Rechte auch als Erzeugnisse des Windes bezeichnen, denn dieser hat einen eben so großen Einfluß auf ihre Bildung als das Meer, das den Stoff für sie liefert, während der Wind die Ausbildung desselben über=nimmt. Sie bilden sich nicht an allen sandigen Küsten, sondern nur da, wo vorherrschend vom Meere gegen das Land zu wehende Winde, ein ziemlich gleichmäßig feiner Quarzsand und wenig Kalk in dem Meerwasser vorhanden ist. Wo sie sich finden, haben sie meistens dasselbe Ansehen. Als eine lange Reihe gleichförmiger Sandhügel von verschiedener, höchstens 200, gewöhnlich nur 30—50 Fuß betragender Höhe, gegen das Innere des Landes zu wie ein aufgeschütteter Sandhaufen mit etwa 30° Neigung, also sehr steil abfallend, scheiden die Dünen das flache Land von dem Meere. Gegen dieses fallen sie meist ebenfalls sehr schroff ab, indem sie, von den Wellen unterwühlt, häufig nachstürzen und nicht selten unvorsichtige Wanderer verschütten. Diesen die Küste begrenzenden Hügeln parallel läuft meist eine Reihe anderer gleich gebauter, von ersteren durch schmälere oder breitere Thäler getrennt; die Form dieser ist dieselbe. Der einzige Unterschied ist der, daß sie seewärts eine geringe Neigung haben, da sie hier dem Wellenschlage nicht ausgesetzt sind. So nützlich gegen die Eingriffe des Meeres auch diese Sandberge erscheinen, so sind sie doch in anderer Beziehung schlimmere Feinde für das Land, als die Wasserfluthen des Meeres. Von dem Winde erfaßt rücken sie nämlich unaufhaltsam gegen das Innere des Landes vor, und unter ihren Sandwogen geht alle Vegetation zu Grunde; selbst die Wohnungen der Menschen, Städte und Dörfer sind nicht gegen sie zu schützen, wenn sie sich einmal in Bewegung gesetzt. Die Art und Weise ihres Entstehens erklärt auch diese ihre Wanderung.

Durch den Wellenschlag und die Fluth wird der lockere leichte Sand an der wenig geneigten Küste angehäuft. Zur Zeit der Ebbe trocknet er aus, und nun wird er die Beute des Windes, der über diese schiefe Fläche hinstreichend den Sand landeinwärts führt und aufhäuft. Indem das Meer für neue Zufuhr sorgt, vergrößert sich der Haufen und wird so hoch, als eben der Wind stark genug ist, Sand in die Höhe zu treiben. Die Dünen sind daher um so höher, je heftiger der Wind ist, der vom Meere über das Land weht. Haben die Dünen diese Höhe erreicht, so nimmt der Wind von ihren Gipfeln den Sand weg und treibt ihn landeinwärts, den Grund

zu einer zweiten Düne legend. Was er weggenommen, wird
vom Meere und späteren Winden wieder ersetzt. So schieben
sich die Dünen immer weiter und weiter vor, eine zweite ge=
währt, wenn sie zur höchsten Höhe, die sie erreichen kann, ge=
wachsen, das Material für eine dritte und so fort. Werden
die Dünen vom Winde rascher ihres Sandes auf der dem
Meere zugekehrten Seite beraubt, als er von diesem zugeführt
wird, so findet ein einfaches Vorwärtsbewegen derselben statt,
sie rücken dann gerade so vor, wie eine Welle, verkleinern sich
an der Windseite und ihr Rücken schiebt sich immer weiter
und weiter landeinwärts. Nur wenig vermag der Mensch
gegen diese daherschreitenden Sandwogen zu leisten; am meisten
schützt noch der Pflanzenwuchs, wenn es gelingt, solchen
aufzubringen, indem die Gewächse mit ihren Wurzeln den
Sand festhalten und den Einfluß des Windes hemmen.
Namentlich sind es gewisse Grasarten, welche auf diesem dürf=
tigen Sande leicht Wurzel fassen. Doch wo sehr heftige Winde
wehen, ist auch ihr Schutz ein sehr geringer, der Sand wächst
rascher als das Gras. Besonders stark ist dieses Vorrücken der
Dünen an den Küsten der Ostsee zwischen Swinemünde und
Memel, an der westlichen Küste von Schleswig und Jütland
und an denen des südwestlichen Frankreichs. Unwiderstehlich
schieben sie sich hier 60—70 Fuß jährlich weiter vorwärts.
„Sie drängen Süßwasserseen vor sich her, welche sich durch
den Regen bilden, der sich von ihnen gehemmt nicht in Bächen
in das Meer ergießen kann. Wälder, Kulturboden und Häuser
verschwinden unter ihnen. Viele im Mittelalter erwähnte
Dörfer sind begraben worden, und vor einigen Jahren hieß
es, daß in dem Departement des Landes allein 10 Dörfern
der Untergang drohe. Eins von diesen Dörfern, sagt Cuvier,
kämpft seit 20 Jahren gegen die Dünen, und einen mehr als
60 Fuß hohen Sandhügel sieht man gleichsam vorrücken. Im
Jahre 1802 verbreiteten sich die Seen über 5 große Land=

güter, die zu St. Julien gehörten; sie haben seit der Zeit eine römische Heerstraße bedeckt, welche von Bordeaux nach Bayonne führte und welche man noch vor ungefähr 100 Jahren sah, wenn die Wasser niedrig waren. Der Adour, der einst bei Vieux Boucaut floß und am Cap Breton ins Meer fiel, hat jetzt seinen Lauf um mehr als 1000 Toisen verändert." (De la Beche.) Seit dem Jahre 1666 sind sie in der Nähe von St. Pol de Leon in der Bretagne um 3 Meilen land=einwärts gewandert und haben den ganzen Landstrich unter einem Sandmeere so tief begraben, daß nur noch einige Kamine und Kirchthurmspitzen der verschütteten Orte aus ihm hervorragen.

Man hat in der neueren Zeit selbst die Entstehung des größten aller Sandmeere, der Sahara, auf die gleiche Ursache wie die der Dünenbildung zurückführen wollen. Daß an den Westküsten Afrika's diese Meeressandverbreitung durch den Wind nach Osten hin eine sehr beträchtliche sei, ist keinem Zweifel unterworfen, doch scheint es nach vielen Anzeichen richtiger, die Sahara als einen trocken gelegten Meeresboden anzusehen. Große Theile derselben enthalten nämlich Reste von Seethieren im Boden, die unmöglich von dem Winde gleich dem Sande hierher gebracht sein können und eine so ungeheure Verbreitung des Sandes aus dem atlantischen Ocean durch den Wind als höchst unwahrscheinlich zu er=kennen geben.

Thätigkeit der Meeresströme.

Alle Flüsse und Bäche bringen dem Meere ihren Tribut dar, die Beute, welche sie auf ihrem Zuge durch die Länder entrissen, alle schwemmen Jahr aus Jahr ein Massen von Sand und Schlamm in das Meer, und doch bauen die wenigsten nur ein Delta. Wohin kommen denn diese Massen, die nicht unmittelbar vor den Mündungen der Flüsse aufgestapelt

werden? Wo haben wir den Schlamm des Amazonen= und
Platastromes, oder des Hoangho und Jantsekiang zu suchen?
Die Meeresströme können uns darüber Auskunft geben. Sie
sind es vorzugsweise, welche die gleichmäßige Vertheilung wie
von der Wärme, so auch der mechanisch wie chemisch von den
Flüssen in das Meer geführten Massen übernehmen. Diese
Ströme führen durch ihre Bewegung nach denselben Gesetzen
wie die Flüsse des Landes die feineren Theile, welche in das
Meer gelangen, mit sich fort, und zwar, da sie viel tiefer und
breiter sind, über viel weitere Räume, so weit als sich eben
ihr Lauf erstreckt. Daß wir das nicht auch sehen, kommt uns
zwar für den ersten Augenblick befremdlich vor, ist es aber
durchaus nicht, wenn wir Folgendes bedenken. Wenn wir
von der Natur oder durch Kunst sehr fein gepulverte Mineralien,
z. B. Lehm oder Schmirgel, mit Wasser in einem hohen Glas=
gefäße unter einander rühren und dann das trübe Gemisch
ruhig stehen lassen, so bemerken wir bald, daß oben das
Wasser klar wird, die festen im Wasser nur schwebenden
Bestandtheile immer weiter zu Boden sinken. Je feiner das
Pulver war, desto langsamer geht dieser Klärungsprozeß vor
sich. Durch Regengüsse getrübtes Flußwasser z. B. braucht
mehrere Wochen, um in einem 1 Fuß hohen Glasgefäße bis
zum Grunde sich aufzuhellen. Dasselbe wird nun auch ein=
treten, wenn Flußschlamm in das Meer geführt und von
einem Meeresstrome erfaßt wird. An der Oberfläche wird
das Meer bald klar werden, aber die tieferen Schichten lassen
erst nach und nach den Schlamm, den sie weithin verbreiten,
zu Boden sinken. Der Golfstrom z. B. würde Schlamm, der
sich etwa ähnlich verhielte wie Schmirgel im Meerwasser und
in einer Stunde 2 Fuß tief sänke, in 28 Tagen 400 g. M.
weit führen, und dann wäre er erst in eine Tiefe von
$28 \times 48 = 1344$ Fuß gesunken. Würde das atlantische Meer
plötzlich sein Wasser verlieren, so würden wir den Lauf des

Golfstromes, seine Breite und Länge an den Massen erkennen, die er seit seinem Bestehen sicherlich als eine nicht unbeträcht= liche Erhöhung des Meeresgrundes auf diesem abgesetzt hat.

Auch die Wirkung der Wellen wird, wie wir schon er= wähnten, von den Meeresströmen wesentlich beeinflußt. Wo letztere an Küsten vorbeistreichen, nehmen sie, wie ein Strom den von seinen Ufern in ihn fallenden Sand, alles mit sich fort, was die Wellen zermalmt und zerrieben, und breiten es in einem weiten Saume um diese Küste aus.

Doch entziehen sich auch diese Wanderungen der Theile unseres Festlandes den Augen, wie alles, was unter dem Meeresspiegel in der dunkeln Tiefe vor sich geht. Wir könnnen das weitere Schicksal dieser Massen nur vermuthen, und schließen, daß das Meer aus ihnen Neues schafft, wie auch unser jetziges Festland auf dem Meeresgrunde aus altem, vom Wasser zerstörtem Gesteine sich bildete.

Chemische Wirkungen des Meeres.

Nur weniges ist es, was sich bis jetzt über dieselben sagen läßt. Daß in einer so ungeheuren Wassermenge, in die unaufhörlich die verschiedensten chemischen Stoffe eingeführt werden, die in sehr verschiedener Weise auf einander wirken und sich gegenseitig zersetzen, mancherlei chemische Umwand= lungen vor sich gehen, darüber ist wohl kein Zweifel. Doch wissen wir noch wenig über die Resultate davon, über die Niederschläge, welche sich auf dem Meeresgrunde ablagern. Eben die Meeresströme sind es hier wieder, welche durch ihre Bewegungen auch eine Ausgleichung der chemischen Verschieden= heiten in entfernteren Meeren vermitteln. Dieselben Stoffe, welche wir oben S. 16 als im Meerwasser enthalten ange= geben haben, finden sich unter allen Breitegraden und mit lokalen durch übermäßig einströmendes süßes Wasser oder be= sonders starker Verdunstung bedingten Ausnahmen auch überall

in derselben Menge. Eines nur verdient hier noch erwähnt
zu werden, was der aufmerksame Leser vielleicht schon als
früheren Angaben widersprechend angesehen hat, nämlich das
Fehlen des kohlensauren Kalkes unter den Bestandtheilen des
Meerwassers, während doch derselbe von allen Flüssen in
größter Menge eingeführt wird. In dem freien Meere fehlt
er ganz, dagegen findet er sich in dem Seewasser an Küsten
und in Binnenmeeren stets in beträchtlicher Menge. Diese
Thatsache führt uns darauf, daß vielleicht die Seethiere es
sind, welche für ihre Gehäuse und Schalen den Kalk aus dem
Wasser aussondern. Wir werden später noch sehen, daß die
Organismen überhaupt für die gleichmäßige Zusammensetzung
des Meerwassers von großem Einflusse sind, und behalten
uns vor, auf diesen Punkt noch einmal zurückzukommen.

Ob das Meerwasser auf seinem Grunde bedeutende chemische
Umwandlungen der Gesteine erzeuge, wie manche Geologen
vermuthen, dafür fehlen uns noch sichere Anhaltspunkte
vollständig, wie überhaupt unsere Kenntniß von den Tiefen
des Meeres und der Beschaffenheit seines Grundes noch eine
mangelhafte ist.

4. Wirkungen des Wassers als Eis.

Das gefrierende Wasser.

Die merkwürdige physikalische Thatsache, daß sich das
Wasser beim Gefrieren d. h. beim Uebergange aus dem flüssigen
in den festen Zustand ausdehne, haben wir schon S. 95 besprochen. Die Wirkungen, welche es dabei ausübt, werden
aus einem Beispiele wohl allen Lesern bekannt sein. Gewiß
hat schon jeder Gelegenheit gehabt zu sehen, daß Wasser, wenn
es in einem unnachgiebigen Gefäße wie z. B. einer Flasche
gefriert, dieselbe aus einander treibt. Die Gewalt, die es

dabei ausübt, ist eine ungeheure; mit Wasser gefüllte Bomben=
kugeln werden durch das Gefrieren gesprengt. Im Kleinen
bemerkt der Landwirth diese Wirkung und ihre wohlthätigen
Folgen an seinen Grundstücken. Der Boden wird durch das
Gefrieren bedeutend gelockert, indem das die feinen Spalten
der Erdrinde durchziehende Wasser in denselben gefriert und
dadurch ein Auseinandersprengen der größeren und festeren
Schollen bedingt. Im Großen kann man dieselbe Wirkung
in allen Gebirgen beobachten. Hier sind es statt der Schollen
Felsblöcke, welche von den jähen Wänden losgelöst über die=
selben hinabrollen, und das Gewirre von Blöcken und Trümmern,
das zwischen solchen Wänden sich hinziehende Schluchten aus=
füllt oder den Fuß jener wie ein Wall umgiebt, verdankt vor=
zugsweise dem Froste und den sprengenden Wirkungen des
Eises seinen Ursprung. Daher sehen wir gerade auf den
Rücken und Seiten der Gletscher so gewaltige Blockmassen,
überhaupt in den höchsten Regionen, wo es fast nie regnet,
das Loslösen der festen Massen daher auch nicht durch Regen
geschehen kann. Die Zerklüftung der Gesteine, eine Folge
der Art ihrer Entstehung, wenn sie anfangs auch nur in feinen
Spalten sich zeigt, gestattet dem Wasser den Zutritt in dieselben.
Auch auf den höchsten Höhen unserer Alpen schmilzt nämlich
unter der Einwirkung der Sonnenstrahlen der Schnee, der an
den steilen Wänden und scharfen Graten ohnedieß nicht in
dicken Massen liegen bleiben kann. Dieses Wasser sickert nun
in die schmalen Spalten der Gesteine, erweitert sie nach und
nach durch seine auflösende Wirkung, bald gefrierend, bald
wieder in ihnen aufthauend. Endlich einmal wird die Spalte
so weit, daß die Menge des Wassers, die sich in ihr findet,
hinreichend ist, beim Gefrieren den Widerstand der einen Wand
zu überwinden, der Block, der dem Abhange der Wand zu=
gekehrt ist, wird etwas gerückt und je nach seiner Lage und
der Art seiner Unterstützung fällt er durch diese erste Verrückung

schon hinab, oder er muß erst mehrmals auf die Seite geschoben
worden sein, um endlich völlig beseitigt zu werden.

Wir brauchen übrigens nicht erst in unsere Hochgebirge
zu gehen, um die Wirkungen des Frostes auf die Gesteine
kennen zu lernen. Namentlich da, wo dünngeschichtete oder
schiefrige Gebirgsarten sich finden, genügt jeder Hohlweg, jede
niedrige Felswand, um das Losbröckeln von kleineren und
größeren Gesteinsfragmenten durch das gefrierende Wasser
erkennen zu lassen. Hier haben wir dann auch am besten
Gelegenheit, eine Art der Verwitterung, auch durch den
Frost bedingt, kennen zu lernen, an deren Möglichkeit man
gar nicht denkt. Man sieht ihre Wirkung selbst unter weit
hervorstehenden Felsmassen, ja in Grotten, wenn sie nur eine
weite Oeffnung haben, und erkennt sogleich, daß Regen und
Schnee unmöglich das Wasser geliefert haben können, welches
hier gefrierend die Sprengarbeit vermittelte, sondern daß es
von den Gesteinen unmittelbar aus dem Wasserdampf der
Atmosphäre aufgenommen worden sei. Es sind vorzugsweise
mergelige oder Thon enthaltende Gesteine, welche auf diese
Weise oft rasch zerbröckelt werden. Indem dieselben nämlich
Wasser aus der Luft anziehen, das in ihren Poren und Spältchen flüssig wird, geben sie dem Froste Gelegenheit, auf sie
zerstörend zu wirken. Wenn nach der Kälte Thauwetter eintritt, so fallen die durch das Gefrieren losgesprengten, aber
durch das Eis wie durch einen Kitt noch festgehaltenen Blätt-
chen und Steinchen herab und bedecken den Boden mit einer
Unzahl kleiner Fragmente, deren Entstehung auf den ersten
Blick höchst räthselhaft ist. Auf dieselbe Weise werden auch
Felswände immer weiter ausgehöhlt und in Formen gebracht,
die man sonst nur der Einwirkung des fließenden Wassers
zuschreibt, und wohl manchmal schon verleitet haben, Aenderungen im Laufe von Flüssen anzunehmen, oder die Anwesenheit von Fluthen, wo an dergleichen nicht zu denken ist.   .

Die Gletscher.

Von den Regionen des ewigen Schnees herab erstrecken sich gewaltige Eismassen, ganze Thäler ausfüllend, oft mitten hinein in die lachendsten Fluren bis an die Wohnungen des Menschen, bald scheinbar sich zurückziehend, bald unaufhaltsam, alle Hindernisse vor sich herschiebend, vorrückend. Diese Eismassen sind die Gletscher. Noch im vorigen Jahrhundert waren sie dem fremden Besucher dieser Gegenden ein Gegenstand der Verwunderung oder Bewunderung wegen der Seltsamkeit oder Großartigkeit des Anblickes, dem Bewohner der Gebirge häufig ein Gegenstand des Schreckens wegen der Gefahren, die sie Feldern und Häusern drohen; erst in der neueren Zeit hat man sie zum Gegenstande wissenschaftlicher Untersuchungen gemacht und eine so große Fülle der räthselhaftesten und merkwürdigsten Erscheinungen an ihnen wahrgenommen, daß die bedeutendsten Naturforscher aller Länder dem Studium der Gletscher und ihrer Wirkungen einen großen Theil ihres Lebens gewidmet haben. Namentlich die nähere Untersuchung der letzteren hat zu den merkwürdigsten Aufschlüssen über die Geschichte früherer Perioden unserer Erde geführt, die Gletscher haben dadurch eine höchst bedeutende geologische Wichtigkeit erlangt. Ihre Auffindung und ihr Verhalten in den Polargegenden hat ihnen eine weitere Bedeutung verliehen und uns gezeigt, daß sie im Haushalte der Natur eine sehr wichtige Rolle spielen, namentlich im Kreislaufe des Wassers und der Ausgleichung der Wärme. Wir wollen zunächst einmal von den Gletschern der Polargegenden absehen und etwas näher die Erscheinungen betrachten, welche die der gemäßigten Zonen, namentlich in unseren Alpen darbieten.

Es ist eine bekannte Thatsache, daß je höher wir uns über die Oberfläche der Erde erheben, desto dünner und kälter die Luft wird. In unseren Gegenden beträgt die Abnahme

der Temperatur auf je 600 Fuß etwa 1° R.   Auf sehr hohen
Bergen findet sich daher eine Temperatur, bei welcher der
Schnee nicht mehr schmilzt; es ist dieses die Region des
„ewigen Schnees".   Auf der Nordseite der Alpen beginnt
dieser ewige Schnee bei einer Höhe von 8000 Fuß, auf der
Südseite erst bei 8800 Fuß; man bezeichnet diese Höhen, diese
untere Grenzlinie des nicht mehr verschwindenden Schnees
als Schneelinie oder Schneegrenze.   Sie ist natürlich auch
ziemlich schwankend; in sehr schneereichen Jahren rückt sie weiter
herab, als in schneearmen, an spitzzulaufenden freistehenden
Bergen beginnt sie weiter oben, als in langgestreckten Berg-
rücken, an denen sie von ferne in der That als eine horizontale,
sehr scharf von der tiefer gelegenen im Schmucke der Pflanzenwelt prangenden Gegend abstechende Linie erscheint.

Unter diese Linie herab und zwar oft außerordentlich
weit sieht man nun die Eismassen der Gletscher sich erstrecken,
und es fällt sofort in die Augen, daß dieselben nicht hier
entstanden sein können und ihr Bestehen nur dem Zusammen-
hange mit dem ewigen Schnee verdanken.   Die Ernährung
durch diese von oben, das Abschmelzen durch die Wärme von
unten bleibt sich oft Jahrzehnte hindurch so gleich, daß
das Ende des Gletschers an derselben Stelle erscheint, eine
Bewegung desselben durchaus nicht wahrgenommen wird, und
dennoch ist er fortwährend in einem stetigen Vorwärtsgehen
begriffen, es ist ein Eisstrom im buchstäblichen Sinne.

Wir wollen nun die äußere Erscheinung, dann die Ernährung und die Bewegung der Gletscher etwas näher betrachten.   Steigen wir thalaufwärts, so erscheint uns zunächst
das Gletscherende meist als eine bogenförmig von einer Seite
des Thales zur andern sich hinziehende jäh abfallende Eis-
wand.   Ist der Thalboden unter ihm stark geneigt, so ist die
Eismasse in eine ungeheure Masse von Blöcken und Zacken
zerspalten, ein Bild der wildesten Verwirrung; ist der Grund

wenig geneigt, so ist dies Ende auch kaum gespalten, oft auch
so wenig geneigt, daß man auf demselben gehen und den
eigentlichen Gletscherrücken, die Oberfläche des Gletscherstromes,
besteigen kann. Die Höhe desselben, d. h. also die Dicke des
Eises an dieser Stelle ist je nach der Größe des Gletschers
und der Neigung verschieden, bei den am Ende nicht stark
zerklüfteten Gletschern finden sich 150—180 Fuß als gewöhn=
liche Höhe. Die Oberfläche des Eises erscheint meist schmutzig
und staubig, von der Menge der auf ihm liegenden Stein=
fragmente, die sich beim Abschmelzen des Eises immer dichter
zusammendrängen; wo aber eine Spalte die Tiefen des Eises
eröffnet, da erscheint es mit dem prachtvollsten Blau, voll=
kommen klar und rein, wie das Wasser einiger unserer Seen,
die auch die Farbe des reinen Wassers erkennen lassen. Aus
dem Gletscherende quillt gewöhnlich ein mehr oder weniger
starker Bach hervor, der das im ganzen Gletscher durch die
Schmelzung erzeugte Wasser fortführt. Haben wir dann dieses
Ende übersteigend die Oberfläche des eigentlichen Gletschers
erreicht, so sieht man ihn als einen wahren Eisstrom das
ganze Thal ausfüllend, allen Windungen desselben folgend, bald
steiler, bald weniger steil bergansteigend bis in die Region des
ewigen Schnees sich fortsetzen. Länge, Breite und Neigung
der Gletscher sind außerordentlich verschieden. Wir geben hier
einige Maße größerer Gletscher, wie sie von ihrem Ursprunge
auf den höchsten Höhen bis zu ihrem Thalende sich durch
Messungen ergeben haben. Der längste aller ist der Aletsch=
gletscher, der 63 560 Fuß oder $2^5/_6$ g. M. lang ist, dann der
Gornergletscher mit 51 300 Fuß Länge, der Aargletscher mit
46 700 Fuß, das Mer de Glace hat 36 920 Fuß. Die Breite
des eigentlichen Eisstammes wechselt zwischen 1000 — 4000
Fuß je nach der Breite der Thäler.

Was die Neigung der Oberfläche betrifft, so ist sie bei
den großen Gletschern eine geringe, der Aargletscher zeigt am

eisigen Gletscherstamme eine solche von 3 — 7°, in der Firn=
region von 1° 39 Min. (oder von 1 Fuß Neigung auf 13 bis
5³/₇ Fuß und 1 : 25 Fuß). Am stärksten ist sie meistens am
unteren Ende, vorzugsweise durch das stärkere Abschmelzen
bedingt, welche das untere Gletscherende keilförmig erscheinen
läßt. Ueber die Dicke der Gletschermasse haben wir nur sehr
unvollkommene Kunde, da wir die Neigung des Grundes, auf
dem sich der Gletscher bewegt, nicht kennen. An den großen
Gletschern scheint sie selbst mehr als 1000 Fuß zu betragen. Man
hat hie und da Gelegenheit, sehr tief hinabgehende Spalten zu
messen, Agassiz hat solche bis zu einer Tiefe von 260 Meter
oder 800 Fuß gemessen, ohne den Grund des Gletschers gefunden
zu haben, aus der Neigung der Thalsohle am Ende des Aar=
gletschers und der der Gletscheroberfläche glaubt er die Dicke
zu 460 Meter oder 1410 Fuß annehmen zu dürfen.

Das Erste, was einem beim Betreten größerer Gletscher
auffällt, wenn nicht eben frischer Schnee gefallen ist, sind die
zahlreichen Spalten, welche in mehr oder weniger paralleler
Richtung bogenförmig, mit der Konvexität der Krümmung nach
abwärts, den Gletscher quer durchsetzen. Auf manchen
Gletschern sind sie stellenweise in so großer Menge und so
weit klaffend vorhanden, daß es unmöglich ist, hier den Gletscher
zu betreten. Genauere Untersuchungen zeigten, daß sich die=
selben da besonders gerne bilden, wo die Neigung des Gletscher=
bodens plötzlich eine stärkere wird. Sie sind es, die das
Ueberschreiten der Gletscher in den oberen Theilen so gefährlich
machen, indem sie oft durch eine trügerische Decke von Schnee
verborgen beim Betreten dieser schwachen Brücke lebensgefähr=
liches Stürzen in diese dunkeln Schlünde veranlassen.

Das Zweite, was sich sofort auch bemerklich macht, ist
die Menge der Felsblöcke, welche in gewisser Regelmäßigkeit
auf dem Gletscher vertheilt sind, wie Figur 45 (die Abbildung
des Aargletschers) uns zeigt. Sie finden sich nämlich zunächst

an den Rändern des Gletschers seiner ganzen Länge nach,
scharfkantig und eckig, wie sie von den Abhängen herabgestürzt
sind, und sind dadurch sehr leicht zu unterscheiden von den

Fig. 45. Der Aargletscher.

großen abgerundeten Blöcken, welche in Wildbäche gefallen und
von diesen bearbeitet sind. Betrachtet man ihre mineralogische
Zusammensetzung genauer, so sieht man, daß sie eine Muster-
karte sämmtlicher Gesteine sind, welche die Ufer des Gletschers
bilden. Schon diese Blöcke beweisen uns die Vorwärtsbewegung
des Gletschers auf das deutlichste, denn selbst am unteren Ende
desselben findet man solche von Gesteinen, die nur an dem
Ursprunge des Gletschers sich finden. Diese langen linien-
förmig angeordneten Blockmassen hat man mit dem Namen
M o r ä n e n oder Gufferlinien bezeichnet, und zwar die an den
Seiten des Gletschers sich hinziehenden als Seitenmoränen.

12*

Gerade solche Blockstreifen oder Blockwälle finden sich aber auch auf der Mitte des Gletschers als sog. Mittelmoränen. Die Entstehung dieser zeigt sich uns sogleich, wenn wir den Gletscher weiter aufwärts verfolgen. Sie entstehen nämlich stets da, wo zwei Gletscher sich zu einem vereinigen, aus je einer Seitenmoräne der beiden sich vereinigenden Gletscherarme. Unsere Figur zeigt uns gerade eine dieser Mittelmoränen sehr deutlich, nämlich die, welche von den beiden Gletschern gebildet wird, die einerseits vom Finsteraarhorn, andrerseits von den Lauteraarhörnern herkommen. Aus der Zahl dieser Mittel= moränen kann man die Anzahl dieser Gletscherarme im voraus bestimmen, welche den Hauptstamm schließlich bilden, da die Zahl der Arme stets um 1 größer sein muß, als die der Mittelmoränen.

Verfolgt man die Gletscher immer weiter aufwärts, so verändert sich die Beschaffenheit seiner Oberfläche. Das kom= pakte, feste, von Spalten durchsetzte Eis verliert sich und es erscheint dann bald eine Masse ähnlich derjenigen, in welche auch bei uns dichte Schneelager im Frühling sich verwandeln, wenn sie an nördlichen Abhängen sehr langsam schmelzen. Diese, genau betrachtet, aus sehr kleinen rundlichen, von ein= ander gesonderten Eiskörnchen bestehende Masse bezeichnet man gewöhnlich mit dem Namen Firn und spricht daher auch von einer Firnregion, die sich im Sommer übrigens bis hinauf zu den höchsten Höhen erstreckt, indem auch hier stellenweise die Bedingungen der Firnbildung, nämlich oberflächliche Schmel= zung des Schnees, vorhanden sind. Bei allen größeren Gletschern beobachtet man, daß das obere Ende der Thäler, welche sie erfüllen, eine beträchtliche Erweiterung zeigt. Man findet meistens eine circusartige oder muldenförmige Ausbreitung, ganz mit Firn erfüllt, die sog. Firnmulde. Man kann sagen, die Gletscherströme entspringen alle aus einem Firnsee. In ihnen finden wir das Vorrathshaus zur Speisung und

Ernährung der großen Eismassen der Gletscher. „Ueberall haben gewaltsame geologische Umwälzungen und spätere Zertrümmerungen das Gebirge auf die mannigfachste Weise in Giebel und Pyramiden, in zackige Kämme und Hörner aus einander gerissen, zwischen denen mulden- und kesselartige Vertiefungen, die Anfänge der bedeutenderen Gebirgsthäler, zurückgeblieben sind. Fallen solche Thalkessel in die Region des ewigen Schnees, so häuft sich in ihnen von dem Circus der umgebenden steilen Berge der Schnee der Jahrhunderte und aus ihnen hervor, gleich einer Kriechpflanze aus ihrer Wurzel, wächst der eigentliche Gletscher, durch welchen die ungeheure Schneeanhäufung ihren natürlichen Abfluß findet." (Mousson.)

Die Weite und Ausdehnung dieser Firnmulden ist meist sehr beträchtlich, gewöhnlich zwischen $1/2$ und 1 g. M. Breite schwankend. Am Aletschgletscher 6500 m (Meter), am Lauter- und Finsteraargletscher 3000 m, an der Pasterze (Großglockner) größter und kleinster Durchmesser 2691 und 4110 m, am Glacier du Géant (Montblanc) 5000 m, am Rosegggletscher (Bernina) 7500 m. Diese Durchmesser entsprechen dem 2—4-fachen der aus diesen Mulden hervorströmenden Gletscher. Die Breite der vier erstgenannten z. B. beträgt 1200, 1694, 1100 und 1201 m. Gehen wir nun etwas näher auf das Entstehen und Vergehen dieser Massen ein.

Auf den höchsten Höhen von 9500—10000 Fuß fällt fast nie mehr Regen, sondern ein sehr feiner staubartiger Schnee, der ein trockenes Pulver darstellt, welches durch jeden Windstoß von allen steileren Abhängen weggefegt und in die Tiefen hinabgeführt wird. Diese so herabgewirbelten Massen vermehren die in die Firnmulden fallenden Niederschläge nicht unerheblich und bedingen auch die gerundete Fläche derselben, indem sie von den steilen Felsen herabrieselnd wie Sand an dem Fuße derselben mit einer sanft geneigten Oberfläche sich

ansammeln. Da diese Einsenkungen schon etwas tiefer liegen
und durch die sie rings umgebenden Felsen gegen die Winde
mehr geschützt sind, so wirkt hier die Sonne schon mächtiger,
im Sommer fällt auch öfter schon Regen, und so erscheint in
der wärmeren Jahreszeit immer der Schnee nicht mehr so
fein, staubartig und zusammenhängend, sondern mehr körnig,
zusammenhängend, er geht durch oberflächliches Thauen bei
Tage und darauf folgendes Gefrieren bei Nacht in den sog.
Firn über, der natürlich der Art seines Entstehens nach verschiedene Formen erkennen läßt; von den feinen, kaum Steck-
nadelkopfgröße übersteigenden Eiskörnchen des H o c h f i r n s
sieht man allmähliche Uebergänge zu den größeren des T i e f -
f i r n s. Dieser verwandelt sich ebenso stufenweise in eckige
Eisstückchen, die aber noch locker aneinanderliegen, das sog.
Firneis, das sich endlich fester an einanderlegt und so weiter
unten zu kompaktem G l e t s c h e r e i s wird.   Wie groß die
Menge der Niederschläge auf beträchtlicheren Höhen sei, darüber
haben wir wenig sichere Angaben, direkte Beobachtungen über
einen längeren Zeitraum nur vom St. Bernhard aus einer
Höhe von 2491 m oder 7668 P. Fuß, die derjenigen mancher
Firnmulden gleichkommt. Die jährliche durchschnittliche Menge
des durch dieselben gelieferten Wassers betrug von 1818 bis
1846 64 Zoll; ³/₄ davon wurde von Schnee geliefert, so daß,
da frisch gefallener Schnee ein spezifisches Gewicht von 0,085
hat, also 11,764 mal weniger Raum einnimmt als Wasser, diese
Menge einer Schneeschichte von 47¹/₂ Fuß gleichkäme. Das
spezifische Gewicht des Firneises beträgt 0,628 von dem des
Wassers; diese ganze Schneemasse würde demnach eine Schichte
Firneis von 654 Zoll geben, und endlich zu Gletschereis von
0,86—0,87 spezifisches Gewicht verwandelt, eine Lage von
56 Zoll desselben darstellen. Diese Zahlen stimmen sehr gut
mit den von R e n d u, Bischof von Annecy, über die Gletscher
Savoyens mitgetheilten Angaben. Dieser höchst gründliche

Erforscher der Gletscherwelt nimmt nämlich 58 Zoll als jährlichen Betrag des gebildeten Eises an.

Was geschieht nun mit diesen stets durch neue Zufuhr
sich vermehrenden Firnmassen? Von einem Schmelzen durch
die Sonne kann natürlich nicht die Rede sein. Sie werden
sich also, da jeder Herbst und Winter mehr liefert, als Frühling
und Sommer allenfalls wegnehmen, immer mehr und mehr
anhäufen müssen. Da aber alle diese hohen Regionen nach
der Tiefe zu sich neigen und sowohl Firn wie Eis bei stärkerem Drucke sich nachgiebig, plastisch zeigen, so kann dieses
Sich-Anhäufen nur bis zu einem gewissen Betrage vor sich
gehen; die Last der Schnee- und Eismassen wird endlich so
bedeutend, daß sie auf der geneigten Unterlage nicht mehr sich
unbewegt erhalten können. Sie werden ins Gleiten kommen
und entweder plötzlich und rasch die steileren Abhänge hinab-
rutschen, oder anhaltend und langsam sich in Thälern hinab-
schieben. Das letztere geschieht in den Gletschern.

Durch diese Fortbewegung kommen nach und nach die
Firnmassen in tiefere und wärmere Regionen, wo der Ab-
schmelzungsprozeß immer kräftiger und kräftiger wird. Dabei
gehen durch die Einwirkung der Wärme und unter dem kolossalen
Druck, den diese Eismassen auszuhalten haben, alle die erwähnten Umwandlungen von Schnee in Firn und von Firn
in Gletschereis vor sich, deren nähere Beschreibung hier zu
weit führen würde. Der Gletscher steigt so weit herab, bis
das Nachrücken neuer Eismassen von hinten und der Abschmel-
zungsprozeß von oben und vorne sich das Gleichgewicht halten.
An der Stelle, an welcher dieses Verhältniß sich findet, ist
das Gletscherende. Beides ist aber verschieden in verschiedenen
Jahren, da sowohl die Masse der Niederschläge, also auch die
daraus sich bildende Eismasse, als auch die Wärme, welche
sie am weiteren Vordringen hindert, Schwankungen unterworfen
sind. Es rücken daher die Gletscher in nassen und kühlen

Jahren weiter vor und ziehen sich in trockenen und heißen stärker zurück. Für ein Jahr sind diese Schwankungen übrigens meist sehr gering, das Ende des Gletschers verändert seine Lage durchschnittlich um nicht mehr als 6—12 Fuß. Kehren jedoch ungewöhnlich nasse Jahre regelmäßig wieder, wiederholen sich starke Schneefälle mehrere Jahre hinter einander; so kann ein Gletscher auch rascher vordringen, bei dem Brenvagletscher betrug es z. B. 1845—1846 67 Fuß. Ein so starkes Vorrücken zeigen jedoch nur die kleineren, auf ziemlich geneigter Unterlage sich fortbewegenden Gletscher.

Dieses Vorrücken und Wieder=Zurückweichen giebt uns aber gar keinen Anhaltspunkt zur Bestimmung des täglichen Herabrutschens, das ja auch dann stattfindet, wenn das Gletscherende thalaufwärts sich weiter zurückziehen, also aufwärts sich zu bewegen scheint.

Wir haben schon S. 178 einen Beweis für das unabläſſige Herabsteigen des Gletschers aus den höchsten Höhen zu den Thälern in den Felsblöcken erblickt, welche wie auf einem ungeheuren Schlitten, wenn sie einmal auf des Gletschers Rücken gerollt sind, von diesem in die Tiefe geschleift und über sein Ende hinabgerollt werden. Der Erste, welcher Messungen über dieses Fortschreiten der Gletschermasse anstellte, war Hugi; nach ihm haben Agassiz und Forbes, Tyndall, Schlagintweit u. A. darüber sehr genaue Untersuchungen gemacht, als deren Resultate wir Folgendes angeben können.

1. Die großen Gletscher bewegen sich zu allen Jahreszeiten abwärts, die meisten am stärksten im Frühjahr, am schwächsten im Winter.

2. Das absolute Maß wechselt an ein= und demselben Gletscher in verschiedenen Jahren und an verschiedenen Gletschern nach der Größe und Neigung desselben. Je größer der Gletscher ist, desto stärker und desto gleichmäßiger ist seine Bewegung.

3. Die verschiedenen Theile des Querschnittes eines Glet=
schers bewegen sich verschieden stark, am stärksten die Mitte, am
schwächsten die Ränder, stärker die oberflächlichen, schwächer
die tieferen Lagen.

4. An den verschiedenen Stellen des Gletschers der Länge
nach findet sich ebenfalls ein ungleiches Fortrücken.

5. Die Bewegung geht ununterbrochen, nicht ruckweise
vor sich. Von oben her, vom Firn an, nimmt die Schnellig=
keit der Bewegung zu, nach Agassiz bis zur Stelle der
größten Dicke; von da an bis zum Ende wird sie wieder stetig
langsamer.

Was die jährliche Bewegung betrifft, so betrug sie am
Aargletscher nach Agassiz von 1841—1845 durchschnittlich
59 m oder 181 Fuß, mit Schwankungen zwischen 52 und
71 m, am Mer de Glace nach Forbes von 1842—1850
91,5 m mit Abweichungen von diesem Mittel bis zu 87,9 und
100,2 m. Durch einen günstigen Zufall hatte der Letztere
Gelegenheit, eine Messung über das Vorrücken des Mer de
Glace von 1788—1832 anzustellen. In dem ersteren Jahre
hatte nämlich Saussure zuerst den Montblanc bestiegen und
in einer genau bestimmten Gegend des Gletschers eine Leiter
verloren, welche in eine Spalte stürzte; Fragmente dieser kamen
nun, nachdem sie eine Eisreise von 44 Jahren zurückgelegt,
1832 im unteren Theile des Gletschers wieder zum Vorschein.
Sie hatten eine Strecke zurückgelegt, welche als mittlere
Jahresbewegung des Eises 114 m ergab, oder täglich ziemlich
genau einen Schuh.

Die Ungleichheit der Bewegung des Gletscherrandes und
der Gletschermitte ist ziemlich beträchtlich; 30 m von der Thal=
wand entfernt betrug sie 1842—1845 auf dem Lauteraar=
gletscher 1,3 cm (Centimeter) täglich, auf dem Finsteraargletscher
60 m vom Rande 3,2 cm täglich, an der Mittelmoräne nach
ihrer Vereinigung 5,56 cm.

Für die Ungleichheit der Bewegung der verschiedenen Gegenden des Gletschers fand Agassiz folgende Größen, entnommen der Bewegung von acht in ziemlich gleicher Entfernung von einander von der Firnregion bis zum Gletscherende gelegenen Blöcken.

Block	Jährliche Bewegung	Tägliche Bewegung
1.	38,16 m	105 mm
2.	74,36	197
3.	77,01	211
4.	67,58	185
5.	70,70	194
6.	56,47	155
7.	38,66	106
8.	29,52	81

Doch bieten auch in dieser Beziehung andere Gletscher andere Verhältnisse dar. Es hängt diese Ungleichheit offenbar von der Einengung des Eisstromes an einzelnen Stellen des Gletscherthales und von seiner weiter unten erfolgenden Ausbreitung ab. Sie erfolgt nach denselben Gesetzen wie die Bewegungen des fließenden Wassers, welches auch dieselben Arten ungleicher Schnelligkeit erkennen läßt.

Für den ersten Augenblick haben diese Erscheinungen der Gletscherbewegung etwas ganz Unfaßbares und Unglaubliches. Eine Eismasse von 1000 Fuß Dicke und meilenlang, beweglich wie ein Fluß, unaufhaltsam vorwärts gehend, in jeder Thalerweiterung sich ausbreitend, in Engen sich zusammenziehend, also auch in ihren kleinsten Theilen nachgiebig und biegsam, ähnlich einem Schlammstrome, in der That, man hätte es nie vermuthet, wenn nicht die Thatsachen es gelehrt hätten. Eben diese Bewegungserscheinungen haben uns darauf gebracht, eine Eigenthümlichkeit im Verhalten des Eises zu erkennen, die auf den ersten Blick ganz unvereinbar mit der großen Sprödigkeit desselben erscheint. Man hat dieselbe als Plasticität bezeichnet, weil nämlich bei starkem Drucke das Eis sich ähnlich wie feuchter Lehm oder Wachs biegsam und bildsam d. i. plastisch verhält. Je näher das Eis seinem Schmelzpunkte steht, desto mehr tritt diese Plasticität hervor, ein desto geringerer Druck ist nöthig, um die Gestalt eines Eisstückes umzuformen. Diese Erscheinung erklärt auch die stärkere und raschere Bewegung der Gletscher im Sommer. Man kann im Kleinen mittelst starker Pressen die Plasticität und Beweglichkeit des Eises, namentlich des aus Schnee durch wiederholtes Pressen erzeugten, seine Zusammenziehung wenn es aus einem weiteren Cylinder durch eine engere Oeffnung herausgepreßt wird, seine darauf folgende Ausdehnung und Spaltung sehr gut nachahmen, und die früher so räthselhafte Bewegung der Gletscher, wenn auch noch manche untergeordnete Verhältnisse nicht völlig ergründet sind, hat in der Hauptsache eine befriedigende Lösung gefunden*).

Denken wir uns diese ungeheuere Masse eines Gletschers unablässig und wohl Jahrtausende schon in gleichartiger Vorwärtsbewegung, so werden wir auch sofort den Schluß ziehen, daß dies nicht ohne bedeutende Einwirkung auf die Oberfläche des Bodens vor sich gehen werde. Wir wollen der großen geologischen Bedeutung wegen, die sie erlangt haben, noch etwas näher auf diese Gletscherwirkungen eingehen.

Wir haben schon oben mehrfach der Felsblöcke Erwähnung gethan, welche von dem Gletscher fortgeführt werden. Wenn man erwägt, daß der Gletscher selbst in den Firnmulden und an seinen Seiten in einer Länge von mehreren Meilen von nackten, der Verwitterung und namentlich der Zertrümmerung

---

*) Wer sich ausführlicher über die Gletscher unterrichten will, den verweisen wir auf den 24. Bd. dieser Sammlung: „Die Naturkräfte in den Alpen".

durch den Frost stark ausgesetzten jähen Felswänden umgeben
ist, so wundert man sich nicht darüber, daß seine Ränder überall
von herabgestürzten, manchmal hausgroßen Blöcken dicht besetzt
sind, die bei der Vereinigung von je zwei Strömen stets in
die Mitte derselben gelangen. Ein großer Theil derselben
bleibt auf der Oberfläche, ein anderer stürzt in Spalten des
Gletschers. Da sich aber auch die Tiefe des Gletschers fort=
bewegt, so gelangen auch diese schließlich weiter unten an das
Tageslicht, früher, wenn sie nicht tief hinabgesunken, durch die
oberflächliche Abschmelzung, die für ein Jahr um 10—12 Fuß
den eigentlichen Gletscher gegen sein Ende zu erniedrigt, oder
schließlich am Gletscherende selbst, vor dem sich nach und nach
ein ungeheurer Steinwall, die sog. Erdmoräne, ansammelt.
An den Seiten sowohl wie auf der Mitte gelangen aber auch
Felstrümmer bis an den Grund des Gletschers. Festgehalten
von dem Eise werden sie unter dem Drucke der auf ihnen
lastenden Masse mit einer Gewalt, der nichts widersteht, über
den Boden hingeschoben, und wirken hier wie die Spitzen einer
Feile oder die Schneide eines Hobels zerreibend und aushöhlend.
Sie selbst sowohl wie die ihnen entgegenstehenden Felsmassen
werden so abgeschliffen, ja förmlich polirt, von einzelnen
feineren und härteren Fragmenten mit einer Unzahl paralleler
Ritzen gezeichnet. Die deutlichsten Spuren dieses Zerreibungs=
prozesses liefert der am Ende des Gletschers hervorquellende,
alles Schmelzwasser desselben zu Tage liefernde Gletscherbach
in der Menge seinen staubartigen Steinpulvers, das er mit
sich führt und das ihm eine trübe milchige Färbung verschafft.
In dem Wasser der Aar, nachdem sie den Gletscher verlassen,
befand sich so viel Staub und Sand, daß sie im Monat August
in einem Tage 3125 Kubikfuß davon fortführte. Auch in
dieser Beziehung verhalten sich die Gletscher wie die Flüsse,
sie erweitern und vertiefen ihr Bette. Gerade die eigenthümliche
Glättung und Streifung der Felsen, welche die Gletscher an

ihren Seitenwänden nicht weniger erzeugen als auf ihrem
Grunde, lassen uns die Anwesenheit von Gletschereis, die
Grenzen derselben deutlich erkennen, und bei den meisten kann
man auch beobachten, daß ihre obere Grenze früher höher
lag als jetzt.

Die sog. Erdmoränen werden natürlich bei jedem Vorrücken des Gletschers mit vorgeschoben (ein weiterer Beweis
für die Gewalt dieser leisen, unmerklichen aber unaufhaltsamen
Bewegung; denn es sind oft wahre Blockhügel, die von einer
Seite des Thales zur andern als Erdmoränen sich hinziehen)
und bleiben beim Zurückweichen des Gletschers liegen. Sie
dienen so vortrefflich dazu, eine frühere weitere Ausdehnung
derselben zu konstatiren. Nach den übereinstimmenden Resul-
taten derartiger Untersuchungen in der Schweiz scheinen auch
die Gletscher früher eine ungeheuere, bis auf den Jura im
Westen und bis über den Bodensee im Osten sich erstreckende
Ausdehnung gehabt zu haben und sind erst in der jetzigen
geologischen Periode zu ihrer gegenwärtigen geringen Größe
zurückgekehrt. Diese Erscheinungen zeigen sich auch in anderen
Ländern, und nöthigen zu dem Schlusse, daß in der Zeit, die
dem Auftreten des Menschengeschlechts voranging, in vielen
Ländern Europa's wie Amerika's eine ungemeine Ausdehnung
des Eises in Gletscherform stattgefunden habe.

Gegenwärtig fällt das Ende der größeren alpinen Gletscher
im Durchschnitt auf 4800 Fuß Höhe über dem Meere. Am
tiefsten herab reicht der untere Grindelwaldgletscher, der
bis zu 3200 Fuß herabsteigt. Die Größe des Gletschers, die
Richtung des Thales, in welchem er herabkommt, und die
Schnelligkeit seiner Bewegung bedingen auch in dieser Beziehung
große Verschiedenheiten, wie andrerseits auch die klimatischen
Verhältnisse. Diese bewirken z. B., daß in der Bai von
Penas unter 46½ f. B., also ziemlich genau so weit vom
Aequator entfernt, als der große Aargletscher liegt, von den

Anden noch Gletscher unmittelbar in die Südsee sich erstrecken. Die größere Feuchtigkeit und die geringere Sonnenwärme bringen dieses weitere Herabreichen der Gletscher mit sich. Sie geben uns einen Fingerzeig, wodurch wohl die eben er=wähnte früher stärkere Ausdehnung unserer Gletscher bedingt gewesen sein mag. Wenn die Geologen auch darüber noch nicht einig sind, wodurch früher in jenen Gegenden größere Feuchtigkeit und geringere Sonnenwärme bedingt war, so nehmen sie doch alle an, daß diesen beiden Faktoren vorzugs=weise diese frühere großartige Vergletscherung des Landes zu=zuschreiben sei.

Das Eis der Polarländer.

Wir hatten schon früher bei Betrachtung der Meeres=ströme erwähnt, daß mit denselben beträchtliche Massen von Eis aus den Polarmeeren gegen den Aequator zu sich bewegten. Durch die dem Walfischfange obliegenden Seefahrer wußte man, daß um die Küsten Grönlands, Nordamerika's, überhaupt der Nordländer ungeheure Massen von Eis der Schifffahrt die größten Hindernisse bereiteten, daß das Meer oft voll=ständig durch dieselben verschlossen sei und dann ein furchtbares Chaos von ungeheuren Blöcken, verkittet durch dünneres, auf dem Meeresspiegel ruhendes Eis darstelle. Ueber den Ursprung dieser Eisberge, die, wie wir sogleich sehen werden, ihrer riesigen Größe wegen in der That diesen Namen verdienen, wußte man nichts Sicheres; erst durch die zahlreichen in den letzten Jahrzehnten angestellten wissenschaftlichen Expeditionen diesen grauenhaft öden Gegenden ist derselbe vollständig auf=gehellt. Es hat sich herausgestellt, daß sie alle ihre Entstehung ungeheuren Gletschern verdanken, die bis in das Meer herab=steigen und nachdem sie einen weiten langsamen Marsch über das Land gemacht, nun auch eine ungleich längere und raschere Seefahrt unternehmen.

Eisberge hat man diese Gletscherfragmente genannt und mit vollem Recht. Schon der über die Meeresfläche hervor= ragende Theil dieser langsam daherschwimmenden Massen könnte diesen Namen rechtfertigen, indem er manchmal 300 — 400 Fuß über dieselbe sich erhebt. Das ist aber nur sein geringster Theil, der größere befindet sich unter dem Wasser. Bekanntlich sinkt ein schwimmender Körper so tief ins Wasser ein, bis die Masse des auf diese Weise verdrängten Wassers dem Gewichte nach gleich ist dem des ganzen schwimmenden Körpers. Je geringer das spezifische Gewicht eines Körpers ist, desto weniger tief sinkt derselbe daher ein; je mehr sich dasselbe dem des Wassers nähert, desto mehr muß von ihm untersinken, um das übrige schwimmend zu erhalten. Der Unterschied zwischen dem spezifischen Gewicht des Gletschereises und dem des Meer= wassers ist nun so gering, daß nur $\frac{1}{8}$ über dem Wasserspiegel sich beim Schwimmen halten kann, $\frac{7}{8}$ davon untertauchen. Eine dem Würfel ähnlich mit senkrechten Wänden versehene Eismasse von einer Höhe von 300 Fuß über Wasser muß daher 2100 Fuß unter demselben sich fortsetzen, also eine Ge= sammthöhe von 2400 Fuß haben. Sie verdient daher wohl den Namen Eisberg. Einer der letzten Nordpolfahrer, Dr. Hayes, hat in der Baffinsbay einen solchen Eisberg gemessen, der regelmäßig viereckig geformt, 350 Fuß über das Meer ragte und $\frac{3}{4}$ Meilen lang war. Seine ganze Höhe war demnach 2800 Fuß, sein Volumen berechnete Hayes zu 27000 Mill. Kubikfuß. Man kann sich nun wohl denken, mit welchen Em= pfindungen die Bemannung eines Schiffes, das doch nur wie eine Nußschale gegen diese Massen erscheint, zusieht, wenn diese Riesen, von Strömung und Wind erfaßt, anfangen sich zu be= wegen und um das Schiff herumzutanzen, wenn sie sich über dasselbe hin gegen einander vereinigen und es in ihre Mitte nehmen, wobei die Bewegung des einen oder andern um einen Fuß näher dem Schiffe dasselbe eindrücken kann wie eine Eierschale.

Wir können aus der Größe der Eisberge aber auch einen Schluß ziehen auf die ungeheure Ausdehnung dieser nordischen Gletscher, und in der That übertrifft dieselbe weitaus alle Vorstellungen, welche wir von der Ausdehnung der Gletscher uns machen können, selbst wenn wir die erwähnte großartige Ausbreitung derselben in früheren Perioden uns vergegenwärtigen. Das ganze ungeheure Grönland in einer Länge von 300 g. M. und einer Breite von 150 g. M. ist als eine einzige Gletschermasse oder richtiger als ein Eismeer anzusehen, aus dem sich durch jede Bucht ein Gletscherstrom in das Meer ergießt, nur im südlichen Theile einen schmalen Saum an der Küste frei lassend. So weit man auch von den höchsten Punkten der Küste, die an der Insel Disco unter 70° n. Br. 5000—6000 Fuß über dem Meere liegen, in das Innere dieser noch nie betretenen Eiswüste hineinsehen kann, erblickt man nichts als eine allmählich immer höher sich hebende eintönige Eismasse, nur hie und da unterbrochen durch jähe nackte Felsenrücken und weithin verfolgbare Blocklinien, die von jenen auf die Gletscher herabrollen und mit ihnen dem Meere zuwandern.

Der größte Gletscher auf der Westküste Grönlands ist der Humboldtgletscher, der sich vom 80° n. Br. an südlich in einer Breite von 24 g. M. in das Meer schiebt. Dieses leistet natürlich der Fortbewegung des Gletschers keinen Widerstand, wohl aber drückt es das äußerste Ende in die Höhe, wenn dieses so weit in das Meer hineingeschoben ist, daß es, ohne hinten vom Gletscherstamme gehalten zu sein, schwimmen und mit einem Theil seiner Masse über das Wasser hervorragen würde. Wenn endlich der Druck des Meeres auf das Eis von unten nach oben stärker wird, als die Kohäsionskraft desselben, so wird ein Stück davon abgebrochen und steigt sofort als frei schwimmender Eisberg in die Höhe.

Wir haben nur eine einzige Beobachtung über die Schnelligkeit der Bewegung dieser nordischen Gletscher, die

derselbe Dr. Hayes anstellte, an einem etwas südlicher als
der Humboldtgletscher gelegenen, Mer de glace genannt.
Er rammelte Pfähle in die Gletschermitte an dem unteren
Ende desselben, deren Lage gegen Felsen am Rande genau
bestimmt wurde. Es zeigte sich durch deren spätere Untersuchung, daß sie vom October bis Mitte Juli um 96 Fuß
vorwärts gewandert waren, dies würde für den Monat im
Durchschnitt 10 Fuß ausmachen, so daß für das jährliche
Vorschieben des Gletschers nahe an seinem Ende sich
116—120 Fuß ergäben, eine Größe, welche das Fortrücken
mancher unserer Gletscher wenigstens an ihrem unteren Ende
nicht unerheblich übertrifft, wie ein Blick auf die von Agassiz
gefundenen Werthe S. 186 sogleich erkennen läßt.

Durch diese Gletscherbewegung kommt eine ungeheure
Masse von Wasser dem Meere wieder zurück. Wie Verdunstung und Flüsse in wärmeren Ländern den Kreislauf
des Wassers vermitteln und die Anhäufung desselben auf dem
Lande verhindern, so sind es die Gletscher der Hochregionen
und noch mehr die der Polarländer, welche demselben Zwecke
dienen. Namentlich die letzteren würden von einer immer
dicker und dicker werdenden Eisrinde eingehüllt werden, und
da die Verdunstung allein nie dem Betrag der Niederschläge
in diesen Gegenden gleichkommt, würde ein unablässig
wachsender Theil des Wassers dem Kreislaufe und andern
Ländern entzogen werden. Diesen, die es für Pflanzen und
Thiere nothwendig gebrauchen, würde es immer mehr und
mehr abgehen, und in den Polargegenden wie auf den Hochgebirgen würden sich die Eisberge immer höher aufbauen,
wenn nicht durch die Gletscher das Gleichgewicht wieder
hergestellt und die Wassermassen, welche in fester Form
als Schnee und Eis an der Stelle liegen bleiben, wo sie gefallen sind, dahin geschoben würden, wo ihre Verflüssigung
durch den Schmelzungsproceß und somit ihre Rückkehr in

Pfaff, das Wasser. 2. Aufl. 13

den allgemeinen Kreislauf des Wassers zu Wege gebracht wird.

Wir sehen aus diesen kurzen Andeutungen, welch eine wichtige Rolle die Gletscher im Haushalte der Natur spielen und wie gerade diese starren, mit der Erde fest verwachsen erscheinenden Massen allein es sind, welche das Wasser da noch bewegen, wo es vollständig bewegungslos und der steten Bewegung und dem Kreislaufe des übrigen entrückt zu sein scheint, und durch ihre Thätigkeit diesen ungestört erhalten.

---

5. Wasser, Pflanzen und Thiere.

Das Wasser und die Pflanzen.

Wir haben schon erwähnt, daß die Pflanzen und die Thiere zu wenigstens $^3/_4 - ^7/_8$ ihres Körpergewichtes aus Wasser bestehen, das sie durch ihre Ernährungsorgane aufnehmen. Einige sehr einfach anzustellende Versuche bei den Pflanzen und die alltäglichsten Erfahrungen an den Thieren zeigen uns aber, daß eine fortwährende Aufnahme und Abgabe von Stoffen stattfindet, vor Allem aber im höchsten Grade eine Aufnahme von Wasser und eine Abgabe desselben theils in flüssiger Form, theils in gasförmiger durch die Körper-Oberfläche bei Pflanzen und Thieren oder auch durch besondere Organe, wie die Lungen bei den letzteren. Wasser und Luft sind es, welche alle Veränderungen, allen Stoffwechsel in Pflanzen und Thieren vermitteln, in Wasser und Luft zerfällt rasch durch Verbrennung, langsam durch die Verwesung die Pflanze und das Thier, nur einige sehr geringe mineralische Bestandtheile, als Asche bezeichnet, hinterlassend.

So lange eine Pflanze oder ein Thier lebt, so lange gehen unaufhörlich theils durch die Luft, theils durch die in ihnen kreisenden Säfte — Wasser mit aufgelösten Stoffen — Veränderungen in ihnen vor, die man sehr passend als

Stoffwechsel bezeichnet hat, indem sie eben darin bestehen, daß von außen Stoffe in den pflanzlichen wie, thierischen Körper aufgenommen werden und dagegen andere aus demselben austreten.

Betrachten wir diese Vorgänge etwas näher, so bemerken wir einen wesentlichen Unterschied zwischen den Pflanzen und den Thieren. Die ersteren nehmen diese Stoffe unmittelbar aus dem Boden und der Luft, sie bauen ihren Körper aus Luft, Wasser und etwas Erde, die sie eben beim Verbrennen als Asche hinterlassen; die Thiere dagegen nehmen nur aus dem Pflanzenreich ihre Nahrung oder von anderen Thieren, sie sind nicht im Stande, aus dem Rohmaterial in der an= organischen Natur sich Nahrung zu bereiten, sondern müssen sie von den Pflanzen bereits in einer Zusammensetzung und so verarbeitet erhalten, daß sie in dem thierischen Körper unmittelbar ohne alle Umsetzung oder nur mit sehr geringer Umwandlung verwendet werden können. Nur die auch im thierischen Körper nie fehlenden Mineral= oder Aschenbestand= theile können unmittelbar im Wasser aufgenommen werden. Dies gilt hauptsächlich für die Stoffe, welche vorzugsweise zur Bildung fester Stützen oder Hüllen verwendet werden, wie der Knochen und Schalen, da diese fast ausschließlich aus kohlensaurem und phosphorsaurem Kalke bestehen.

Die Thierwelt kann daher nicht ohne die Pflanzenwelt, wohl aber diese ohne das Thierreich bestehen. Wir wollen daher auch etwas näher das Verhalten des Wassers zu den Pflanzen ins Auge fassen. Die Mehrzahl derselben und namentlich alle großen und höher entwickelten Gewächse bedürfen zu ihrer Entwicklung des Bodens, aus dem sie durch Vermittlung des Wassers ihre Nahrung aufnehmen. Wir haben daher, wenn wir die Rolle, welche das Wasser im Pflanzenleben spielt, genauer kennen lernen wollen, zunächst zu betrachten

das Verhalten des Wassers im Boden.

Wenn im Gebirge ein Felssturz stattgefunden, so tritt aus der ringsum üppigen Vegetation die nackte verwüstete Stelle sehr auffällig hervor. Der Boden ist weithin bedeckt mit Trümmern, kleinerem Schutt und einzelnen größeren Blöcken, alle sind kahl und ohne eine Spur von Pflanzenbedeckung, ihre nackten Flächen sind dem Wetter ausgesetzt, das sofort seine Wirkungen auszuüben anfängt, für deren Betrag wir einen Maßstab an der wiederkehrenden Vegetation finden. Wenn wir Jahrzehnte hindurch diese verfolgen, so bemerken wir an den Arten der Pflanzen, welche allmählich wieder auftreten, wie rasch oder wie langsam die Verwitterung fortgeschritten ist und allmählich einen Boden bereitet, der immer stärkeren Gewächsen genügt. Wie angespritzte Farbtröpfchen zeigen sich zuerst grüne oder gelbe, rothe, braune, auch schwarze und graue Pünktchen, es sind die ersten Anfänge einer Vegetation, Flechten, die mit dem geringsten Grade der Verwitterung schon zufrieden sind und wenn es nur an Wasser nicht fehlt, bald alle Steine vollständig überziehen. Der Regen schwemmt ihre lederartigen abgestorbenen Fragmente weg, sie sammeln sich in Spalten, kleinen Vertiefungen, in den Löchern zwischen den einzelnen Gesteinstrümmern und bilden mit dem ebenfalls hierher geschwemmten steinigen Material, das der Regen und der Frost losgelöst, ein Stückchen Erde, auf dem schon ein oder der andere Same eines höheren Gewächses, deren der Wind unzählige ausstreut, Wurzel fassen kann. Moose, Gräser bilden bald einen Teppich, der, wenn auch noch vielfach durchlöchert von nackten Steinspitzen, doch immer mehr und mehr über dieselben hinwächst und in seinen tausenden von Maschen, den Stengeln und Hälmchen, immer mehr festhält von Staub und Sand, den Wind und Regen über ihn führen. Je dicker diese lockere aus fein zermalmtem

Geſtein und modernden Pflanzentheilen beſtehende Schichte
wird, deſto tiefer wurzelnde Pflanzen kommen und wachſen:
nach Moos und Gras Kräuter, dann Sträuche und Büſche
und wenn auch nicht nach Jahrzehnten, ſo doch nach Jahr=
hunderten erſcheinen die hochgeborenen Herren des Pflanzen=
reichs, die Bäume, und füllen ſo die Waldlücke wieder aus,
die von ihren Ahnen ſchon einmal beſetzt war, deren Reſte
ſie in der Tiefe mit ihren zwiſchen den Felstrümmern ſich
hinabdrängenden Wurzeln noch berühren können. Wir ſehen
aus dieſem Beiſpiele, das hundert Male in unſeren Hoch=
gebirgen auf allen ſeinen eben kurz bezeichneten Stufen in
ähnlicher Weiſe ſich wiederholt, daß das Waſſer eine doppelte
Aufgabe für die Pflanzen zu erfüllen hat, eine phyſikaliſche
und eine chemiſche. Es muß einmal den Boden für die Pflanzen
herrichten, aus Felsblöcken und undurchdringlichen Steinmaſſen
einen lockeren gepulverten Grund bereiten und muß, wenn
die ihm dann anvertrauten Samen ihre Würzelchen in ihm
ausbreiten, dieſen die Nahrung zubringen, welche die Pflanze
zu ihrer Erhebung über den Boden bedarf. Nicht jeder iſt
gleich gut zu dieſen beiden Dienſtleiſtungen geſchickt, die
phyſikaliſche Beſchaffenheit eines Bodens macht es oft nicht
möglich, daß die Pflanzen auf ihm gedeihen und wachſen können,
oder auch die chemiſchen Eigenſchaften ſind nicht von der Art,
daß das Waſſer aus ihm die Stoffe nehmen kann, welche die
Pflanzen bedürfen. Einen ſolchen Boden nennen wir unfrucht=
bar, fruchtbar dagegen, wenn er nach beiden Seiten hin die
Bedingungen erfüllt, welche das Gedeihen der Pflanzen
erfordert.

        In erſterer Beziehung, in dem phyſikaliſchen Verhalten
von Waſſer und Boden zu einander, iſt auch unter ſonſt
gleichen Umſtänden eine große Verſchiedenheit bei verſchiedenen
Arten des Erdreichs. Das eine ſammelt und bewahrt das
Waſſer beſſer, als das andere, das eine erhitzt ſich leicht in

größere Tiefe hinab und trocknet leichter aus, je nachdem eben
seine physikalischen Eigenschaften dieses begünstigen oder nicht.
Die Menge des Wassers im Boden ist aber von allen diesen
Verhältnissen wesentlich abhängig, ebenso aber auch, wie sich
die Massen in der Tiefe unter der durch die Verwitterung
erzeugten lockeren Oberfläche verhalten. Sind die letzteren
nicht tief, nur 2—3 Fuß etwa, und kommen unter ihnen
feste, das Wasser nicht hindurchlassende Massen, so kann die
Menge des Wassers im Boden übermäßig werden, es tritt
eine Versumpfung ein. Kommt aber in eben so geringer
Tiefe ein starkzerklüftetes Gestein, so bringt das Wasser durch
dasselbe allzurasch hindurch, die oberen Schichten trocknen
rasch aus und erhalten dann auch aus ihrer Unterlage kein
Wasser mehr, da dieses durch die Klüfte fortgeführt ist und
für die Pflanzen verloren gegangen. Auf Kalk= und Sandstein=
gebirgen findet sich diese Erscheinung sehr häufig, und eine
große Dürre; Mangel an Brunnen und Bäumen läßt uns
sofort diese Art der Bodenbeschaffenheit erschließen.

Daß das Wasser in gehöriger Menge im Boden vorhanden
sei, dazu bedarf es, wie aus dem bisher Erwähnten hervor=
geht, mancherlei Bedingungen, die sowohl im, als außer dem
Boden liegen. Denn der beste Boden bedarf eben, um hin=
reichende Wassermengen zu führen, hinreichender Feuchtigkeit
in der Atmosphäre und aus der Atmosphäre. Die Menge
der Niederschläge, ihre Art, Schnee und Regen, ihre Ver=
theilung, ob sie zu bestimmten Zeiten nur oder das ganze
Jahr hindurch herniederkommen, sind ebenfalls von dem wesent=
lichsten Einflusse auf die Feuchtigkeit des Bodens, daneben die
Verhältnisse der Verdunstung aus demselben, und die Leichtig=
keit des Durchsickerns. Ersteres stellt die Einnahmen, letzteres
die Ausgaben an Wasser dar, und es bedarf kaum einer
Erwähnung, daß sich hier die allermannichfachsten Verhältnisse
finden werden.

Sehen wir zunächſt auf die Einnahmen an Waſſer. Jeder
Boden, in dem Pflanzen wurzeln können, iſt auch für das
Waſſer durchdringlich, er läßt, was davon auf ihn fällt, mehr
oder weniger raſch in die Tiefe dringen. Wir ſehen aber
auch, wenn wir nach einem Regen einen Graben oder ein
Loch in der Erde machen, oder wenn wir ganz trocknen Sand
in einem Seiher oder Sieb mit Waſſer übergießen, daß lange
nachdem kein Tropfen Waſſer mehr im Grunde des Loches
zu ſehen iſt oder aus dem Siebe abläuft, der Sand noch ſehr
feucht iſt. Er hält das Waſſer feſt, theils auf der Ober=
fläche der einzelnen Körnchen durch ſog. Adhäſion, theils in
den Zwiſchenräumen zwiſchen denſelben durch die ſog. Haar=
röhrchenanziehung (Kapillarattraction). Je feiner die Körnchen
ſind, je geringer alſo auch die Zwiſchenräume zwiſchen ihnen,
deſto ſtärker wirkt dieſe Kraft. Boden aus grobem Geröll
trocknet deswegen raſcher aus, als ſolcher aus feinem Sand.
Letzterer hält im feuchten Zuſtande $\frac{1}{5}$ ſeines Volumens Waſſer
zurück, ohne es abtropfen zu laſſen, bei Lehmboden ſteigt dieſe
zurückgehaltene Feuchtigkeit ſogar bis über die Hälfte.

Eine zweite Einnahmsquelle für das Waſſer bilden die
nicht in tropfbarer oder feſter Form aus der Atmoſphäre
kommenden Niederſchläge, die als Thau, Reif und Nebel den
Boden befeuchten. Daß ſie namentlich in bergigen Gegenden
auf den hoch in die Atmoſphäre hinaufreichenden Gipfeln
nicht unbeträchtlich ſein können, das ſehen wir an Quellen,
welche ſolchen entſpringen in Ländern, wo gar keine Regen
mehr fallen, z. B. auf der Inſel St. Thomas, an den Küſten
Perus. Selbſt die Wüſten Afrikas und Arabiens enthalten
Waſſer im Boden, das ſie der Luft entziehen, und das, wie
ältere und neuere Erfahrungen zeigen, wo es eine undurch=
dringliche, ſein weiteres Verſickern hindernde Unterlage findet,
zur Bildung reichlich mit Waſſer verſehener Brunnen Ver=
anlaſſung gibt. Es iſt bis jetzt nicht möglich, genaue Angaben

über die Menge des auf diese Weise dem Boden zugeführten
Wassers zu machen, wir wissen nur, daß verschiedene Boden=
arten verschiedene Mengen Wassers aus der Atmosphäre auf=
nehmen, aber bis jetzt ist es nicht durch Versuche ermittelt
und dürfte wohl auch direkt zu bestimmen kaum möglich sein,
wie viel Wasser der Boden unter natürlichen Verhältnissen
im Laufe eines Jahres aus der Atmosphäre auf diesem Wege
erhält und der Tiefe zuführt; ist es doch bis jetzt noch nicht
einmal gelungen, auch nur annäherungsweise die Menge des
Thaues an einem einzigen Orte zu bestimmen.

Es kommt aber bei dem Verhalten des Wassers im
Boden nicht nur auf die Menge der gesammten Einnahme
aus der Atmosphäre an, sondern auch auf die Vertheilung
derselben. Es kann in einem Jahre eben so viel regnen und
schneien, als in einem anderen, und doch in dem einen die
Pflanzenwelt verschmachten, während sie in dem andern üppig
wächst. Die wasserhaltende Kraft des Bodens kann in manchen
Jahren auch schädlich wirken. Erfahrungen, die gewiß Jeder
schon selbst gemacht, zeigen, daß nach anhaltender Hitze auch
ein starker Regen in den oberen Schichten des Bodens voll=
ständig festgehalten wird und nicht in die Tiefe dringt; eben
so sehen wir, daß ein sehr heftiger Regenguß, wie sie im
Sommer zuweilen vorkommen, wohl viel Wasser liefert, aber
nicht in den Boden, sondern in die Flüsse. Das Wasser
dringt nämlich nur langsam in den Boden ein, regnet es nun
in einer bestimmten Zeit mehr, als der Boden in ihr auf=
nehmen kann, so fließt der Ueberschuß ab, Ueberschwemmungen
und Dürre können ganz wohl neben einander bestehen. In
den Hügel= und Flachländern geben daher die größten Schnee=
massen selten Veranlassung zu großen Ueberschwemmungen,
da das geschmolzene Wasser Zeit hat in den Boden einzu=
dringen. Wir sehen daher auch einen sehr großen Unterschied
in der Vertheilung des bis zu gewisser Tiefe in den Boden

einbringenden atmosphäriſchen Waſſers nach den verſchiedenen
Jahreszeiten, worüber wir ſogleich einige nähere Angaben
folgen laſſen werden, wenn wir zuerſt die Ausgaben an
Waſſer, d. h. den Verbrauch deſſelben beſprochen haben. Für
die Pflanzenwelt kommt hier zunächſt nur die obere Erdſchichte
in Betracht, für die niedrigen Gewächſe nur die oberſte bis
zu 1 Fuß Tiefe, für die Mehrzahl der Bäume dürfte auch
nur eine 4 Fuß dicke Lage als diejenige zu bezeichnen ſein,
in welcher ſich ihre Wurzeln verbreiten, die Nadelhölzer treiben
ihre meiſten ſelbſt nur bis zu 3 Fuß Tiefe hinab. Dieſe
wurzelführenden Schichten verlieren nun Waſſer einmal, indem
es in noch größere Tiefen hinabſinkt und in den Quellen
wieder erſcheint, dann, indem es durch die Verdunſtung aus
dem Boden unmittelbar in die Atmoſphäre zurückkehrt, oder
daſſelbe Ziel durch die Verdampfung aus den Blättern der
Pflanzen erreicht, wohin es durch die Aufſaugung der Wurzeln
geführt wird. Wir kennen bisher ebenfalls nur ſehr wenig
über den Betrag dieſer Ausgaben, und können ihn nur einiger=
maßen erſchließen aus dem Betrage des von den Quellen
abgeführten Waſſers, das wir als den Ueberſchuß der Ein=
nahmen über die Ausgaben anſehen dürfen. Was die Aus=
gaben durch die Pflanzen betrifft, ſo iſt dieſelbe jedenfalls
eine höchſt beträchtliche, wie auch aus den ſpärlichen bis jetzt
darüber angeſtellten Verſuchen hervorgeht. Eine 3 Fuß hohe
Sonnenblume z. B. gab täglich durchſchnittlich 20 Unzen
Waſſer an die Atmoſphäre ab, Eichenblätter in zwölf Stunden
$29^2/_8$ ihres Gewichtes, im Durchſchnitt je 1000 Blätter ziemlich
genau ein Pfund (535 Gramme). Ueber die Verdunſtungs=
größe eines Eichbaumes liegen Verſuche vor*), welche die
Geſammtmenge des von demſelben im Laufe einer Vegetations=

---

*) Sitzungsberichte der K. Akademie der Wiſſenſchaften zu
München. 1870.

periode in die Atmosphäre gelieferten Wassers zu ermitteln
suchten, indem durch tägliche Beobachtungen die Verdunstung
einer größeren Anzahl von Blättern für jeden Tag bestimmt
wurde. Ebenso wurde durch ein genaues Ausmaß des
Kubikinhaltes der Blattkrone des Baumes in Kubikfußen und
durch Ermittlung der Blattzahl, welche durchschnittlich auf
einen Kubikfuß kommt, die Gesammtzahl aller Blätter und
zwar für den einen Baum, dessen Blattkrone 20 Fuß Höhe
hatte, zu 700000 in runder Zahl gefunden. Darnach ergab
sich die Verdunstung des Baumes vom 16. Mai bis 24. October
in einem solchen Betrage, daß auf einer Fläche genau von
der Größe des Umfanges der Blätterkrone, die in die Atmo=
sphäre gelieferte Wassermenge eine Höhe von 16 Fuß
(5,39 Meter) erreicht haben würde, also ungefähr 7½ mal
mehr als die Menge der atmosphärischen Niederschläge in
einem ganzen Jahre auf dieselbe Fläche beträgt.

Bedenken wir nun die ungeheure Anzahl von Blättern
eines Waldes, so können wir uns eine Vorstellung davon
machen, welche Mengen von Wasserdampf durch einen Wald
schon im Laufe eines einzigen hellen Tages der Atmosphäre
aus dem Boden zugeführt werden und wir begreifen nun,
welch eine wichtige Rolle der Pflanzenwelt im Kreislauf des
Wassers zukommt. Leichter zu ermitteln ist die Differenz
zwischen der Aufnahme und Abgabe des Wassers vom Boden,
wo er nicht zugleich von den Pflanzen desselben beraubt wird.
Gräbt man nämlich Gefäße von Blech in den Boden ein, die
mit demselben angefüllt, in verschiedenen Tiefen aber unten
mit einem Siebe versehen sind, um das Wasser, was abtropft,
darunter sammeln zu können, so kann man auf diese Weise
erfahren, wie viel Wasser in verschiedenen Tiefen im Laufe
eines Jahres als Ueberschuß über die Verdampfung nach oben
sich findet. So findet man z. B., daß aus einem ½ Fuß
tiefen Gefäße der Art mit Sandboden angefüllt, 50% der

Regenmenge abtropft, aus einem 1 Fuß tiefen 51,26 und aus einem 2 Fuß tiefen 60,81%. Das Befremdliche der Erscheinung, daß die Wassermenge mit der Tiefe zunimmt, verliert sich, wenn wir bedenken, daß der Boden, wenn er 2 Fuß tief angefeuchtet ist, nicht so leicht vollständig aus= trocknen kann, als wenn er nur ½ Fuß dick ist. Ist daher in einem nur ½ Fuß mit Sandboden angefüllten Gefäß die Austrocknung bereits völlig eingetreten, so ist dies bei einer 2 Fuß tiefen noch nicht der Fall und durch die Verdunstung von unten, sowie durch Wirkung der Haarröhrchenanziehung wird immer wieder etwas Feuchtigkeit nach oben dringen. Kommt dann ein Regen, so wird dieser, wenn er nicht sehr ergiebig ist, in dem weniger tiefen Gefäße vollständig zurück= gehalten und es tropft unten aus ihm nichts ab, während die tieferen Gefäße, deren Inhalt noch nicht ganz ausgetrocknet ist, das Wasser auch leichter weiter hinabbringen lassen.

Bei einer solchen Versuchsreihe ergaben sich folgende Zahlen in Millimetern:

	Regen	Ver=dunstung	Gefäß I	Gefäß II	Gefäß III
Sommer=halbjahr	260,4	433,01	19,88 = 7,6%	23,66 = 9,0%	85,5 =32,8%
Winter=halbjahr	431,6	115,39	326,35 =75,72%	331,1 =76,82%	335,4 =77,81%

Unter der Rubrik „Gefäß I" finden wir die Höhe der Wassersäule von dem Umfange des Gefäßes, welche unten aus demselben abgetropft war.

Man sieht hier auf einen Blick die große Verschiedenheit namentlich der oberen Erdschichten in ihrem Verhalten gegen das Wasser im Sommer und Winter. Im letzteren, bei

häufigerem Regen und geringerer Verdunstung, die den Boden
auch oberflächlich kaum trocknen läßt, bringt ziemlich gleich=
mäßig 75 — 77% der atmosphärischen Niederschläge aus den
sämmtlichen Gefäßen unten hervor. Im Sommer dagegen
zeigt sich ein außerordentlicher Unterschied, indem aus dem
seichtesten (I) nur 7,6% der Regenmenge abtropfen, während
aus dem zwei Fuß tiefen (III) noch 32,8% sich unten an=
sammeln konnten. Es versteht sich wohl von selbst, daß jedes
Jahr eben so gut wie jeder Boden andere Zahlen ergeben
wird, aber immer wird sich zeigen, daß die Vertheilung der
Niederschläge, die Verhältnisse der Verdunstung, die physi=
kalischen Eigenschaften des Bodens von dem größten Einflusse
sind auf die Menge des Wassers, welches sich im Boden
bewegt, und der Pflanzenwelt seine Nahrung zuzuführen
bestimmt ist.

Das Wasser in den Pflanzen und Thieren.

Wir haben durch die vorhergehenden Erörterungen
gesehen, daß das Wasser den Pflanzen den passenden Boden
zuzubereiten hat und daß es dann noch vermöge seiner auf=
lösenden Eigenschaften auch die Nahrungsmittel den auffaugenden
Organen der Gewächse, den Wurzeln darbiete. Dieser Ueber=
gang aus dem Boden in die Pflanze, die selbst an ihren
feinsten Fäserchen nirgends eine sichtbare Oeffnung darbietet,
durch welche das Wasser einströmen könnte, erfolgt durch einen
eigenthümlichen Vorgang, den man mit dem Namen Endos=
mose bezeichnet hat, und der bei allen thierischen wie pflanz=
lichen Geweben stattfindet. Verschließt man eine Glasröhre
mit einem Stückchen einer Blase, füllt dieselbe dann mit einer
Auflösung von Zucker oder Salz, so wird man bemerken, daß
nichts von der Flüssigkeit durch die Blase hindurch abläuft.
Stellt man nun diese Röhre in ein Gefäß mit reinem Wasser,
so beobachtet man sehr bald, daß durch die Blase hindurch

Wasser in die Röhre eindringt, die Flüssigkeit in derselben
vermehrt sich und steigt weit über den Spiegel des Wassers
in dem äußeren Gefäße. Bringt man verschiedene Substanzen,
die sich im Wasser lösen, in die Röhre, so bemerkt man bald,
daß bei gleichem Verhältniß der Menge des aufgelösten Stoffes
zu der des Wassers, die Menge des von außen eindringenden
reinen Wassers sich sehr verschieden verhalte. Stoffe nun,
wie sie in den Pflanzenzellen sich finden, Zucker, Eiweiß,
Gummi u. dgl. ziehen sehr stark das Wasser an, sie haben,
wie man dieses Verhalten bezeichnet hat, eine starke endosmotische Kraft. Eine nähere Untersuchung dieser Vorgänge
hat übrigens ergeben, daß stets auch etwas von dem gelösten
Stoffe austritt, daß ein wesentlicher Unterschied sich finde
zwischen Stoffen, welche krystallinisch sich abscheiden können,
wie Salz und Zucker und solchen, welche nie krystallisiren,
wie Eiweiß, Leim und ähnliche Stoffe. Durch diese Experimente
hat man über die Aufnahme der Stoffe durch die Pflanzen
den besten Aufschluß erhalten. Die feinen Enden der Wurzel-
fasern stellen solche endosmotische Apparate dar; es sind
längliche Zellen, d. h. ringsgeschlossene dünnwandige Schläuche,
gefüllt mit einer stark endosmotisch wirkenden Substanz.
Indem nun diese Zellen sich in die feinen Zwischenräume
des Bodens eindrängen, sich an die Oberfläche der Sandkörnchen
anschmiegen, ziehen sie das Wasser mit den äußerst geringen
Mengen von Salzen und Stoffen an sich, welche im Wasser
des Bodens gelöst sind. Dagegen treten aus der Pflanze
Stoffe aus (welchen Vorgang man Exosmose genannt hat),
die für dieselbe unbrauchbar sind, und theils eine solche Beschaffenheit haben, daß die lösenden Eigenschaften des Wassers
im Boden dadurch bedeutend vermehrt werden. Doch ist bis
jetzt noch wenig über diese Wurzelausscheidung der Pflanzen
bekannt. Von Zelle zu Zelle geht nun dieser Prozeß vor
sich; bis in die höchsten Spitzen hinauf wirkt die Endosmose,

wesentlich unterstützt durch die Verdunstung der Blätter, welche
bewirkt, daß der endosmotisch wirkende Inhalt der Zelle immer
gleich concentrirt, also auch gleich stark Wasser anziehend bleibt,
indem eben so beträchtliche Massen Wassers auf diese Weise
wieder ausgeschieden werden. Das Wasser, welches durch die
Wurzeln aus dem Boden aufgenommen wurde, geht also durch
die Blätter wieder in die Atmosphäre, aber die Stoffe, welche
es mit sich gebracht hatte, bleiben in der Pflanze zurück.

Das Wasser führt aber nicht nur die Nahrungsstoffe der
Pflanze zu und überläßt es dann dieser, sich dieselben anzu-
eignen, es gibt sich auch selbst zum Baue des Pflanzenkörpers
her, verläugnet seine Natur und verwandelt sich mit dem
Kohlenstoff der Kohlensäure, die es ebenfalls mit sich geführt,
in den eigentlichen festen Pflanzenkörper, es bildet mit diesem
die Zellhaut; der feste starre Stamm der Eiche, wie der zarte
Kelch der Lilie, er ist gebaut aus Wasser und Kohlensäure.
Diese beiden Stoffe erhalten wir wieder, wenn wir die ge-
trockneten Pflanzen verbrennen, daneben ein wenig Asche,
Theile des Erdreichs, die das Wasser mit sich in die Pflanze
gebracht und vor seiner geheimnißvollen Umwandlung in den
Leib der Pflanze an verborgenen Orten für uns unsichtbar
und vor der völligen Zerstörung desselben ungreifbar niedergelegt hat. So lange die Pflanze lebt, dauert diese Gefangen-
schaft des in ihr festgewordenen Wassers, erst wenn sie abge-
storben, kann es wieder frei werden. Was das Feuer rasch
bewirkt, das geschieht in der Natur meist langsam, und wieder
durch das Wasser. Wärme, Sauerstoff und Feuchtigkeit sind
zum Verwesen nöthig, das Wasser ist es wieder, welches Wärme
und Sauerstoff mit sich führt und die Auflösung der Gewächse
in Wasser, Kohlensäure und wenig andere Produkte vermittelt.
Es baut und zerstört die Pflanze, auch hier in unablässigem
Kreislaufe begriffen.

In einer Beziehung gilt auch für die thierischen Körper

dasselbe, was wir von der Wichtigkeit des Wassers für die
Pflanze gesagt haben. Auch der thierische Körper besteht zu
etwa ³/₄ seines Gewichtes aus Wasser, und der Stoffwechsel
geht, und zwar noch energischer und rascher als in der Pflanze,
in den höheren Thieren und im Menschen vor sich durch Hülfe
des Blutes, einer Flüssigkeit, die im Durchschnitte bei Männern
76,7, bei Frauen 78,7% Wasser enthält, und im ganzen
Körper kreisend eine unaufhörliche Erneuerung aller Theile
desselben zu Wege bringt.

Wenn auch der Leib des Menschen wie der höheren
Thiere eine viel reichere Entwicklung von verschieden gestalteten
und verschieden zusammengesetzten Organen erkennen läßt,
als die höchst organisirte Pflanze, so ist seine chemische
Zusammensetzung doch keine wesentlich andere, wie ja schon
daraus hervorgeht, daß im letzten Grunde die Pflanzen es
sind, welche allen Thieren und dem Menschen die Nahrung,
d. h. den Stoff liefern, aus dem sie ihren Körper aufbauen.

Betrachten wir die chemische Zusammensetzung des Blutes,
aus dem der ganze Körper sich bildet, so finden wir, daß
dasselbe aus einer Flüssigkeit besteht, in welcher feste, regel=
mäßig geformte Körperchen schwimmen, die sogenannten Blut=
körperchen, welche dem Blute die rothe Farbe ertheilen. Die
Flüssigkeit besteht im Durchschnitte aus 77% Wasser, in dem
6% Albumin (Eiweiß) und 1¹/₂% Salze, besonders Kochsalz
enthalten sind, während die Blutkörperchen 15% des Blutes
bilden. Das Eiweiß im Blute ist dasselbe, das sich auch in
den Pflanzen findet, und die Blutkörperchen selbst weichen in
ihrer Zusammensetzung nur wenig von dem Eiweiße ab.

Wie der Aufbau, so geht aber auch die Zerstörung des
thierischen Körpers in ähnlicher Weise wie bei der Pflanze
durch das Wasser vor sich und liefert dieselben Stoffe, d. h.
es setzt die in noch unbekannter Weise im lebenden Körper
gebundenen Stoffe der leblosen Natur wieder in Freiheit.

Die Verbrennung wie die Verwesung verwandelt auch den
thierischen Körper in Luft, Wasser und Erde, die sofort wieder
von den Pflanzen ergriffen und aus der todten Natur in den
Kreislauf des Lebens gezogen werden.

Pflanzen und Thiere im Wasser.

Wir haben im vorigen Kapitel die Bedeutung des Wassers
für die gesammte organische Schöpfung kennen gelernt, die
Dienste, welche dieses bewegliche und nie rastende Element in
den Pflanzen und den Thieren verrichtet. Für die Haupt=
masse und die Quelle aller Gewässer auf Erden, für die
Meere, sind aber die in ihm lebenden Pflanzen und Thiere
ebenfalls von großer Wichtigkeit, sie nehmen das Wasser
desselben nicht ohne Gegenleistungen auf und sind selbst von
der tief eingreifendsten Bedeutung für den Haushalt der Natur,
für das Verhältniß von Land zu Meer, für die chemische
Zusammensetzung des Wassers und selbst für die Begründung
des Daseins der Landbewohner, denen sie zum Theil erst den
festen Boden schaffen müssen, auf dem sie gedeihen können.

Als wir von der chemischen Wirkung des Wassers sprachen,
haben wir auch die in den Flüssen aufgelösten Bestandtheile
und deren Menge S. 155 näher kennen gelernt. Bedenken
wir, daß die Flüsse unausgesetzt dieselben Bestandtheile dem
Meere zuführen, daß durch die Verdunstung aus demselben
stets reines Wasser über das Land geführt wird, und daß
jeder Tropfen, der wieder ins Meer zurückkehrt, aufgelöste
Stoffe demselben zuführt, so leuchtet sofort ein, daß die Menge
der im Meere enthaltenen Stoffe stets zunehmen, der Salz=
gehalt desselben sich immer mehr steigern muß, wenn für diese
reichliche Zufuhr nicht auf irgend eine Weise wieder eine
Ausscheidung aus dem Wasser, eine Abfuhr stattfindet.

Daß in der That für eine solche Ausgleichung gesorgt
ist, das zeigt uns schon eine Thatsache, die wir bereits früher

S. 154 erwähnten, nämlich die, daß in dem Waſſer aller
Flüſſe bisher kohlenſaurer Kalk als nie fehlender und ſtets in
der größten Menge vorhandener Beſtandtheil nachgewieſen
wurde, während Waſſer aus der hohen See geſchöpft, keine
Spur deſſelben enthält; nur in der Nähe der Küſten iſt dieſer
Stoff noch zu finden. Er muß daher in irgend einer Weiſe
dem Meerwaſſer wieder entzogen werden. Vergleichen wir
ferner die Zuſammenſetzung des Meerwaſſers, S. 16, mit
dem der Flüſſe, S. 155, ſo finden wir gar keine Uebereins
ſtimmung hinſichtlich der Mengenverhältniſſe, in welcher die=
ſelben Stoffe in beiden enthalten ſind. In den Flüſſen finden
wir kohlenſauren Kalk in größter Menge, dann meiſt ſchwefel=
ſauren Kalk (Gyps) als den nächſt häufigſten Beſtandtheil,
eine der letzten Stellen nimmt das Kochſalz ein. Im Meere
iſt das Kochſalz über alle anderen Beſtandtheile vorherrſchend,
³/₄ der geſammten aufgelöſten Salze bildend, dann kommen
Chlormagneſium, ſchwefelſaure Bittererde und Kalkerde.

Es findet alſo offenbar eine verhältnißmäßige Vermehrung
des Kochſalzes und eine Verringerung der übrigen Beſtand=
theile ſtatt. Wir können wenigſtens theilweiſe von den Vor=
gängen Rechenſchaft geben, welche dieſes Endergebniß vermitteln.

Was zunächſt die kohlenſaure Kalkerde betrifft, ſo wird
ſie ſofort bei ihrem Eintritte in das Meer von den Seethieren
in Beſchlag genommen. Bekannt iſt es, daß die Klaſſe der
Mollusken im Meere ihre zahlreichſten Vertreter hat. Muſcheln
und Schnecken zumal bauen ihre Wohnungen aus dieſem Stoffe,
und wenn wir bedenken, welche zahlloſe Schaaren dieſer Thiere
ununterbrochen thätig ſind, den Kalk aus dem Meerwaſſer
wieder auszuſcheiden, ſo begreifen wir, daß die Menge deſſelben
im Meere nicht zunimmt. Aber dieſe verhältnißmäßig großen
Scheidekünſtler des Waſſers ſtehen in ihren Leiſtungen weit
zurück hinter den kleinen, faſt unſichtbaren Formen des Thier=
reiches, welche mit einem ungeheueren Vermehrungsvermögen

versehen, überall sich finden, wo überhaupt noch thierisches
Leben möglich ist. Mit der Sonde Brooke's wurden ihre
kalkigen Schalen aus Tiefen von 20000 Fuß in den Eis-
meeren sowohl wie in den tropischen an das Tageslicht
herauf gezogen.

Erst seit dem Jahre 1731 sind uns diese kleinen Baumeister
künftiger Gebirge bekannt geworden. Selten erreicht ihr Gehäuse
eine Größe, daß das bloße Auge irgend eine Form davon
erkennen kann, aber unter dem Mikroskope zeigen sie die zierlichsten Gestalten, ähnlich den Schneckenhäusern, den Schalen
der Ammoniten und anderer höherer Thiere, wie unsere
folgende Fig. 46 erkennen läßt.

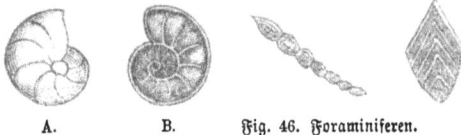

A.   B.   Fig. 46. Foraminiferen.

In ihrer Organisation stehen sie aber auf der untersten
Stufe des Thierreichs. Ihr ganzer Leib besteht aus einer
scheinbar homogenen Masse, an der unsere optischen Apparate
bisher keine Spur von Organen oder Structur nachweisen
konnten. Jedes dieser kleinen Gehäuse besteht, wie Figur B,
einen Durchschnitt durch Figur A darstellend, erkennen läßt,
aus einer Reihe von kleinen Kammern, weswegen diese Thierchen
den Namen Polythalamien, Vielkammerige, erhalten haben.

Diese Kammern sind mit einer Menge feiner Oeffnungen
(foramina) versehen, die andere Zoologen veranlaßten, sie
Foraminifera zu nennen. Aus diesen hängen, den dünnsten
Wurzelfäserchen ähnlich, kleine Fädchen heraus, weswegen auch
der Name Rhizopoden oder Wurzelfüßler diesen Thierchen
beigelegt wurde. Anfangs kannte man sie nur aus dem
adriatischen Meere, spätere Forschungen ergaben, daß sie in

ungeheurer Menge faſt alle Meere bewohnen und in den
Kalkgebirgen aller Zeiten ihre Spuren hinterlaſſen haben.
Ihre Verbreitung und Lebensweiſe iſt noch nicht ganz ſicher
feſtgeſtellt, ſoviel haben aber die Sondirungen des Meeres
ergeben, daß in weiter Ferne von den Küſten der Grund des
Meeres aus mächtigen Lagen einer feinen ſchlammigen Maſſe
beſteht, die bei genauer Unterſuchung nichts anderes enthält,
als die Schalen dieſer Thierchen. Auch nicht ein Sandkörnchen
befindet ſich unter ihnen. Der Meeresgrund erſcheint uns
ſo als ein ungeheurer Kirchhof, zu dem Jahrtauſende hindurch
eine Generation nach der andern von dieſen kleinſten Weſen,
deren acht Millionen erſt einen Kubikſchuh ausfüllen, ſich
hinabgeſenkt hat, um in der Tiefe Berge neu zu erzeugen, zu
denen der Stoff durch die fließenden Waſſer von dem jetzigen
Feſtlande in das Meer geführt wurde. Würden dieſe Tiefen
unſerem Auge plötzlich bloßgelegt, ſo würden wir eine Land=
ſchaft der Polarländer vor uns zu haben glauben, indem Berg
und Thal wie mit einer Schneehülle von den auch locker wie
der Schnee auf einanderliegenden Kalkgehäuſen bedeckt wären.
Gegen die Thätigkeit dieſer Zwerge verſchwinden auch die
augenfälligſten Erzeugniſſe der ihnen gegenüber als Rieſen
erſcheinenden größeren Thierformen, ſelbſt die der Korallen,
obwohl auch dieſe in den Korallenriffen ungeheure Maſſen
von Kalk aus dem Meerwaſſer ausſcheiden. In der hohen
See kann dieſe Ausſcheidung nur durch Zerſetzung der ſchwefel=
ſauren Kalkerde erfolgen, indem, wie wir ſchon bemerkten, allen
Unterſuchungen nach dort keine kohlenſaure Kalkerde vorhanden
iſt. Aber auch die Menge der ſchwefelſauren Kalkerde ſcheint
zu allen Zeiten dieſelbe geweſen zu ſein und es müſſen offenbar
in dem Meere ſelbſt wieder Vorgänge ſtattfinden, welche dieſes
Verhältniß als ein gleichbleibendes erhalten. Mohr hat in
einleuchtender Weiſe von dieſen Rechenſchaft gegeben. Es iſt
das Ineinandergreifen der Thätigkeit des Pflanzen= und

14*

Thierreichs, welche das Gleichgewicht im Meere erhält. Nach ihm zersetzen die Pflanzen die Schwefelsäure der schwefelsauren Kalkerde und verwenden den Schwefel derselben zur Bildung ihres Eiweißes. Die auf diese Weise frei gewordene Kalkerde wird von den Thieren, die stets Kohlensäure erzeugen, zum Baue ihrer Schalen verwendet. Durch den Verwesungsprozeß der Pflanzen sowohl wie der Thiere entsteht Schwefelwasser=stoff. Dieser verbindet sich zum Theil mit den in das Meer eingeführten Metallen, deren Vorhandensein den Pflanzen wie den Thieren sehr schädlich wäre, und bildet so in Wasser unlösliche als unschädlicher Niederschlag auf dem Grunde sich sammelnde Schwefelmetalle, ein anderer Theil geht unter Einwirkung des Sauerstoffes wieder in Schwefelsäure über. Diese dem Leben der Thiere aber im freien Zustande ebenfalls schädliche Verbindung wird sofort wieder gebunden, indem sie die Kohlensäure des kohlensauren Kalkes aus diesem austreibt und an ihre Stelle tretend aufs Neue schwefelsaure Kalkerde bildet. So sehen wir auch hier wieder einen beständigen Kreislauf eines Stoffes vom Meer durch die Pflanzen und die Thiere mit mancherlei Wandlungen desselben vor sich gehen; ein Ueberhandnehmen der schwefelsauren wie der kohlen=sauren Kalkerde, die beständig von den Flüssen in das Meer und zwar in größter Menge eingeführt werden, ist durch diesen, sowie durch die Ausscheidung der Kalkerde als kohlen=saurer Kalk in den Schalen der Thiere unmöglich gemacht.

In ähnlicher Weise wird auch noch ein anderer Stoff aus dem Meere durch die Thätigkeit der kleinsten Organismen abgeschieden, nämlich die Kieselsäure. Ein großer Theil der=selben verwendet nämlich die Kieselsäure zum Baue einer Leibeshülle. In Sümpfen und Seen, in Flüssen, wie im Meere findet man dieselben, in beträchtlicher Menge namentlich an den Mündungen größerer Ströme in ein wenig bewegtes Meer. Nach Ehrenberg's Untersuchungen bilden sich im

Hafen von Wismar jährlich 17496 Kubikfuß dieser Kiesel=
schalen, von denen die größeren noch so klein sind, daß eine
Million derselben in einem Würfel von einem Zoll Durch=
messer Platz hätte! Ueber manche dieser Formen herrscht
noch immer die Unsicherheit, ob wir sie als Pflanzen oder
als Thierchen zu betrachten haben, namentlich gilt dieses für
die mit einem Kieselpanzer versehenen sog. Infusionsthierchen.
Viele dieser, die Ehrenberg als Thiere ansieht, werden von
Botanikern als Floras Kinder reclamirt. Für ihre Wichtigkeit
im Haushalte der Natur und für die hier besprochenen
Wirkungen derselben ist die Entscheidung über die Frage: ob
Pflanze, ob Thier, ohne allen Einfluß.

Bedingt wird der wahrhaft großartige Erfolg dieser
Thätigkeit der kleinsten lebendigen Wesen durch ihre ungeheuere
Vermehrung und ihre bedeutende Lebenszähigkeit. Ehren=
berg hat ein Räderthierchen (Hydatina senta) 18 Tage
lang beobachtet und gefunden, daß ein Individuum in 24 Stunden
sich vervierfacht. Jedes derselben vermehrt sich sofort in
derselben Weise und eine einfache Rechnung ergiebt dann, daß
am 30. Tage eine Trillion solcher Thierchen aus einem einzigen
derselben entsprossen ist. Andere haben selbst ein noch stärkeres
Fortpflanzungsvermögen; an einem polygastrischen (vielmagigen)
Infusionsthierchen beobachtete derselbe Forscher durch Theilung
derselben eine Verachtfachung in 24 Stunden, außerdem ent=
wickeln sich aber aus demselben Individuum noch massenhaft
Eier, so daß wir hier eine Vervielfältigung vor uns haben,
die alles Zählen übersteigt und den berühmten Geologen
Bischof zu dem wohl begründeten Ausspruche veranlaßte:
Wie Archimedes ausrief: „Gieb mir einen Standpunkt
außer der Erde und ich bringe sie aus ihren Angeln," so
könnten wir ausrufen: „Gib mir ein Panzerthierchen und
wir scheiden damit in kurzer Zeit allen kohlensauren Kalk und
alle Kieselsäure aus dem Weltmeere ab."

Wir haben oben der Meerespflanzen schon Erwähnung
gethan und ihnen eine höchst wichtige Rolle für die Reinigung
des Wassers zugewiesen. Es könnte scheinen, als ob dieses
insofern übertrieben sei, als das Wachsthum der Pflanzen
im Meere gewöhnlich nur auf die Küsten und ganz seichte
Stellen beschränkt angenommen wird. Allein nähere Unter=
suchungen ergeben, daß auch mitten in dem Ocean fern von
allen Küsten sich Pflanzenmassen finden, gegen die unsere
größten Wälder zurückstehen müssen. Schon Kolumbus
hatte einen dieser Meereswälder oder Meereswiesen, wie man
sie bezeichnen könnte, nur mit Schwierigkeit durchschiffen können.
In dem ruhigen von dem Golfstrom westlich und nördlich,
vom Guineastrom südlich abgeschlossenen Meeresraume zwischen
den Azoren und Florida findet sich eine ungeheuere Masse
schwimmender Pflanzen aus der untersten Klasse des Pflanzen=
reiches, der großen Familie der Tange angehörig, die an allen
Küsten, namentlich in den nördlichen Meeren den Strand und
die Felsen überkleiden und bis zu 80 und 100 Fuß unter
den Spiegel des Meeres hinabwachsen. Die Mehrzahl dieser
häutigen lappigen Gewächse sitzt an einer Stelle, wie mit
einem Stamme fest, von dem aus radienartig nach der Ober=
fläche des Wassers zustrebend sich eine Menge von Verästelungen
ausbreiten. Die Dimensionen eines solchen Tanges sind oft
denen eines unserer Bäume gleich. Meyen ließ einmal ein
Exemplar des Riesentanges Fucus giganteus während seiner
Reise auf der Fregatte „Prinzeß Luise" an Bord ziehen.
Außerhalb des Wassers bildet dieser Tang wie alle übrigen
eine weiche schlammartige Masse, doch konnte Meyen den
Hauptstamm auf 66 Fuß entwirren, die einzelnen Aeste
hatten eine Länge von 30—40 Fuß, er schätzte die ganze
Länge dieses Exemplares auf nahezu 200 Fuß, die einzelnen
Blätter oder Lappen maßen 7—8 Fuß.

Andere Arten bedürfen aber nicht einer Stelle, an der

sie sich festsetzen, sie wachsen frei im Meere und schwimmen während ihrer ganzen Lebenszeit. Diese sind es, welche auch in der offenen See an ihren tiefsten Stellen gedeihen und durch ihr Wachsthum die oben geschilderten chemischen Umsetzungen und Absonderungen aus dem Meerwasser vermitteln. Die größte Ausdehnung einer solchen Hochseevegetation hat das oben erwähnte Sargassummeer zwischen Amerika und den Azoren. Es ist ganz bedeckt von einem sonst nirgends sich wieder findenden Tange, Sargassum bacciferum, der in einer Ausdehnung von 40,000 geogr. Q. M. die Oberfläche des Meeres einnimmt, also einen Raum, der fast viermal so groß ist als ganz Deutschland.

Eine andere ebenso große Tangverbreitung findet sich im stillen Ocean, wo sie in elliptischer Form von 142 — 175° w. L. und 28 — 38° n. Br. ebenfalls als eine zusammenhängende Masse von Pflanzen erscheint.

Eine noch größere Ausdehnung zeigt die Tangvegetation auf der südlichen Halbinsel. Hier findet man sie von den Falklandsinseln an in einem schmalen Saume nach Tristan d'Acunha nordöstlich sich hinziehend. Von dieser kleinen Insel an biegt sie sich um das südliche Ende von Afrika herum und breitet sich dann bis zu dem westlichen Theile Australiens hinaus, stellenweise wie bei der Kergueleninsel eine Breite von 10 Grad, also 150 geogr. Meilen erreichend. Die halbe Erdkugel wird von dieser Tangmasse umfaßt, die in gerader Linie 1950 geogr. Meilen lang ist. Man wird sich vergeblich nach irgend einem Walde oder auch nur einer Grasfläche umsehen, die auch nur annähernd eine ähnliche Ausbreitung besäßen. Sterben sie ab, so beginnt der Vermoderungsprozeß, der nach kurzer Zeit die Tange, wie alle Pflanzen zum Sinken bringt, indem die Luft, welche in vielen Theilen der lebenden Pflanze sich findet, entweicht und sie dann nicht mehr schwimmen kann. Unter diesen ungeheueren Tangwiesen werden sich daher ebenso

Pflanzenreste über einander geschichtet anhäufen, wie an anderen Stellen die Schalen der kleinen Foraminiferen. Es kommt auf die Lage derselben an, ob sie durch eingeschwemmte Massen oder durch die Kalkabsätze der Thiere bedeckt und begraben werden, oder ob sie ohne solche Decke endlich wieder wie die Landpflanzen in Luft, Wasser und Asche sich verwandeln, und ihre Bestandtheile unverkürzt dem Meere wieder zurückgeben, aus dem sie dieselben genommen. Beides ist möglich und beides findet wohl auch gleichzeitig an verschiedenen Stellen der Erde statt, und ist auch schon früher in ähnlicher Weise vor sich gegangen, wie wir im nächsten Kapitel ausführlicher besprechen werden.

---

6. Das Wasser in der Vergangenheit.

Die alten Meere.

Wir haben in den vorausgegangenen Kapiteln das Wasser und seine Thätigkeit in der Gegenwart geschildert. Manche seiner Wirkungen, die uns für gewöhnlich der gewaltigen Masse des Festlandes gegenüber als verschwindend klein erscheinen, zeigten sich bei näherer Betrachtung als höchst bedeutend, so wie wir uns vorstellen, daß sie auch nur in demselben Grade und in derselben Weise wie jetzt, sehr lange schon angehalten haben. Es liegt daher auch die Frage sehr nahe, ob wir nicht Beweise dafür haben, daß die Thätigkeit des Wassers schon ungeheuere Zeiten hindurch vor sich gegangen und demnach auch sehr beträchtliche Veränderungen auf der Erde erzeugt habe. Wir brauchen uns auch gar nicht lange nach solchen Beweisen umzusehen, sie stehen uns überall vor Augen gewaltig und imponirend in dem Felsgebäu unserer Gebirge, nicht minder aber auch in den Tiefen der Erdrinde, soweit sie in Bergwerken und in den Bohrlöchern artesischer Brunnen uns zugänglich geworden ist. Ueberall, wohin wir sehen, in die Höhe, wie in die Tiefe, erblicken wir Werke des Wassers, überall, wohin wir treten, wandeln wir auf ehemaligen Erzeugnissen des Wassers, die sich bildeten auf einstigem Meeresgrunde.

Die Beweise, welche wir dafür haben, daß unser Festland einst Meeresboden gewesen, sind theils von der Beschaffenheit der Massen hergenommen, welche unsere jetzige Erdrinde bilden, theils von der Art und Weise, wie sie sich auf einander gelagert zeigen; die besten liefern uns aber die Reste organischer Gebilde aus dem Pflanzen= wie aus dem Thierreiche, welche wir in ihnen eingeschlossen finden. Was zunächst ihre Beschaffenheit betrifft, so treffen wir in ihnen mit geringen Ausnahmen dieselben Bestandtheile an, welche unsere Flüsse mit sich führen und zwar eben so wohl die mechanisch von diesen fortgeschwemmten als auch die aufgelösten. Betrachten wir nämlich unsere Gebirge näher, so sehen wir, daß die weitaus größte Masse derselben aus Sandstein, Thon, Thonschiefer, Kalk, Gyps oder aus einem Gemenge dieser Substanzen besteht. Die drei erst genannten sind in Wasser unlöslich; sie finden sich in den Strömen als die sog. schwebenden, d. h. mechanisch fortgerissenen Bestandtheile derselben, die gröberen Theile sind fast aus= schließlich Sand, die feineren faßt man gewöhnlich mit dem Namen „Schlamm" zusammen. Dieser Schlamm besteht aber, wie man bei näherer Untersuchung findet, aus feinem Lehm und aus einer Masse, die chemisch dieselbe Zusammensetzung wie viele unsere Thonschiefer erkennen lassen.

Fassen wir nun noch ins Auge, daß diese feinen Massen von den Flüssen und noch mehr von Wellen und Meeres= strömen auf ungeheure Strecken im Meere verbreitet und auf seinem Grunde unablässig abgelagert werden, so werden wir kein Bedenken tragen, unsere Thonschiefergebirge, unsere aus Thonlagen bestehenden Hügel und unsere Sandsteine als

ähnliche auf mechanischem Wege erzeugte Bildungen früherer
Meere anzusehen, zumal wenn wir auch noch die Art und
Weise der Ablagerung derselben ins Auge fassen. Alle die
genannten Gebirgsmassen zeigen sich nämlich geschichtet, d. h.
sie bestehen aus einzelnen Lagen dieser Massen, die bei be=
trächtlicher horizontaler Erstreckung nur eine sehr geringe Dicke
von 1—3 Fuß im Durchschnitte haben und von parallelen
Flächen begrenzt sind. Die einzelnen Schichten sind von
einander durch eine einfache Zusammenhangstrennung gesondert,
häufiger aber durch Zwischenlagerung einer sehr feinen Lage
einer anderen Substanz, als diejenige, aus welcher die Schichte
besteht, z. B. Thon zwischen Sandstein= oder Kalkschichten.
Auch innerhalb ein und derselben Schichte beobachtet man
häufig eine der Schichtungsflächen parallel gehende leichtere
Absonderung, ja eine förmliche Blätterung der Masse, die
dasselbe Ansehen erkennen läßt, wie die auf dem Grunde
unserer Landseen oder des Meeres noch jetzt sich schichtweise
absetzenden eingeschwemmten Mineralstoffe. Den sichersten
Beweis für die Bildung dieser geschichteten Steine auf dem
Meeresgrunde liefern uns aber die in ihnen eingeschlossenen
Reste von Thieren und Pflanzen. Was die ersteren betrifft,
so sind sie mit seltenen localen Ausnahmen alle von Bewohnern
des Meeres herrührend. Namentlich sind es diejenigen Thiere,
welche ein kalkiges Gehäuse besitzen, wie die Korallen, Muscheln
und Schnecken, die uns in den geschichteten Gesteinen auf=
bewahrt sind. Die Art und Weise, wie sie in diesen stecken
und erhalten sind, zeigt uns auf das Bestimmteste, daß sie
an der Stelle, an der wir sie finden, lebten, starben und von
späteren sich aufschichtenden Massen begraben wurden, und
eben weil diese Thiere nur im Meere leben konnten, muß
also auch an den Stellen, wo wir sie finden, das Meer
gestanden sein.

Chemische Beschaffenheit der früheren Meere.

Wenn uns die eben geschilderten physikalischen Verhältnisse
der Gesteine das Vorhandensein alter Meere unzweifelhaft
erkennen lassen, so erlaubt uns die Betrachtung ihrer chemischen
Zusammensetzung und die Anwesenheit bestimmter Thiere und
Pflanzen einen Schluß zu ziehen auf die chemische Zusammen=
setzung des Wassers der alten Meere. Sehen wir nämlich
unsere Gesteine mit Ausschluß der bereits erwähnten auf
mechanischem Wege gebildeten Thon= und Sandsteine näher
an, so finden wir als die häufigsten zunächst in ungemein
beträchtlicher Dicke Kalksteine und Gyps in tausenden von
Schichten über einander, beide Stoffe aus einer Auflösung
im Meerwasser abgeschieden. Für den Kalk wird von manchen
Geologen keine andere Entstehung zugelassen als durch die
Thätigkeit der kleinsten Organismen. Aller Kalk, behaupten
sie, ist abgeschieden als Gehäuse jener mit bloßem Auge kaum
erkennbarer Formen des Pflanzen= und Thierreiches, die wir
S. 210 in dieser ihrer chemischen Arbeit näher betrachtet
haben. Daß wir in vielen Kalksteinen nichts mehr von ihrer
Form erkennen, wird dem Umstande zugeschrieben, daß sie
unter dem gewaltigen Drucke der später sich ablagernden
Massen so zusammengepreßt worden seien, daß ihre zarten
Schalen zu einer scheinbar pulverigen Masse sich aneinander
drängten und daß auch die das Gestein nach seiner Erhebung
zu trocknem Lande durchsickernden atmosphärischen Wasser
vollends das Ganze zu einer homogenen Masse umgewandelt
haben. Will man aber auch diese sehr wahrscheinliche Er=
klärung der Entstehung des Kalkes nicht zulassen, jedenfalls
muß man seine Abscheidung aus einem früheren Meere an=
nehmen, in dem er aufgelöst gewesen sein muß. Mag man
die eine oder die andere Ansicht haben, immerhin führen beide
zu dem Schlusse, daß früher wie jetzt nach und nach ungeheure

Massen von Kalk und Gyps in das Meer durch die Flüsse eingeführt und aus ihm wieder ausgeschieden wurden. Bedenken wir ferner, daß die ganze Menge des jetzt im Meere enthaltenen schwefelsauren Kalkes bei einer Tiefe desselben von 10 000 Fuß nur eine Schichte von 7 Fuß Gyps oder, in kohlensauren Kalk verwandelt, eine solche von nur 4 Fuß Dicke geben würde, so begreift man, welche ungeheuere Zeiträume verflossen sein müssen, bis die gewaltigen Kalkmassen des Jura oder unserer Alpen von den Flüssen der alten Kontinente in das Meer gefördert und allmählich sich Schichte für Schichte niederschlugen.

Aber auch über den Salzgehalt dieser früheren Meere erhalten wir Aufschluß. Wir finden nämlich an vielen Orten ungeheuere Lager von Steinsalz zwischen den Schichten unserer Erdrinde eingeschlossen, die nur durch Eintrocknen eines früheren hier stehenden Meeres, in einzelnen Fällen auch in einem Salzsee sich bilden konnten. Schon in den ältesten Ablagerungen finden wir solche Salzausscheidungen, zum deutlichsten Beweise, daß auch schon in den frühesten Zeiten Salz im Meere gewesen sei. Angesichts der Thatsache, daß alle Flüsse, wenn auch nur Spuren von Kochsalz ins Meer führen, könnte die Frage entstehen, ob nicht in den ältesten Meeren der Salzgehalt ein viel geringerer gewesen sei, als jetzt, und daß daher auch durch die Thätigkeit der Flüsse der Salzgehalt ein immer höherer werden müsse. Daß in den ältesten Zeiten schon der Salzgehalt kein geringerer als jetzt gewesen sei, darüber geben uns die Thiere Aufschluß, die wir in den Niederschlägen aus jenen alten Meeren finden. Sie sind nämlich sehr nahe verwandt den jetzigen Bewohnern der See, zum großen Theil denselben Gattungen angehörend, und wir sind wohl berechtigt, anzunehmen, daß dieselben Bedingungen des Lebens auch früher für dieselben Thierformen gegolten haben. Wir sehen nun, daß der Salzgehalt des

Wassers von dem allergrößten Einflusse auf seine Bewohner ist, daß namentlich eine geringe Abnahme des Salzgehaltes im Meere die Existenz aller seiner Bewohner bedroht. Thiere aus der Nordsee gedeihen nicht in der Ostsee, weil diese einen geringeren Salzgehalt hat. Sie gehen fast alle ganz zu Grunde; einige wenige Arten erhalten sich zwar, aber verkümmern so, daß sie kaum ein Drittel der Größe erreichen, die sie in der Nordsee haben. Die Nordsee hat daher eine ganz andere Fauna, als die Ostsee, ja selbst das beide verbindende und in seinem Salzgehalte zwischen ihnen stehende Kattegat führt seine besonderen Formen. Ebenso zeigen sich andere Thiere an den Stellen der Küsten, wo sich Flüsse ins Meer ergießen, als an den übrigen, wenn auch sonst alle Verhältnisse sich an ihrem ganzen Saume gleich verhalten.

Da wir nun dieselben Thiergattungen, die jetzt unsere am stärksten gesalzenen Meere bevölkern, schon in den ältesten Schichten eingeschlossen finden, so dürfen wir wohl annehmen, daß auch früher der Salzgehalt kein geringerer gewesen sei, als jetzt, wenigstens seit jenen Zeiten nicht, in welchen diese Thiere zuerst auftraten.

Da das Kochsalz zu den am leichtesten löslichen Bestandtheilen des Mineralreiches gehört, also auch nicht eher aus dem Meere abgeschieden werden kann, als bis dasselbe damit gesättigt ist, d. h. 27% desselben enthält, so sehen wir, daß unser jetziges Meer, das nur 2½% davon führt, unmöglich zur Abscheidung von Kochsalz auf seinem Grunde Veranlassung geben kann. Wir kennen keinen Prozeß im Pflanzen= oder Thierkörper, durch den es zersetzt und in unlösliche Verbindungen übergeführt würde. Was die organischen Wesen von ihm verwenden, geht als Kochsalz nach ihrem Absterben wieder ins Meer zurück. So würden wir denn zu der Annahme geführt, daß doch nach und nach der Gehalt desselben an Kochsalz sich steigern müsse, da ja die Flüsse fortwährend neue

Zufuhr bringen, und doch soll in früheren Zeiten nach dem
Zeugnisse der Thiere, das wir eben anführten, der Salzgehalt
nicht geringer gewesen sein, als jetzt. Wo finden wir nun
die Herstellung des Gleichgewichtes, wie wird diese Vermehrung
durch die Flüsse wieder ausgeglichen? Wir kennen bis jetzt
keine andere Verringerung des Salzgehaltes im Meere als
durch die Ablagerung jener gewaltigen Salzstöcke in dem
Schichtengebäude des Festlandes, d. h. also durch Abschluß
eines Theiles des Meeres vom übrigen und Eintrocknen desselben.
Indem auf diese Weise ein großer Theil des Meeres durch
die Verdampfung desselben in süßes Wasser verwandelt wird,
da ja auch aus einer gesättigten Salzsoole das Wasser, ohne
merkliche Mengen Salz mitzunehmen, verdunstet, so muß das
Meer auf diese Weise wohl an Salz ärmer werden, nicht aber
an Wasser, denn das letztere kehrt wieder zu ihm zurück,
während das erstere zurückbleibt. Für Menschen und Thiere
sind diese aufgespeicherten Salzmassen von der größten Wichtigkeit, ihnen verdanken wir es, daß fern von den Küsten dieser
unentbehrliche Stoff angetroffen wird. Sie finden sich zugleich
so häufig, daß auch die in der Kultur nur wenig vorge-
schrittenen Völker sich leicht die hinreichende Menge dieses
zur Erhaltung des Lebens unerläßlichen Minerales verschaffen
können, und seine Gegenwart im Boden giebt sich schon durch
die Quellen so leicht und sicher zu erkennen, daß es nur
selten künstlicher Nachgrabungen bedarf, um diese unterirdischen
Schätze erst zu suchen.

Temperatur und Pflanzenwelt der früheren Meere.

Wir haben aus dem Vorhandensein gewisser Thierformen
in den alten Meeresniederschlägen Schlüsse auf die chemische
Zusammensetzung desselben gezogen. Ihr Vorhandensein
gestattet uns aber auch noch anderes über die Beschaffenheit

des Meeres, wie auch der Länder jener Zeiten zu folgern.
Vor Allem müssen wir aber den Schluß machen, daß neben
der häufig außerordentlich reichen Thierwelt eine entsprechende
Vegetation in den Oceanen aller Zeiten vorhanden gewesen
sei. Denn es wurde früher schon (S. 113) hervorgehoben,
daß die Thiere nicht ohne die Pflanzen leben können, daß das
gesammte Thierreich im letzten Grunde von der Pflanzenwelt
seine Nahrung nehme.

Wenn wir aber bedenken, wie leicht zerstörbar der
Pflanzenkörper sei, wie rasch auch das festeste Holz verwese,
so begreifen wir, daß wir von den ohnedies so weichen See-
gewächsen nur unter günstigen Umständen Spuren in den
geschichteten Gesteinen antreffen werden. In der That hat
man auch bis jetzt nur wenig deutlich erkennbare Abdrücke
von ihnen gefunden, Pflanzen der großen Familie der Tange
angehörig, deren ungeheuere Verbreitung in unseren jetzigen
Meeren wir schon geschildert haben. Aber auch sie selbst,
wenn auch in unkenntlichem Zustande, sollen noch hie und da
vorhanden sein und zwar in Form von Steinkohlen. Daß
diese pflanzlichen Ursprungs seien, darüber ist längst keine
Meinungsverschiedenheit unter den Naturforschern, wohl aber
darüber, welche Pflanzen es gewesen seien, die jenes wichtige
Brennmaterial geliefert, und wie sie sich abgelagert haben.
Ob sie an Ort und Stelle wuchsen und ungeheuere Torfmassen
gewesen seien, ob sie durch strömendes Wasser zusammen-
gehäuft wurden, das Alles sind Fragen und Streitpunkte,
welche noch nicht vollständig erledigt sind. Möglich ist es, daß
an verschiedenen Stellen diese verschiedenen Bildungsweisen
der Steinkohlen stattgefunden haben. Die Ansicht Mohr's,
daß wir in den Steinkohlen vorweltliche Tange vor uns haben,
die im Meere gewachsen und entweder an der Stelle, wo sie
wuchsen, niederfielen, oder auch von Meeresströmen erfaßt,
weithin verbreitet wurden, beseitigt viele Schwierigkeiten,

welche die ungeheuere Mächtigkeit und Ausdehnung mancher Kohlenfelder der Annahme bereiten, daß es Sumpfpflanzen gewesen seien, welche die Kohlen lieferten, und ist für viele Fälle gewiß als die einfachste zu bezeichnen.

Da noch gegenwärtig die Tange von den nördlichen Meeren zum Aequator und jenseits desselben bis in das südliche Polarmeer sich finden, so können wir aus ihrem Auftreten in den älteren Gesteinen keinen Schluß auf die Temperaturverhältnisse des Meeres und der Länder in früheren Zeiten ziehen. Wohl ist dieses aber möglich, wenn wir die Thiere betrachten, die sich versteinert in der Erdrinde finden. Wir können aus dem Vorhandensein von Korallen und Muscheln, Gattungen angehörig, die jetzt nur in wärmeren Meeren leben, den Schluß ziehen, daß die Meere, auf deren Grunde sie von den Gesteinsmassen begraben wurden, die jetzt Festland bilden, eine ähnliche Temperatur besessen haben, wie sie jetzt für ihre nächsten Verwandten erforderlich ist. Dabei ist natürlich vorausgesetzt, daß die Thiere an den Stellen lebten, an welchen wir sie jetzt finden, was für alle größeren mit schweren Schalen versehenen, für die festgewachsenen z. B. die Korallen, ohne weiteres geschehen muß, da Meeresströme dieselben nicht mit sich fortführen können. Aus der Verbreitung der Seethiere in den Gebirgen ergiebt sich nun auf das Entschiedenste, daß früher auch in den Polargegenden ein warmes Meer vorhanden gewesen sein muß. Es wäre hier nicht am Orte, die Frage näher zu untersuchen, durch welche Verhältnisse eine höhere Temperatur auf der Erde erzeugt worden sei. Am ungezwungensten erklärt sich dieselbe aus der Annahme, daß unser Planet einst eine geschmolzene glühende Kugel gebildet habe, die nach und nach durch die Abkühlung im kalten Weltraume mit einer festen Rinde sich überzog. So lange dieselbe nicht sehr dick war, mußte aus dem Innern der Erde noch immer eine beträchtliche Wärmemenge an die Oberfläche gelangen und konnte so auch in den von der Sonne nur wenig erwärmten Polargegenden ein milderes Klima erzeugen.

Land und Meer in der Vorzeit.

Wir haben vor Kurzem erwähnt, daß unsere ganze Erdrinde die deutlichsten Spuren ihrer Bildung durch Wasser und ihrer Bedeckung vom Meere an sich trage. Alles Land war einst Meeresgrund, sagten wir, aber auch: die Massen zur Bildung unserer Gebirge seien durch die Thätigkeit des fließenden Wassers in die Meere geschafft worden. Es könnte scheinen, als ob darin ein Widerspruch läge, indem, wenn alles Land vom Meer bedeckt war, keines übrig ist, um Flüsse zu erzeugen. Der Schein eines solchen verschwindet jedoch, sowie wir bedenken, daß nicht alle diese Bildungen gleichzeitig entstanden, sondern daß zu einer bestimmten Zeit ein Theil der Erde vom Meere bedeckt war, der später zu Land wurde und ein andermal Land zu Meeresgrund wurde. Es läßt sich in der That nachweisen, daß ein und dieselbe Gegend bald Festland, bald Meeresgrund gewesen sei. Durch die nähere Betrachtung der in den verschiedenen Gesteinen eingeschlossenen Thier= und Pflanzenreste hat sich nämlich herausgestellt, daß die organischen Wesen immer höher und mannichfaltiger sich entwickelt haben, daß Schichtenreihen, die auf anderen liegen, also auch jünger sein müssen, als ihre Unterlage, andere und höher entwickelte Thiere enthalten, als jene älteren. Nach der Entwicklung der Organismen wie auch nach den Lagerungsverhältnissen dieser Schichtenreihen hat man die Gebirgs=Bildungen und somit die Geschichte der Erde in eine Reihe von Abschnitten gebracht, und nennt die innerhalb eines solchen Abschnittes entstandenen Gesteinsreihen eine Formation. Indem man nun das Auftreten dieser ver= schiedenen Formationen verfolgt, ist man im Stande, zu be= stimmen, wo während einer bestimmten Periode Festland und

wo Meer gewesen sei. Denn offenbar werden wir anzunehmen
berechtigt sein, daß eine Gegend, deren Boden nur Bildungen
aus der I. Periode enthält, in den folgenden nicht mehr vom
Meere überfluthet wurde, sondern Festland geblieben sei, ebenso,
daß dieselbe wenn sie Gesteine der I., II. und V. Periode
erkennen läßt, zur Zeit der III. und IV. Periode Land gewesen,
dann aber während der V. wieder vom Meere bedeckt worden
sei. Auf diese Weise sind wir im Stande, die Vertheilung
von Meer und Land in den verschiedenen Perioden für viele
Gegenden genau zu bestimmen. Für andere ist dieses nur
in beschränktem Maße möglich. Ist nämlich eine Gegend
ganz und gar von einer und zwar jüngeren Bildung bedeckt,
so können wir nur bestimmen, wann sie zum letzten Male
Land geworden sei, über ihre frühere Geschichte können wir
in diesem Falle nichts Sicheres aussagen. Eben so versteht
es sich von selbst, daß wir über die großen Flächen des
jetzigen Meeresgrundes nichts wissen. Höchstens aus der
Beschaffenheit der Küsten können wir hie und da Schlüsse
auf die nächsten Strecken des Meeresgrundes und seine
geologischen Verhältnisse ziehen. So viel diese Untersuchungen,
die mit einiger Genauigkeit bisher nur für Europa, die vereinigten Staaten und einige wenige Strecken aus den übrigen
Erdtheilen vorliegen, erkennen lassen, war Land schon zur
Zeit der ältesten Perioden, in denen Pflanzen und Thiere
lebten, vorhanden. Wie jetzt, ja wahrscheinlich in noch stärkerem
Maße als jetzt, erfolgten auf diesen alten Landmassen dieselben
atmosphärischen Niederschläge, fiel Thau, Regen und Schnee.
Es waren somit auch alle Bedingungen zur Bildung von
Quellen, Bächen und Flüssen gegeben, die dann dieselben
Wirkungen zeigen mußten, wie unsere jetzigen fließenden
Gewässer. Die mechanischen wie die chemisch durch Auflösung
fortgeführten Massen waren dieselben, wie sie unsere jetzigen
Flüsse mit sich ins Meer schaffen. Wir sehen sie in den

jüngeren Bildungen vor uns, die jetzt wer weiß zum wievielten
Male aufs Neue vom kreiſenden Waſſer erfaßt und abermals
ins Meer gelangen und der Zeit harren, welche ſie wieder
zum Lichte und zur Luft erheben wird.

Dürfen wir aus den verhältnißmäßig beſchränkten Räumen,
die uns ihrer Geſchichte nach näher bekannt ſind, auch auf
die übrigen ſchließen, ſo können wir, was die Vertheilung
von Meer und Land auf der Oberfläche der Erde betrifft,
den Schluß ziehen, daß die Menge des Landes allmählich
zugenommen hat, das Meer in immer engere Grenzen ſich
zurückgezogen habe. Die größere Mannichfaltigkeit des Thier-
und Pflanzenreiches fände in dieſem Verhältniſſe eine hinreichende Erklärung. Doch müſſen alle derartigen Schlüſſe
bei der Unſicherheit unſerer Kenntniſſe von den geologiſchen
Schickſalen des größten Theiles unſerer Erdoberfläche mit
großer Vorſicht ausgeſprochen und die Beſtätigung derſelben
durch künftige Forſchungen abgewartet werden. Hier dürfte
auch der geeignetſte Ort ſein, die Frage zu erörtern, wie ſich
das Niveau des Meeres in verſchiedenen Zeiten verhalten
habe, ob Aenderungen in der Lage des Meeresſpiegels im
Verhältniſſe zu dem Erdmittelpunkte ſtattgefunden haben und
noch ſtattfinden. Nun können wir, wenn wir die geologiſchen
Vorgänge der Gegenwart näher betrachten, eine Reihe von
Veränderungen nachweiſen, welche nothwendig den Stand des
Meeresſpiegels beeinfluſſen müſſen. Zunächſt arbeiten alle
die von den Flüſſen in das Meer geführten Maſſen darauf
hin, den Meeresſpiegel zu erhöhen, gerade ſo, wie ſich eine
Flüſſigkeit in einem Gefäße hebt, wenn wir Sand oder Steinchen
in dasſelbe werfen, eben ſo muß die fortſchreitende Abkühlung
der Erde, indem ſie dieſelbe kleiner macht, die mittlere Tiefe
der Meere vergrößern.

Auf der andern Seite wird aber durch die fortſchreitende
Abkühlung dem Waſſer die Möglichkeit gegeben, immer tiefer

15*

gegen das Erdcentrum vorzudringen, und dabei chemische
Verbindungen einzugehen, beides muß eine Verringerung der
Wassermassen an der Oberfläche, somit eine Erniedrigung des
Meeresspiegels erzeugen. Da wir aber von keinem dieser
Vorgänge im Stande sind, genaue Messungen der Größe seines
Betrages anzugeben, so können wir auch nicht sagen, wie
weit durch diese sich entgegenarbeitenden Faktoren eine wirkliche
Aenderung des Meeresspiegels erzeugt werde.

Viel bedeutender als diese sind ganz entschieden die
relativen Aenderungen zwischen Land und Meer durch Be=
wegungen der Erdrinde. Auch diese hat man in der neuesten
Zeit aus den Bewegungen des Meeresspiegels, erzeugt durch
die Ungleichheit der anziehenden Wirkung von Sonne und
Mond auf die nördliche und südliche Halbkugel der Erde.
Herr Schmick glaubt darin einen wahren Hauptschlüssel für
die Lösung aller der mannichfachen Räthsel zu haben, welche
unsere Erdrinde darbietet, und nimmt ein regelmäßiges Hin=
und Herziehen der Wassermassen bald auf die nördliche bald
auf die südliche Halbkugel immer nach je 10500 Jahren an,
nach welcher Zeit einmal die Meere der nördlichen dann die
der südlichen Halbkugel durch die Aenderung der Lage der
großen Achse der Erdbahn der Anziehungskraft der Sonne
mehr ausgesetzt sind. Wie weit ein solcher Einfluß auf das
Niveau der Meere sich geltend mache, wollen wir hier nicht
untersuchen, daß diese Theorie von einer stets wiederkehrenden
„Wasserversetzung" zur Erklärung der Veränderungen zwischen
Land und Wasser im Verlaufe der Erdentwickelung ganz
ungenügend sei, geht einfach aus den vollkommen sicher er=
wiesenen Thatsachen hervor, daß nicht, wie es die Theorie
von Herrn Schmick erfordert, auf der einen Halbkugel nur
ein Steigen, auf der andern nur ein Sinken des Meeres=
spiegels überall beobachtet wird, sondern daß noch in der
jetzigen Zeit auf der nördlichen Halbkugel hier ein Steigen,

dort ein Sinken beobachtet wird, eben so auch auf der südlichen
Halbkugel, wo z. B. die eine Küste Neuseelands ein Steigen,
die andere ein Sinken, — wie ein schwankendes Boot bezeichnet
es Pöschel — aufweist, gerade so wie die Küsten Schwedens
im Norden ein scheinbares Sinken, im Süden ein scheinbares
Steigen erkennen lassen. Eben diese Ungleichheiten nöthigen
eine Bewegung des Landes, verschieden an verschiedenen Orten
anzunehmen.

Die Gletscher der Vorzeit.

Unter den Wirkungen des Wassers in der Gegenwart
zeigen sich diejenigen, welche es in fester Gestalt als Schnee
und Eis ausübt, nicht als die geringsten und von ganz
besonderer Wichtigkeit im Haushalte der Natur erscheinen uns
die Gletscher. Längere Zeit erst, nachdem man diese merk=
würdigen und so viel Räthselhaftes darbietenden Eisströme
aufs eifrigste beobachtet hatte, kam man auf die Frage, ob sie
nicht auch in früheren Zeiten schon vorhanden gewesen seien.
Es lag nahe, zunächst die Gegenden genauer in dieser Beziehung
zu untersuchen, in denen jetzt noch die Gletscher eine mächtige
Entwicklung erkennen lassen. Hier stellte sich nun bald als
eine überraschende Thatsache das heraus, daß sie in einer
früheren Periode, und zwar in der unserer jetzigen unmittelbar
vorangehenden, an den Abhängen der Alpen eine viel größere
Ausdehnung gehabt haben mußten, als heut zu Tage und
man fand damit den Schlüssel zur Erklärung einer Reihe
anderer Thatsachen, welche den Geologen viele Schwierigkeiten
bereitet und zu den seltsamsten Vermuthungen Veranlassung
gegeben hatten.

Die Thatsachen, welche damit gemeint sind, lassen sich in
Kürze aufführen. Man findet in der ebenen Schweiz, nördlich
der Alpen bis auf den Jura hinauf und über den Bodensee
hinüber nach Bayern hinein eine Menge von Felsblöcken zum

Theil von 20 bis 30 Fuß im Durchmeſſer, die ganz verſchieden
von allen Geſteinen in ihrer Umgebung ſich zeigen. Sie ſtammen
offenbar aus den Hochgebirgen der Alpen, ihre mineralogiſche
Zuſammenſetzung iſt meiſt der Art, daß man mit Sicherheit
den Gebirgsſtock bezeichnen kann, von dem ſie losgeriſſen ſind.
Wie dieſe koloſſalen, ſcharfrandigen, oft hoch oben über der
Thalſohle ſich findenden Blöcke, die man als Findlingsblöcke
oder erratiſche Blöcke bezeichnet, zu ihrer jetzigen Lagerung
gekommen, das blieb lange ein unauflösliches Räthſel, bis man
erkannte, daß alle Schwierigkeiten einfach durch die Annahme
beſeitigt werden, daß ſie durch alte Gletſcher dahin geſchoben
worden ſeien, wo wir ſie jetzt finden. Je genauer man dieſe
Annahme mit den Erſcheinungen verglich, deſto mehr Beweiſe
ergaben ſich für dieſelbe, nicht eine fand ſich, die ihr wider=
ſprochen hätte. Namentlich war es die ſo regelmäßige Ver=
theilung der Blöcke, wie wir ſie nur durch das Fortſchieben
auf einem Gletſcher begreifen können, z. B. daß die links oben
im Rhonethal ſich findenden ſtets auch unten in der Niederung
auf der linken Seite blieben, die von den Wänden rechts ab=
ſtammenden auch nur rechts angetroffen werden, nebſt anderen
den Gletſchern allein zukommenden Erſcheinungen, welche dieſer
Erklärung als einer unzweifelhaft richtigen ſofort bei allen
Sachverſtändigen Eingang verſchaffte. Aber welche Ausdehnung
mußten dieſe alten Gletſcher gehabt haben! Bis zu 3450 Fuß
auf den Jura vom Montblanc her ſich hinerſtreckend mußten
ſie wenigſtens eine Dicke von 5000—6000 Fuß gehabt haben.
Mancher, der dies bedachte, wurde zweifelhaft. Woher ſollte
dieſe gewaltige Eishülle des ganzen Alpengebirges gekommen
ſein, noch dazu in einer Periode, die man eher als etwas
wärmer anzunehmen ſich gewöhnt hatte, als unſere jetzige?
Aber die Thatſachen waren zu klar, welche für eine ſolche
Vergletſcherung ſprachen, als daß man an deren Annahme
hätte irre werden dürfen.

Und nun kamen bald neue Beweise, die uns zeigten, daß damals nicht nur die Alpen, sondern ein großer Theil Standinaviens und der britischen Inseln in gleicher Weise von Gletschern bedeckt waren, daß in der Zeit, als die Mammuthe lebten, Schnee und Eismassen auch die niedrigen Höhen bedeckten, die Schweizer Gebirge einen Anblick darboten, wie wir ihn jetzt nur in Grönland noch finden. Ueberall in den genannten Gegenden zeigen sich nämlich die unverkennbarsten Gletscherspuren, Blockverstreuung, Moränen, polirte und geritzte Felsen, Gletscherschutt. In Schottland, England und Standinavien schoben sich die Gletscher bis ins Meer hinab, ihre Enden brachen ab und schwammen, mit Felsblöcken beladen, weit hin über die damals mit Wasser bedeckte norddeutsche und russische Niederung; bis Leipzig und Moskau lassen sich die skandinavischen Findlinge verfolgen. Die Blöcke und die Felsen sind es aber nicht allein, welche uns von einer solchen Eiszeit erzählen, auch die Thiere, welche wir aus den Ablagerungen hervorziehen, die als sog. nordische Drift, auf dem Grunde der Meere, in denen die Eisberge schwammen, neben und auf den versunkenen Blöcken sich absetzten, bekunden, daß diese Wasser eisigkalt wie die unserer Polarmeere waren.

Man findet nämlich vorzugsweise solche Muscheln, die nur in den kältesten Meeren leben und gegenwärtig an den Küsten Grönlands und Islands gedeihen. Damals lebten sie in England, ja selbst an dem Fuße der Apeninnen, die als eine schmale Landzunge in das viel ausgedehntere Mittelmeer hineinragten. Aber nicht nur Europa allein scheint seine Eisperiode gehabt zu haben. Sie ist auch in Nordamerika nachgewiesen worden. Gletscher waren auch dort südlich von den großen kanadischen Seen in weiter Ausdehnung thätig. Eben so sind sie am Libanon und am Sinai nach Hooker und Fraas in derselben Periode thätig gewesen, auch am Atlas haben sie Spuren ihres Daseins hinterlassen.

Welche Ursachen eine so gewaltige Ausbreitung von Eis
und Schnee selbst in den wärmeren Ländern erzeugt haben,
darüber bestehen bis jetzt nur Vermuthungen, bald mehr,
bald weniger abenteuerlich, deren Mittheilung in so fern über=
flüssig sein dürfte, als keine einzige befriedigend erscheint.
Für unseren Zweck genügt es ohne dies, die Thatsache kennen
gelernt zu haben, daß auch schon früher auf der Erde Gletscher
vorhanden waren und gewaltige Wirkungen ausgeübt haben.

Wir finden darin einen neuen Beweis für die Annahme,
daß dieselben Kräfte, die jetzt auf unserer Erde wirksam sind,
auch früher schon thätig gewesen seien und zu allen Zeiten
dieselben Wirkungen im Zerstören wie im Schaffen entfaltet
haben. Vor Allem gilt dieses von dem Wasser, dem mächtigsten
und gewaltigsten Werkzeuge im Haushalte der Natur.

V.

Das Wasser und der Mensch.

Wir haben im vorhergehenden Abschnitte das Verhalten
des Wassers zu den Pflanzen und Thieren betrachtet. Alles
was wir namentlich über die Beziehungen des Wassers zu
dem Leibe der letzteren bemerkt haben, gilt auch für den
Menschen. Auch er ist größtentheils aus Wasser bestehend
und in so fern eben so abhängig vom Wasser wie diese. Das
Wasser baut und zerstört ihn, wie alle organischen Wesen.
Doch sind damit die Beziehungen des Menschen zum Wasser
lange nicht erschöpft. Wie alle Naturkräfte, so wird auch das
Wasser und zwar mehr als irgend eine andere von dem Menschen
zu seinen Diensten in der mannichfachsten Weise verwendet.
Von allen den merkwürdigen Eigenschaften, durch die es im

Haushalte der Natur die verschiedenartigsten Dienste leistet, kann der Mensch Gebrauch machen. In fester, flüssiger und gasförmiger Natur dient es ihm, und läßt sich nach seinem Bedürfnisse aus einer in die andere dieser Seins=Formen über= führen. Es bildet ihm Straßen und trägt ihm auf denselben Güter aus weitester Ferne zu, es hämmert und pocht, es sägt und bohrt, es webt und spinnt, es mahlt und kocht für ihn, kurz, es giebt keine mechanische Dienstleistung, die es nicht verrichten müßte, namentlich seit der Mensch gelernt, es in Dampfform zu den gewaltigsten Kraftäußerungen zu zwingen. In nicht minderem Grade dient es ihm auch durch seine chemischen Eigenschaften, indem es ihm theils für sich allein, theils mit Hülfe anderer Mittel, die überwiegende Mehrzahl aller von der Natur oder des Menschen Hand erzeugten S t o f f e auflöst und dadurch die Mittel gewährt, neue Ver= bindungen herzustellen. Fast alle unsere Farbstoffe sind auf diese Weise gewonnen, und werden durch das Wasser dahin gebracht, wo wir sie haben wollen, auf Wände, auf Papier und auf die verschiedenen Gewebe, die wir zu unserer Kleidung verwenden.

Aber nicht nur Nahrung und Getränke in gesunden Tagen giebt es ihm, auch Arznei gegen seine Krankheiten bereitet es ihm an zahlreichen Orten, und wo die künstlich vom Menschen gemachten Heilmittel ohne Erfolg blieben, haben oft die natürlichen Heilquellen in überraschendster Weise den besten gezeigt.

Man sollte glauben, daß der Mensch von jeher einen so unentbehrlichen, treuen Diener besonders geachtet und gepflegt hätte, um sich seine Dienste zu erhalten. Leider ist dies aber nie geschehen und geschieht auch heute nicht eher, als bis man durch Schaden zu der Einsicht gelangt ist, daß der Mensch durch eigene Schuld diesen Wohlthäter ganz vertreiben oder ihn zu einem zeitweise gefährlichen Feinde umbilden kann.

Dürre und Veröbung von Ländern, die sonst zu den frucht=
barsten gehörten, oder gewaltige Ueberschwemmungen sind die
Folgen von Mißgriffen, die der Mensch begangen und durch
die er Verhältnisse störte, welche nothwendig sind für den
geregelten Kreislauf des Wassers. Sie sind eine Mahnung,
nicht aus Leichtsinn noch weiter ähnliche zu begehen, die wenn
sie einmal ihre nachtheiligen Folgen äußern, oft nicht mehr
wieder gut zu machen sind und den Wohlstand eines ganzen
Landes auf lange Zeit hinaus auf das schwerste beeinträchtigen.
Die Betrachtung dieser Verhältnisse zeigt uns, daß der Mensch
von dem Wasser zwar Dienste aller Art zu fordern berechtigt
ist, daß er aber auch Rücksichten auf dasselbe zu nehmen hat
und die Pflicht, für die Erhaltung dieses Dieners manchen
augenblicklichen scheinbaren Gewinn im Interesse der Zukunft
seines Landes fahren zu lassen.

1. Das Wasser in Beziehung zur Agrikultur und Technologie.

Die Bewässerung des Bodens.

Wir wissen nur von sehr wenigen Verwendungen des
Wassers im Dienste des Menschen, von wem und wann sie
zuerst angewendet wurden, aber das ist gewiß, daß es von
den allerältesten Kulturvölkern schon zur Bewässerung des
Bodens in der Nähe fließender Gewässer gebraucht wurde.
Es ist dies auch eine der einfachsten und doch wichtigsten
Verrichtungen des Wassers, ohne die namentlich in heißen
Ländern die Bebauung des Bodens nur auf einen sehr schmalen
Strich zu beiden Seiten der Flüsse möglich wäre. Die Ueber=
schwemmungen, deren wohlthätige Wirkungen gerade in diesen
Ländern so augenscheinlich sind, führten wohl bald darauf

auch zu Zeiten, in welchen der Fluß sie nicht erzeugte, künstlich
das Wasser auf weitere Strecken zu verbreiten, Gräben,
Kanäle, Schleusen zum Stauen wurden dazu schon in den
ältesten Zeiten verwendet, wie sie auch heute noch dazu dienen.
Namentlich auf sandigem Boden, der das Wasser sehr leicht
aufnimmt aber auch rasch versickern läßt, sind sie von dem
größten Vortheile, weil von dem Flusse nicht nur Wasser,
sondern auch ein feiner fruchtbarer Schlamm geliefert wird,

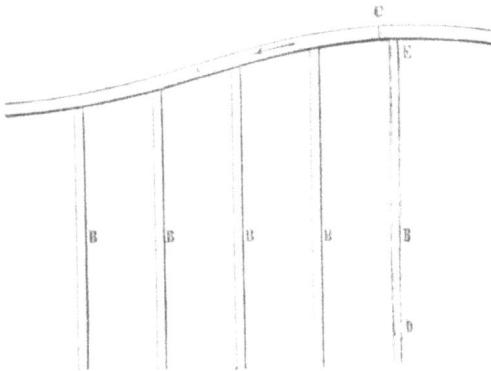

Fig. 47. Bewässerung durch Kanäle.

der den Boden wesentlich verbessert und zur Pflanzencultur
geeignet macht. Die ungemein üppigen und fruchtbaren, aber
auch meist sehr ungesunden Deltas der Flüsse bestehen aus
diesem Flußschlamm, mit Sand gemengt. Es ist hier nicht
der Ort, näher auf die verschiedenen Arten der Bewässerung
einzugehen. Je nach dem Boden, dem Klima, den Pflanzen,
welche gebaut werden sollen, muß dieselbe reichlicher sein, oder
geringer. Manche Pflanzen wollen, daß der ganze Boden
unter Wasser gesetzt werde, manche bedürfen anhaltender
schwächere Ueberrieselung, manche derselben nur zu bestimmten

Zeiten. Die am häufigsten angewendete und einfachste Art der Bewässerung stellt die vorhergehende Fig. 47 dar.

Ein von dem Flusse oder größeren Kanale abgezweigter Graben A giebt seichtere Rinnen B, B ab. Je nach Bedürfniß kann man dieselben alle gleichzeitig in Thätigkeit setzen, wenn man unterhalb der letzten den Graben A schließt, oder nur einen Theil, indem man den Graben A und einzelne Rinnen B verstopft. In unseren Gegenden benutzt man die Bewässerung nur zur Wiesenkultur, namentlich in flachen sandigen Thälern.

Fig. 48. Das Wasserschöpfrad.

Es versteht sich natürlich von selbst, daß diese Art der Bewässerung ein hinlänglich e b e n e s und doch geneigtes Terrain voraussetzt, wie es allerdings meistens sich findet, wo überhaupt

fließendes Wasser ist. In dem Oberlaufe der Flüsse ist es
sehr leicht, einen Kanal so abzuzweigen, daß er auf größere
Entfernungen hin Wasser liefert, in dem Unterlaufe der Flüsse,
deren Bette und Ufer außerordentlich wenig Gefälle zeigen,
müßten dieselben oft sehr weit oberhalb der zu bewässernden
Stelle abgeleitet werden. In einem solchen Falle und um
überhaupt lange Kanäle möglichst zu sparen, ist die ebenfalls
uralte Einrichtung der Schöpfräder vortheilhafter, durch die
das Wasser leicht auf 20 Fuß über den Wasserspiegel gehoben
werden kann. Diese Wasserschöpfräder waren wohl auch die
ersten vom Wasser bewegten Maschinen. Eine der einfacheren
Schöpfmaschinen stellt die vorhergehende Fig. 48 dar, die wohl
keiner weiteren Erklärung bedarf.

Die Entwässerung des Bodens.

Den meisten Pflanzen schadet ein Uebermaß von Wasser;
nur gewisse Arten derselben gedeihen in einem Boden, der
beständig von Wasser durchdrungen ist, die sog. Sumpfpflanzen.
Diese enthalten aber keine der nützlicheren Kulturgewächse.
Wo daher weite Strecken Landes versumpft sind, ist es von
jeher das Bestreben gewesen, das Uebermaß von Feuchtigkeit
dem Boden zu entziehen, um ihn auf diese Weise kulturfähig
zu machen. Auch Gesundheitsrücksichten sind es, welche das
Erhalten großer Sümpfe nicht rathsam erscheinen lassen, indem
durch den Vermoderungsprozeß, der fortwährend in demselben
fortgeht, die Luft in noch nicht ganz aufgeklärter Weise Stoffe
erhält, die sog. Miasmen erzeugt werden, die der Gesundheit
höchst nachtheilig sind, in warmen Ländern namentlich Europäern
in wenigen Stunden todtbringende Krankheiten zuziehen können.
Solche Versumpfungen bilden sich da, wo mehr Wasser an
einer Stelle zufließt, als durch Verdunstung, Abfluß über
oder durch den Boden weggeschafft werden kann, daher vor=
zugsweise in Niederungen und kesselförmigen Thälern ohne

hinreichend starke Abzugskanäle und mit einem Boden, der
das Wasser nicht in die Tiefe dringen läßt. Aus dem letzteren
Grunde entstehen sie nicht selten selbst auf Bergen und Hoch=
ebenen, und bilden dort die Moore, welche oft so tief hinab
mit Schlamm und Wasser gefüllt sind, daß unvorsichtige
Wanderer in denselben rettungslos versinken.

Will man solche Sümpfe und Moore trocken legen, so
kann dies nur dann geschehen, wenn ein Kanal von denselben
nach einer tieferen Stelle angelegt werden kann, der das
Wasser einem See oder Flusse zuführt. Da dieses nämlich
dem Gesetze der Schwere folgend, immer der tiefsten Stelle
zustrebt, so wird es von der Oberfläche des Sumpfes nach

Fig. 49. Gewöhnliche Röhrenleitung.

dem Grunde des Kanales hinabsickern und die Austrocknung
kann so tief hinab vor sich gehen, als der Grund des Kanales
reicht. In der neueren Zeit hat man ein anderes Verfahren
angewendet, die sog. Drainage, welches auf demselben Principe
beruht, aber erlaubt, die Kanäle wieder auszufüllen, wodurch
viel nutzbringendes Areal gewonnen wird. Man bringt nämlich
auf dem Grunde derselben Röhren an, deren eine auf dem
Durchschnitte hier (Fig. 49) zu sehen ist, die ineinander gesteckt
eine abschüssige Röhrenleitung darstellen. Statt der Röhren
kann man auch, wo es sich um die Fortführung reichlicher
Wassermassen handelt, einen viereckigen gemauerten Kanal

anwenden, wie es Fig. 50 und 51 zeigt. Häufig genügt es auch, auf den Grund des Grabens Steinbrocken oder Rollsteine

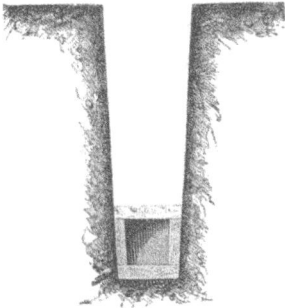

Fig. 50. Gemauerter Kanal.   Fig. 51. Rollsteingraben.

zu legen (Fig. 51). Das Wasser bewegt sich dann in den Lücken zwischen denselben wie in engeren Röhren, die freilich der Verstopfung auch leichter ausgesetzt sind. Um doch auch nachsehen zu können, ob die einzelnen Aeste des Röhrensystems Wasser durchlassen, kann man an ihrer Einmündungsstelle in die Hauptzweige eine Vorrichtung anbringen, wie sie Fig. 52

Fig. 52. Röhre zur Besichtigung einer Wasserleitung.

zeigt. Nimmt man die geringe Schichte Erde über dem Deckel weg, so kann man das obere Stück der senkrechten

Röhre abheben und ſich überzeugen, ob Waſſer in den Kanälen fließt.

Dieſes Entwäſſerungsſyſtem iſt jedoch nicht überall an= wendbar, namentlich nicht in muldenförmigen Vertiefungen. Hier kommt man manchmal raſcher und einfacher zu demſelben Ziele, wenn man in der Mitte Bohrlöcher durch die waſſer= haltende Unterlage hindurchführt. Iſt dieſelbe nicht ſehr dick und unter ihr ein Geſtein, welches dem Waſſer nicht den Durchgang wehrt, ſo braucht man nur bis auf dieſes das Bohrloch fortzuſetzen, die Spalten und Klüfte leiten dann das Waſſer weiter in die Tiefe und es iſt eine Entſumpfung der Oberfläche auf dieſe Weiſe möglich.

Techniſche Verwendung von Beſtandtheilen des Waſſers.

Bei der Betrachtung der chemiſchen Wirkungen des Waſſers haben wir ſchon erwähnt, daß das Waſſer aller Flüſſe eine ziemliche Anzahl von Stoffen aufgelöſt enthält und daß namentlich in dem Meere eine beträchtliche Menge derſelben ſich finde. Bis jetzt iſt es aber nur ein Beſtandtheil geweſen, den man in größeren Mengen wieder aus dem Waſſer zu gewinnen ſuchte, allerdings auch einer der unentbehrlichſten Stoffe, nämlich das Kochſalz. Daſſelbe wird theils aus Salzquellen wieder ausgezogen, theils aus dem Meerwaſſer. Die erſteren ſind entweder natürliche Quellen, oder künſtliche d. h. in letzterem Falle ſind es durch Bohrungen erzeugte ſog. arteſiſche Brunnen, die wir in der Folge noch näher betrachten werden. Die natürlichen Salzquellen kommen an vielen Stellen der Erde bald reicher, bald ärmer an Salz zum Vorſchein. Eine Kochſalzlöſung, welche geſättigt iſt, d. h. nicht mehr Salz aufnehmen kann, enthält auf 37 Theile. Waſſer 1 Theil Salz, oder 27 Theile Salz in 10,0 Theilen der Loſung, der Sole, wie man ſie in den Salzwerken benennt,

So reich an Salz sind aber die natürlichen Quellen nie, sie
enthalten alle weniger Prozente oder „Grade". Halle in

Fig. 53. Ein Gradirhaus.

Sachsen hat 21 Grad, Schönebeck 11,5, Kreuznach nur 1,5.
Und dennoch kann auch diese geringe Menge noch nutzbar
gemacht werden, indem man die Sole erst durch die Sonnenwärme stärker macht und dann erst völlig einsiedet. Es geschieht dieses in den sog. Gradirwerken, deren Einrichtung die

vorhergehende Fig. 53 veranschaulicht. Zwischen einem langen
Balkengerüste befindet sich unter einem Dache (das in unserer
Figur weggelassen ist) eine bis 30 Fuß hoch aufgeschichtete
Masse von Reisbündeln. Ueber denselben befinden sich zwei
große Rinnen B, C, welche durch eine große Anzahl kleinerer,
a, a, das durch die Pumpen P, P in sie geförderte Salzwasser
über die Reisbündel ergießen. Diese bieten nun der Ver=
dunstung durch die außerordentlich große Fläche, welche sie
zusammen besitzen, sehr günstige Verhältnisse dar, indem sie
mehrere 1000 Fuß lange Reisermauern bilden, durch deren
Zwischenräume die Luft frei hindurchziehen kann. Je nach
der Witterung muß das Salzwasser öfter oder weniger oft
diesen Luftverdunstungsprozeß durchmachen. Wenn es auf
diese Weise in den Bassins unter den Reisern 14 — 22 Grade
zeigt, wird es mit Hülfe von Feuer vollends eingedampft.

Die reichste Quelle für das Kochsalz ist übrigens das
Meer. Auch aus diesem, das 2½% Kochsalz enthält, wird
dieses Nahrungsmittel, in den wärmeren Ländern namentlich,
in ungeheueren Mengen gewonnen. Es geschieht dieses in
den sog. Salzplantagen, und zwar ausschließlich durch die
Wärme der Sonne. Man leitet das Meerwasser in große
Bassins, in denen es zunächst, bis es einen Gehalt von 20 Grad
erreicht hat, gelassen wird. Dann läßt man es in andere
ablaufen, in denen es vollends zur Trockne abdampft und das
Salz hinterläßt.

Wie aus dem Meere, so werden auch aus einzelnen
Binnenseen große Massen von Salz gewonnen. Es stellen
diese Meere im Kleinen dar. Ihr Salzgehalt steigert sich
immer höher, obwohl nur süßes d. h. mit kaum merklichen
Salzmengen versehenes Wasser in dieselben sich ergießt, indem
eben durch die dem Zufluß gleiche Verdunstung der Gehalt
an aufgelösten Bestandtheilen ein immer höherer werden muß,
da eben durch die Verdampfung nur das Wasser, nicht aber

die von demſelben eingeführten Salze wieder in die Atmoſphäre
zurückkehren. Der berühmteſte dieſer Salzſeen iſt wohl das
todte Meer, das 7% Kochſalz enthält, während der Jordan
3 Stunden von ſeiner Einmündung in dieſes tief gelegene
Meer in 10000 Theilen nur 5,2 Kochſalz führt. Am reichſten
an Kochſalz unter allen iſt der durch die Mormonen ſo bekannt
gewordene große Salzſee in Nordamerika (Fig. 54), indem
er eine faſt vollſtändig geſättigte Salzlöſung darſtellt. Am

Fig. 54. Salzſee.

zahlreichſten finden ſich ſolche Seen in den Niederungen der
Kirgiſenſteppe, als deren bekannteſte und größte Beiſpiele das
kaſpiſche Meer und Aralſee erwähnt werden ſollen. Aus
manchen dieſer Seen ſcheidet ſich im Sommer das Salz in
ſchneeweißen Maſſen freiwillig aus, während im Winter bei
geringerer Verdunſtung und reicherem Waſſerzufluß der Salz=
gehalt geringer wird, ſo daß eine Ausſcheidung nicht ſtatt=
finden kann.

Aehnlich wie die Wärme bewirkt auch ſehr große Kälte
die Bildung von Salz. In Buchten und engen Kanälen der

16*

arktischen Meere kann das Wasser nicht gefrieren, ohne vorher das Salz auszuscheiden. Es beruht dieses auf dem Gesetze, daß krystallisirende Stoffe andere in derselben Lösung befindliche nicht in ihr Gefüge mit aufnehmen, nur aus ganz gleichartiger Masse sich aufbauen und die fremdartigen Substanzen aus= schließen. Das Wasser ist ein solcher in der Kälte krystalli= sirender Stoff, der bei dem Uebergang in Krystalle, die das Eis bilden, das Salz ausscheidet.

Als wir S. 16 von den Stoffen sprachen, welche im Meerwasser sich finden, erwähnten wir, daß bis jetzt schon eine ziemlich große Menge der verschiedenartigsten Elemente in ihm nachgewiesen wurde. Bis jetzt ist aber das Kochsalz der einzige Stoff, welcher daraus direkt gewonnen wird. Es ist übrigens nie ganz rein, sondern enthält stets geringe Quantitäten anderer Salze, namentlich von Chlormagnesium und Chlor= calcium, welche die Eigenschaft haben, begierig Wasser aus der Luft anzuziehen und unser Küchensalz dadurch stets feucht machen. Zwei für verschiedene Zweige der Technik wichtige Stoffe sind es, die wir noch dem Wasser verdanken, nämlich das kohlensaure Natron und den Borax. Das erstere wurde seit uralter Zeit aus den Natronseen Aegyptens gewonnen und mit dem Namen Trona bezeichnet, später auch in einigen Seen Rußlands, Columbiens u. a. Länder entdeckt. Gegen= wärtig wird es aber fast ausschließlich in besonderen Fabriken künstlich aus Kochsalz, Schwefelsäure, kohlensaurem Kalk und Kohle dargestellt und kommt unter dem Namen Soda in den Handel. Die Verwendung dieses Salzes ist eine sehr mannich= faltige, namentlich in der Seifenfabrikation wird es in unge= heueren Quantitäten verbraucht, da alle festen Seifen mit Natronlauge dargestellt werden, die im Großen aus der Soda durch Aetzkalk gewonnen wird, welcher derselben die Kohlen= säure entzieht.

Auch der Borax wurde bis in dieses Jahrhundert nur

aus einigen Seen aus Tibet, China und Perſien gewonnen, von wo er unter dem Namen Tinkal in tafelförmigen, meiſt zollgroßen Kryſtallen in den Handel kam. In Europa wurde zuerſt 1776 die Anweſenheit von Borſäure in heißen Quellen bei Siena und in den Lagunen von Toskana nachgewieſen. Seit 1818 wurde aus dieſer Borſäure und Soda künſtlich der Borax, borſaures Natron, dargeſtellt. Für Metallarbeiter, in der Glas=, Email= und Porzellanfabrikation wird dieſes Salz vielfach benutzt. Neuerdings haben die Borpräparate dadurch eine beſondere Wichtigkeit erlangt, daß man aus den=ſelben das Bor kryſtalliſirt darſtellte und erkannte, daß es eben ſo hart als Diamant ſei, vielleicht auch noch etwas härter. Man hat die Borkryſtällchen deswegen auch Bordiamanten genannt, und es iſt nicht unwahrſcheinlich, daß ſie für die Technik noch eine große Bedeutung erlangen werden, indem ſie für manche Zwecke den Diamant ganz gut erſetzen können.

---

2. Die mechaniſchen Dienſtleiſtungen des Waſſers.

In doppelter Weiſe wird das Waſſer zu mechaniſchen Verrichtungen benutzt, einmal indem es Laſten zu tragen hat, die wir auf daſſelbe legen, worauf die Schifffahrt beruht, dann auch indem wir es als bewegende Kraft benutzen. Das letztere iſt natürlich nur da möglich, wo das Waſſer ſelbſt ſich bewegt, alſo an fließenden Gewäſſern. Wir können aber, wenn auch nicht allein mit Waſſer, ſo doch vorzugsweiſe mit Hülfe deſſelben die größten mechaniſchen Wirkungen erzielen, wenn wir daſſelbe in Dampfform bei höherer Temperatur überführen. Die gewaltige Ausdehnung des Dampfes in der Wärme liefert uns eine Quelle für Bewegungen, die an Viel=ſeitigkeit der Anwendung und Intenſität der Wirkung diejenigen des fließenden Waſſers weit hinter ſich laſſen. Während zu

den beiden erstgenannten Diensten das Wasser seit den ältesten
Zeiten schon verwendet wurde, hat man erst vor einem
Menschenalter die dritte und gewaltigste in dem Wasser ver=
borgene Kraft entdeckt. Wir wollen nur im Kurzen einiges
über jede dieser Leistungen des Wassers anführen.

Schifffahrt.

Wir wissen nicht, wer zuerst den Versuch gemacht, das
Wasser als Lastträger zu benutzen. Die Beobachtung, daß
Holz mit der Strömung fortschwimmt, hat wohl zunächst den
Gedanken erregt, auf diese Weise stromabwärts Lasten zu
schaffen und zugleich von der tragenden wie bewegenden Kraft
des Wassers Gebrauch zu machen. Wir dürfen wohl ver=
muthen, daß die Flußschifffahrt der Befahrung des Meeres
vorausgegangen, weist uns darauf doch schon die Geschichte
hin, welche die ältesten Kulturvölker uns an Flüssen zeigt;
die Ströme Mesopotamiens, Indiens und Aegyptens sind es,
an denen wir am frühesten Spuren einer fortgeschrittenen
Entwicklung mechanischer Fertigkeiten finden, und unter diesen
nimmt der Schiffsbau nicht die unterste Stelle ein. Die
Lenkung des Schiffes durch das Steuer, die Fortbewegung
durch Ruder, endlich die Benutzung von Segeln sind gewiß
erst nach und nach aufgekommen, eben so wie die Herstellung
eines Hohlraumes, des Schiffsbauches, um die Tragkraft
desselben zu erhöhen. Naturgemäß entwickelte sich aus der
Flußschifffahrt die Küstenschifffahrt, und erst spät wagte man
sich auf das weite Meer; doch sind alle Nachrichten über
Beschiffungen der eigentlichen Oceane in früherer Zeit höchst
unsicher. Nur von dem Mittelmeere, das doch immerhin als
ein kleines Binnenmeer erscheint und nur an wenigen Punkten
gar kein Land erkennen läßt, wissen wir, daß es gerade
durchschnitten wurde; bei den Fahrten im indischen Ocean
hielten sich die Schiffe immer den Küsten nahe. Mit der

Verbesserung und Vergrößerung der Schiffe erweiterte sich auch der Gebrauch derselben, und die natürlichen Wasserstraßen werden noch gegenwärtig von Jahr zu Jahr in steigendem Maße benutzt. Die Meere, die man früher als Länder trennend ansah, dienen in der That am allermeisten dazu, sie in die engste Verbindung zu setzen, und wir würden die Produkte der warmen Länder kaum in unseren Häusern sehen, wenn wir sie ganz auf dem Lande herbeischaffen müßten. Denn auch auf unseren Eisenbahnen ist der Transport mit ungleich größeren Kosten verbunden als auf dem Wasser, da dieses eine Straße darstellt, welche die Natur umsonst liefert und im Stande erhält, und die Fortbewegung durch den Wind ebenfalls keine Kosten verursacht. Erst durch die ausgedehnte Benutzung der Meere wird auch eine Einheit des Menschen= geschlechtes in der Art möglich, daß sie aus ihrer Abgeschiedenheit heraustretend alle mit einander verkehren und nicht nur die äußeren, sondern auch die geistigen Güter mit einander theilen und austauschen, und in der That eine große Familie bilden. So wird das Wasser wesentlich mitwirken zur Erreichung eines Zieles, von dem wir, so klar und deutlich es uns auch schon erscheinen mag, doch noch sehr weit entfernt sind, und dem die gewaltigen Baue der Panzerschiffe uns um keinen Schritt näher bringen werden, so sehr sie auch als Muster der Schiffs= baukunst gepriesen werden mögen.

Das Wasser als bewegende Kraft.

Wer seine Hand einmal einem Wasserstrahl ausgesetzt oder auch nur in einen Bach gehalten, hat erfahren, daß das bewegte Wasser einen Druck ausübt in der Richtung seiner eigenen Bewegung, und eine Vergleichung solcher verschiedener bewegter Wassermassen läßt sogleich erkennen, daß der Druck im Verhältnisse steht zu der Masse und der Schnelligkeit derselben. Am einfachsten läßt sich diese Bewegung des

Wassers verwenden zur Bewegung von Rädern, von denen
dann die mannichfachsten Bewegungen weiter durch Ueber=
tragung der Kraft vermittelt werden.   Die Schnelligkeit der
Bewegung des fließenden Wassers hängt ab von dem Gefälle
desselben; dieses ist, wie wir schon früher erwähnten, eben so
verschieden und in allen Graden vom senkrechten Falle bis
zum unmerklichen Dahingleiten des Stromes in der Natur
zu finden, wie seine Masse wechselt von kleinen, häufig ver=
siegenden Adern bis zu meilenbreiten Strömen.

Nach diesen Verhältnissen müssen sich natürlich auch die
Räder richten, welche man zum Treiben dem Wasser aussetzt.
In den meisten Fällen drehen sich dieselben um eine horizontale
Achse und das Wasser stürzt entweder von oben auf dieselben,
oberschlächtige Räder, oder es drückt auf die Schaufeln
des Rades in der Mitte oder an der unteren Seite desselben,
mittel= und unterschlächtige Räder.   Man hat aber
auch Räder konstruirt, welche sich um eine senkrechte Achse
drehen.   Hierher gehören die sog. Turbinen.   Dieselben
bewegen sich in einem cylindrischen Kasten mit Oeffnungen
auf zwei Seiten; durch die einen auf der innern Seite ge=
legenen tritt das Wasser ein und drückt auf das mit bogen=
förmig gekrümmten Speichen versehene Rad, auf der äußern
Seite tritt es wieder aus.

Je nach der Menge des Wassers und dem Gefälle eignet
sich bald die eine, bald die andere Art von Wasserrädern
besser.   Bei geringem Gefälle, wenig Wasser und ziemlich
gleichbleibender Menge desselben sind die Turbinen am vortheil=
haftesten anzuwenden, oder auch die unterschlächtigen Räder;
bei stärkerem Gefälle sind die mittelschlächtigen und bei dem
stärksten die oberschlächtigen Räder die vortheilhaftesten.   Den
geringsten Effekt und den größten Kraftverlust zeigen die
unterschlächtigen Räder; der letztere beträgt 65—75% des
berechneten absoluten Effektes, d. h. desjenigen, der eintreten

würde, wenn gar keine Kraft verloren ginge. Bei größeren oberschlächtigen Rädern beträgt der Nutzeffekt 60—75%, es gehen also nur 40—25% verloren. Bei den gewöhnlichen einfachen Turbinen ist der Nutzeffekt auf 70—75% anzuschlagen. Sie sind jedoch vielfachen Störungen unterworfen, wenn die Menge des Wassers eine sehr wechselnde ist, und können schon durch eingeschwemmte Blätter und kleine Zweige zum Stillstand gebracht werden.

Die mechanische Kraft, welche das fließende Wasser ausübt oder ausüben könnte, wenn man sie verwenden würde, ist eine ganz ungeheure. Ihren Betrag berechnet man für Wasserräder in folgender Weise. Ist das Gefälle des Wassers d. h. in dem vorliegenden Falle der Unterschied der Höhe des Wasserspiegels oberhalb des Rades und unterhalb desselben $=H$, bezeichnet M die Menge des Wassers in Kubikfuß, welche in einer Sekunde auf ein Rad fließt, G das Gewicht von einem Kubikfuß Wasser, so ist die Kraft des Wassers $K = H \times M \times G$. Ist z. B. $H = 6$, $M = 20$, so wird, da $G = 60$ Zollpfund, $K = 7200$ „Fußpfund". Dieser Ausdruck, der häufig zur Bestimmung von Kraftleistungen gebraucht wird, bedeutet so viel als: in einer Sekunde vermag die fragliche Kraft die vorstehende Zahl von Pfunden einen Fuß hoch zu heben. In unserem Falle übt also das Wasser eine Kraft aus, die ohne allen Verlust im Stande wäre, 7200 Pfund um einen Fuß in jeder Sekunde zu heben. Häufig wird auch als Maßstab „eine Pferdekraft" angenommen. Diese taxirt man zu 456,6 Fußpfund, d. h. man nimmt an, daß ein Pferd während seiner Arbeitszeit im Stande wäre, in jeder Sekunde eine Last von 456,6 Pfund um einen Fuß zu heben. Unser obiges Wasserrad würde also ziemlich genau 16 Pferdekräfte besitzen.

Man sieht aus diesem einen Beispiel, wie enorm die Kraft ist, welche in unseren fließenden Gewässern zum größten

Theile unausgebeutet enthalten ist. Nehmen wir z. B. einen Fluß an, der von seinem Mittellaufe zum Meere 2400 Fuß Gefäll hat, und denken wir uns an demselben Räder mit je 6 Fuß Gefäll, also im Ganzen an 400 Stellen angebracht, und, was nur einen sehr kleinen Theil der Wassermasse ausdrückt, in jeder Sekunde 100 Kubikfuß Wassers auf diese wirkend, so bekommen wir als die gesammte Kraft $400 \times 6 \times 100 \times 60 = 14\,400\,000$ Fußpfund, oder etwas mehr als 30 000 Pferdekräfte, also gleich 1000 Dampfmaschinen von je 30 Pferdekräften.

Wenn man bedenkt, welche bedeutende Massen von Brennmaterial die Dampfmaschinen verbrauchen, so wundert man sich in der That, daß die Wasserkräfte nicht noch mehr ausgebeutet werden. Viel trägt wohl dazu bei, daß Wasser nicht überall vorhanden ist, wo man es wünscht, daß hingegen die Dampfmaschinen überall, wo man sie haben will, aufgestellt werden können, und gerade die großen Städte, die Mittelpunkte der Gewerbe und Industrie, entbehren meistens größerer fließender Gewässer. Dazu kommt noch ein Uebelstand, den alle unsere Flüsse als bewegende Kräfte haben, nämlich der, welcher aus der Ungleichheit des Wasserstandes entspringt und eine Gleichmäßigkeit des Betriebes unmöglich macht. Durch Gräben, welche das Wasser eine Strecke oberhalb der Räder, und zwar mit geringerem Gefälle als der eigentliche Fluß hat, bis zu denselben führen, und dann auf dieser das Wasser aus größerer Höhe fallen lassen, läßt sich zwar ein Ueberschuß des Wassers bei Hochwasser in der Art verringern, daß der Wasserspiegel im Graben nicht so hoch steigt als im Flusse selbst, aber unterhalb der Räder muß das Wasser eben so hoch steigen als im Flusse und einen großen Theil jedes Rades so weit bedecken, daß sie nicht zu gebrauchen sind, und es wird wohl keine mit Wasserkraft arbeitende Fabrik oder Mühle geben, die nicht durch Ueberschwemmungen und Hoch=

wasser in kürzeren oder längeren Intervallen heimgesucht, zum
Stillstand gebracht oder selbst beträchtlichen Verwüstungen
ausgesetzt worden wäre. Das letztere gilt besonders für solche
Anlagen an Gebirgswässern oder in engeren Thälern, in denen
namentlich im Frühjahre bei rascher Schneeschmelze oder im
Sommer nach starken Gewitterregen plötzliche und sehr
bedeutende Fluthen bis zu einer beträchtlichen Höhe über den
gewöhnlichen Stand des Wassers hereinbrechen und argen
Schaden anrichten, dabei die sprechendsten Beweise für die
furchtbare Gewalt liefern, welche in dem strömenden Wasser
liegt. Hat man doch schon Beispiele, daß solche Fluthen
Felsblöcke von Klaftergröße mit fortrissen und feste Gebäude
wie Kartenhäuser umstürzten.

Wenn wir nun die Frage nach der Grundursache dieser
gewaltigen mechanischen Kraft des Wassers stellen, so könnte
dieselbe auf den ersten Blick als eine ganz überflüssige er=
scheinen, indem Jeder sofort die Antwort als ausreichend
ansehen wird, daß es die den Gesetzen der Schwere folgende
Bewegung des Wassers von der Höhe nach der Tiefe ist,
welche diese mechanische Kraftäußerung erzeugt. Das ist nun
allerdings gar nicht zu bestreiten, aber als Grundursache
können wir dieses deswegen nicht gelten lassen, weil eben doch
wieder eine andere Kraft vorhanden sein muß, welche das
stets abwärts fließende und ins Meer eilende Wasser von
Neuem in die Höhe hebt. Und diese Kraft finden wir aus=
schließlich in der Sonnenwärme, welche das Wasser, wenn
auch nicht im flüssigen Zustande, sondern als Dampf beständig
auf die höchsten Berge fördert, und von da auf den schiefen
Ebenen der Flußbetten wieder hinabfallen und durch diesen
Fall dieselbe Kraft wieder abgeben läßt, welche nöthig war,
um sie in die Höhe zu heben. Von diesem Gesichtspunkte
aus könnte man auch von unseren fließenden Gewässern sagen,
daß sie mit Dampf arbeiten, entspringend aus dem großen

Kessel, dem Ocean, der geheizt wird von dem gewaltigen Feuer
der Sonne, die nicht nur die großartigsten chemischen Wirkungen
im Pflanzen- und Thierreiche, sondern auch die gewaltigsten
mechanischen im Gebiete der anorganischen Natur durch die
geheimnißvollen Mächte Licht und Wärme hervorruft.

---

3. Das Wasser in Beziehung zur Gesundheit des Menschen.

Wasser und Kochsalz sind die beiden einzigen Stoffe,
welche der Mensch unmittelbar aus der anorganischen Natur
aufnimmt und unverändert für seine Blutmasse verwendet.
Die Entbehrung des Wassers wird dem Menschen viel rascher
qualvoll und beeinträchtigt seine Gesundheit viel schneller als
das Fehlen der Speisen. Wie der Genuß reinen Wassers
dem leiblichen Gedeihen höchst förderlich ist, so ist schlechtes,
namentlich durch organische Stoffe verunreinigtes eine Quelle
mannichfacher Krankheiten und Seuchen. Die Sorge für
gutes Trinkwasser ist daher eine der wichtigsten Aufgaben für
den Einzelnen, wie für ganze Gemeinden, die bei dem raschen
Zuwachs namentlich der großen Städte zugleich eine der
schwierigsten wird. Das bloße Wasser für sich dient aber
auch in vielen Fällen als ein sehr gutes Heilmittel, namentlich
ist seine äußere Anwendung zu einem umfangreichen Zweige
der Heilmittellehre angewachsen, der viele Früchte getragen
hat, wenn auch manche derselben als faule zu bezeichnen sein
dürften. Unterstützt wird diese Wirkung noch durch gewisse
mineralische Stoffe, die in manchen Quellen — den sog. Mineralquellen — in größeren Mengen enthalten sind und theils
innerlich theils äußerlich, zum Trinken wie zum Baden, angewendet werden. Dieser kurze Ueberblick mag hinreichen,
um Jeden die mannichfachen Beziehungen ins Gedächtniß zu

rufen, in denen die Gesundheit des Menschen zu dem Wasser steht, und es rechtfertigen, wenn wir dieselben etwas näher betrachten.

Das Trinkwasser.

Dreierlei Quellen für sein tägliches Getränke, so weit es aus Wasser besteht, stehen dem Menschen zu Gebote, die, so verschieden sie auch erscheinen, doch im Grunde alle drei aus demselben Vorrathe gespeist werden, nämlich aus der Atmosphäre. Es sind dieses die natürlichen Quellen, schlechthin Quellen genannt, die Brunnen und die künstlichen Quellen, die sog. artesischen Brunnen.

Unzweifelhaft haben lange Zeit hindurch die ersteren allein die Menschen mit Wasser versehen, oder auch ihre Fortsetzungen, die Flüsse. In warmen, wasserarmen oder mit versiegenden Quellen versehenen Ländern hat wohl die Noth bald gelehrt, Wasser zu sammeln, in den Cisternen, oder nach natürlichen Ansammlungen im Boden zu graben, und in der Nähe von größeren Flüssen hat gewiß der Zufall sehr bald auf die unterirdischen Wassermassen geführt und das Anlegen von Brunnen zur Folge gehabt. Gegenwärtig dürfte in Europa in den höher civilisirten Ländern wohl die überwiegende Mehrzahl der Menschen aus Brunnen ihren Wasserbedarf entnehmen; namentlich gilt dieses für alle großen Städte, von denen die wenigsten überhaupt Quellen besitzen, wenn auch einzelne derselben durch Wasserleitungen Quellwasser aus der Umgegend herbeiführen. Schon die Lage der meisten derselben an Flüssen in dem unteren Theile ihres Laufes ließ die Anlage von Brunnen als das einfachste Mittel erscheinen, Wasser zu bekommen.

In den meisten Fällen ist das Wasser in den Brunnen selbst doppelten Ursprungs; ein Theil desselben wird von dem atmosphärischen Wasser geliefert, der andere von den benach-

barten Flüssen oder Wasseransammlungen. Der erstere Theil
dringt von der Oberfläche des Bodens ein, der zweite kommt
von der Seite her, ohne die oberflächlichen Schichten des
Bodens durchsetzt zu haben. Manche Brunnen werden jedoch
auch nur von atmosphärischem, unmittelbar von oben durch=
sickerndem Wasser gespeist. Daraus ergeben sich sofort als
die zwei unerläßlichen Bedingungen für dies Entstehen und
Bestehen der Brunnen, daß oberflächlich lockere, das Wasser
durchlassende, dagegen in einiger Tiefe unter der Oberfläche
sich solche Massen befinden müssen, welche dem Wasser sein
weiteres Eindringen in das Innere der Erde wehren und
es zurückhalten. Indem es sich hier ansammelt, bildet es das
sog. Grundwasser, dessen Verhältnisse in der neueren
Zeit eine so außerordentliche Wichtigkeit durch die Unter=
suchungen v. Pettenkofer's erlangt haben, daß wir darauf
in der Folge noch einmal zurückkommen wollen, um hier
zunächst nicht die Betrachtung der Quellen des Trinkwassers
zu unterbrechen.

Gräbt man nun so tief hinab, daß man diese unterirdische
Wasseransammlung erreicht, und mauert einen Brunnen so
aus, daß sein Boden tiefer steht als der Spiegel des Grund=
wassers, so wird dieses in ihm sich ansammeln und nach dem
Gesetze, daß in kommunicirenden Röhren das Wasser gleich
hoch stehen muß, so weit steigen, daß der freie Wasserspiegel
im Brunnen und der des Grundwassers im Boden daneben
gleich sind. Der Wasserstand in einem Brunnen giebt uns
daher auch den Stand des Grundwassers im Boden zu er=
kennen. Da die Brunnenfläche im Verhältnisse zu der Fläche,
über die sich das Grundwasser ausbreitet, eine verschwindend
kleine ist, so ist das Pumpen aus den Brunnen von unmerk=
lichem Einflusse auf den Wasserstand im Boden. Je lockerer
dieser ist, desto unmerklicher ist auch die momentane Abnahme
des Wassers in einem Brunnen durch anhaltendes Pumpen;

aber auch in festerem, die Bewegung des Wassers etwas mehr hinderndem Materiale, wie z. B. in feinem Sande, stellt sich in Kurzem auch nach sehr starkem Pumpen der frühere Wasserstand wieder her. Namentlich in Flußthälern, deren Grundwasser mit von den Flüssen gespeist wird, vorausgesetzt daß die wasserhaltende Schichte tiefer liegt als der Fluß, ist dieses Zudrängen des Wassers so energisch, daß man von der Anlegung weiter Brunnenschächte ganz Umgang nehmen kann. Es genügt an vielen Orten eine Röhre von 6 Zoll Weite, die man unter den Spiegel des Grundwassers einigermaßen tief hinabtreibt, um einen ergiebigen Pumpbrunnen zu haben. Auf diese einfache Weise haben sich in dem letzten amerikanischen Kriege die Heere der Nordstaaten in ihren Lagern in wenig Stunden oft gutes Wasser liefernde Brunnen in hinreichender Anzahl verschafft.

Aus dem Gesagten geht hervor, daß ein wesentlicher Unterschied zwischen dem Brunnenwasser und dem Quellwasser nicht besteht; beide sammeln das atmosphärische Wasser, in beiden hat es mehr oder weniger dicke Lagen des Erdreichs durchsetzt. Der einzige Unterschied hinsichtlich der Beschaffenheit des Wassers rührt von der Verschiedenheit des Bodens her, wie ihn in der Regel die Quellen und das Brunnenwasser zu durchlaufen haben. Die ersteren finden sich meistens in bergigem Boden, ihr Sammelgebiet sind Berge oder Hügel, und ihr Wasser dringt gewöhnlich durch eigentliche Gesteine und durchsetzt sie in beträchtlicherer Dicke, sie fließen beständig und bilden keine stillstehende Wassermasse wie die der Brunnen. Bei den letzteren ist das Sammelgebiet meist der bewohnte Boden großer Städte, in der Regel von lockerer Beschaffenheit, Sand, Schlamm oder Gerölle. Die Brunnen sind meist nur von geringer Tiefe, selten über 30 Fuß hinabreichend. Die Quellen haben daher meistens eine gleichbleibende, kaum um einen Grad von der mittleren Temperatur ihres Ausfluß-

ortes abweichende Wärme, während das Brunnenwasser im
Winter bedeutend unter dieselbe herabsinkt und sich im Sommer
über dieselbe eben so viel erhebt.

Noch folgenreicher ist aber diese verschiedene Lage des
Sammelgebietes der Quellen und der Brunnen für die chemische
Beschaffenheit ihres Wassers, und zwar zum Nachtheile der
Brunnen. Die atmosphärischen Niederschläge, Regen, Schnee
und Thau, sind als destillirtes Wasser anzusehen, frei von
allen Bestandtheilen; dagegen enthalten fast alle Quellen und
ausnahmslos alle Brunnen mehr oder weniger aufgelöste
Bestandtheile. Bei den Quellen wechseln sie nach den Gesteinen,
welche sie durchdringen, der Quantität wie Qualität nach; am
wenigsten enthalten die aus Urgebirgsarten und Kieselgesteinen
entspringenden, am reichsten an Mineralstoffen, wenn wir von
den sog. Mineralquellen absehen, deren Verhältnisse später
erörtert werden sollen, sind die Quellen, welche aus Kalk=
gebirgen und aus Gyps hervorkommen. Die letzteren namentlich
eignen sich oft nicht mehr zum Trinken. In den meisten
Quellen schwanken die aufgelösten Bestandtheile zwischen 1 und 2
in 10000 Theilen Wassers. Die Brunnen enthalten meistens
etwas mehr als die aus mineralogisch ähnlich zusammen=
gesetztem Boden hervorbrechenden Quellen, wohl hauptsächlich
aus dem Grunde, weil ihr Wasser sehr langsam im Boden
sich bewegt, und derselbe mehr oder weniger aus Körnern besteht,
dem Wasser also eine viel größere Fläche zum Angriffe für
seine lösenden Kräfte darbietet. Nicht selten steigert sich daher
hier das Verhältniß der aufgelösten Bestandtheile bis auf 7
in 10000 Theilen, ja es kann sich in Städten noch bedeutend
höher heben und zwar vorzugsweise durch die Gegenwart von
nicht mineralischen Stoffen, welche das Wasser zum Trinken
unbrauchbar nnd der Gesundheit höchst nachtheilig machen.
Von allen größeren Städten, in denen man die Aufmerksam=
keit auf den Zustand der Brunnen und die Beschaffenheit des

Wassers in ihnen richtete, hört man dieselbe Klage über schlechtes Trinkwasser. Ueberall enthält es in mehr oder weniger hohem Grade organische Stoffe. Ueber den Ursprung dieser so nachtheiligen Verunreinigungen des Bodens kann kein Zweifel sein. Kloaken, Senkgruben, Gossen und Abzugs= kanäle, ja der ganze Boden einer Stadt liefert solche Stoffe in den Boden, und das atmosphärische Wasser, welches ihn durchdringt und in den Brunnen sich sammelt, muß mit ihnen in Berührung kommen und Theile davon mit sich nehmen. Wenn wir daran denken, daß keine der genannten Vor= richtungen zum Aufnehmen wie zum Ableiten der Flüssigkeiten vollständig wasserdicht ist, so bedarf es eher einer Erklärung, warum so wenig, als warum so viel organische Stoffe in dem Wasser der Brunnen angetroffen werden. Wir finden sie in folgenden Thatsachen. Durch die Auswurfsstoffe und Abfälle organischer Substanzen aller Art wird der Boden um die Stellen herum, wo sie sich sammeln (Kloaken u. dgl.), gleichsam verdichtet und von einer halb schlammigen, halb schleimigen Substanz durchzogen, wodurch das Durchsickern des flüssigen Inhaltes sehr vermindert wird; dann hat auch der Boden die merkwürdige Eigenschaft, aus wässerigen Lösungen gelöste Stoffe zum Theil wieder auszuziehen und festzuhalten, das Wasser wieder zu reinigen, obwohl nicht alle Bodenarten dies vermögen. Dadurch wird nun jedenfalls das Eindringen dieser organischen Stoffe in Lösung in die Brunnen sehr verlangsamt, aber nicht ganz und gar aufgehoben, ja es ist einleuchtend, daß von diesen Herden der Bodenverunreinigung aus die Verderbniß immer weiter und weiter um sich greifen muß und in immer steigendem Grade diese fauligen Stoffe sich dem Wasser beimengen müssen. Ist einmal bis zu den Brunnen hin der Boden von ihnen getränkt, so sind sie für alle Zeit verdorben und unbrauchbar. So erklärt es sich, warum so viele Brunnen scheinbar plötzlich ganz verpestet sind und

warum erst jetzt, nach so langem Bestehen ihrer Brunnen,
aus so vielen Städten dieselbe Klage über Trinkwasserverderbniß
vernommen wird.   Die Verwaltungsbehörden sind überall in
große Schwierigkeiten versetzt, Trinkwasser in hinreichender
Menge zu schaffen. Das nächste Auskunftsmittel ist die Herbei=
leitung von Quellen, worauf man in Wien und in Frankfurt
z. B. sein Hauptaugenmerk in der neuesten Zeit gerichtet hat;
es ist das beste, wo es ausführbar ist und Quellen in hin=
reichender Quantität zu Gebote stehen. Das zweite, ebenfalls
vielfach angewendete ist die Benutzung des Flußwassers, das
filtrirt wird. Ein weiteres führt uns auf die dritte schon oben
erwähnte Quelle für das Trinkwasser, nämlich auf

die artesischen Brunnen.

Schon zum Oefteren hatten wir Gelegenheit gehabt, zu
erwähnen, daß ein großer Theil des Wassers in die Tiefe
dringt und daß nichts dasselbe an seinem Versinken in uner=
reichbare Tiefen hindere, wenn nicht hie und da gewisse Sub=
stanzen wie Thon und Mergel es stellenweise zurückhielten.
Wo das Wasser auf Lagen dieser Massen trifft, da folgt es
biesen; sind dieselben geneigt, so wird es zu einem unter=
irdischen Flusse; bilden sie eine Mulde, so wird dieselbe Ge=
legenheit zu Entstehung einer unterirdischen Wasseransammlung
darbieten, die, wo sie nicht allzutief liegt, noch angebohrt
werden kann. Sprudelt das Wasser aus einer solchen Oeffnung
hervor, so nennt man diese künstliche Quelle einen artesischen
Brunnen. Der Name rührt davon her, daß zuerst in Artois
im Jahre 1126 solche Quellenbohrungen vorgenommen wurden.
Auch diese Erfindung haben zuerst die Chinesen gemacht, die
noch jetzt mit bewunderungswürdiger Ausdauer und Geschicklich=
keit Bohrlöcher selbst 2000 Fuß tief hinabtreiben, vorzugsweise
zur Gewinnung von Salz. Auch bei uns in Europa sind
die tiefsten derartigen Brunnen der unterirdischen Steinsalz=

lager wegen angelegt worden, um durch das Wasser diese sonst nicht erreichbaren Schätze heraufholen zu lassen. Zu Neusalzwerk ist ein solches Bohrloch mit 2144 Fuß Tiefe zu diesem Zwecke angelegt worden. Das tiefste bis jetzt bekannte befindet sich in Sperenberg bei Berlin und geht bis 4042 Fuß unter die Oberfläche des Bodens. Wenn nun auch überall in der Tiefe Wasser vorhanden ist, so ist es doch nicht überall möglich, einen artesischen Brunnen zu bohren und Wasser, das freiwilliges Ausfließen und ein Aufsteigen über den Boden zeigt, zu erhalten. Es müssen zu diesem Zwecke noch ganz besondere Bedingungen erfüllt sein. Die unterirdische ange= bohrte Wassersammlung steigt nämlich nur dann in die Höhe, wenn der künstliche Kanal, das Bohrloch, mit den natürlichen Wasseradern in der Tiefe so kommunicirt, daß sein oberes Ende tiefer liegt als die höchsten Stellen jener wasserführenden Adern. Nach dem Gesetze der kommunicirenden Röhren muß dann das Wasser aus dem Bohrloche über die Oberfläche des Bodens emporsprudeln. Seine Sprunghöhe wird abhängen von der Weite des Bohrloches und von der Differenz der Höhe zwischen dem oberen Ende des Bohrloches und dem der Kanäle, welche das Wasser in die Tiefe führen. Die Ausführung solcher Tiefbohrungen gehört mit zu den schwierigsten Unternehmungen der Technik und zu denen, welche am meisten Geduld und Zeit in Anspruch nehmen. Wenn man bedenkt, daß mit jedem Schuh weiter vorwärts die Arbeit immer mühseliger wird, daß man nie in die Tiefe sehen kann, und wenn irgend etwas Unvorhergesehenes eintritt, z. B. ein Bohrer abbricht, nur mittelst des Gefühles, das die oft mehr als 1000 Fuß langen Instrumente zum Fassen der Bruchstücke wie bei einer chirurgischen Sonde vermitteln, entdecken kann, wie die Bruchstücke liegen, ob Steine sich dazwischen gekeilt oder nicht, wenn man ferner erwägt, daß nur ein sehr enger Raum überhaupt vorhanden ist, indem die Bohrlöcher in

17*

größerer Tiefe meist nur ½ Fuß im Durchmesser haben, so begreift man, welche Schwierigkeiten zu überwinden sind, um endlich das Ziel zu erreichen.

Zu den interessantesten Beispielen gehören die beiden mit Erfolg gekrönten Unternehmungen in Paris. Die erste wurde bei dem Schlachthause von Grenelle angefangen und dauerte von November 1833 bis Ende Februar 1841. Gestützt auf die geologische Untersuchung des Bodens, der eine mulden= förmige Anordnung der tieferen wasserhaltigen Schichten er= kennen ließ, hatte der berühmte Arago gleichsam eine wissen= schaftliche Garantie für den Erfolg des Unternehmens geleistet, bei dem es sich darum handelte, nach seinem Rathe die ganze Kreideformation zu durchbohren, die selbst schon erst in be= trächtlicher Tiefe unter der Oberfläche bei Paris angetroffen wird, und das Wasser auf den Schichten zu erreichen, die bei Troyes, 16 g. M. von Paris, an der Oberfläche erscheinen und sich von da muldenförmig unter diese Stadt hinabziehen. Arago selbst hat eine Beschreibung von diesem großartigen Unternehmen mit seinen unendlichen Schwierigkeiten und Aufregungen gegeben, zu welchen letzteren bald die unsinnig= sten Anfeindungen, bald die ungerechtfertigtsten Verspottungen in den Zeitungen nicht wenig beitrugen. 1834 brach der Bohrer in 7 Stücke; 3 Monate kostete es, sie heraufzubringen. 1837 verursachte das Hinabstürzen eines sog. Löffels, mittelst dessen das Bohrmehl heraufbefördert wird, und das Zerreißen eines Seiles einen Aufenthalt von 14 Monaten, ehe das Weiterbohren fortgesetzt werden konnte. Die Geldmittel waren erschöpft, das Wasser noch nicht da. In der Presse brach ein wahrer Sturm gegen das Unternehmen los; dennoch gelang es Arago wieder, die Fortsetzung des Werkes zu sichern. Endlich am 25. Februar 1841 bei einer Tiefe von 545 Meter = 1677 Fuß brachte der Löffel einen grünen, sehr thonreichen Sand zum Vorschein. Den folgenden Tag zeigte sich derselbe,

der Löffel drang leicht 1½ Fuß ein. „Plötzlich erfuhren die
Pferde, welche zum Drehen des Bohrers verwendet wurden,
einen heftigen Stoß und bewegten ihn dann ohne alle An=
strengung. ‚Der Bohrer ist zerbrochen oder wir haben Wasser,‘
rief der dirigirende Ingenieur. Gleich darauf hörte man ein
helles Pfeifen und mit Gewalt brach das langerwartete
Wasser hervor." In jeder Minute lieferte dieser Brunnen
640 Liter = 10 Eimer Wasser.

Noch großartiger war das Unternehmen in der Vorstadt
Passy, einen Brunnen zu bohren, der das Boulogner Wäldchen
in einen englischen Garten mit Wasserfällen und Seen ver=
wandeln helfen sollte. Ein als ausgezeichneter Ingenieur für
Bohrarbeiten bekannter Deutscher, Kind, machte sich anheischig,
ein Bohrloch von einer durchgängigen Weite von 1 Meter
anzulegen, das die nöthige Wassermenge von 13000 Kubikmeter
täglich oder 3600 Liter in der Minute liefern sollte und
zwar binnen 12 Monaten. Wenn auch Dank den verbesserten
Einrichtungen und der unermüdlichen Thätigkeit dieses Mannes
das Werk bedeutend rascher vorwärts schritt als das Greneller,
so dauerte es doch länger, als man geglaubt hatte. Auch hier
wiederholten sich dieselben Erscheinungen, Muthlosigkeit und
Mißmuth von Seite der Unternehmer, Spott und Hohn von
Seiten des Publikums. Das ganze Werk wäre aufgegeben
worden, oder war eigentlich aufgegeben, und nur durch das
persönliche Interesse des Kaisers Napoleon, der aus seiner
Kabinetskasse die Mittel zur Fortsetzung anwies, wurde dasselbe
zu einem glücklichen Resultate gebracht. Auch hier zeigte sich,
was auch schon in andern Ländern beobachtet wurde, daß
der neu angelegte Brunnen den älteren Abbruch that.
Die Wassermenge, die aus dem Bohrloche von Grenelle
ausfloß, verminderte sich von 640 auf 430 Litres in der
Minute, eine Erscheinung, die nichts Befremdliches an
sich hat, und einen Zusammenhang der unterirdischen Wasser=

masse anzeigt, welche aus den zwei Bohrlöchern zu Tage kommt.

Wir können hier natürlich nicht auf die technische Seite dieser Eröffnungen der unterirdischen Wasserschätze eingehen, nur so viel sei hier bemerkt, daß der Ausdruck „Bohren" nicht ganz richtig die Art und Weise des Eindringens bezeichnet. Es ist vielmehr ein Durchmeiseln der Gesteine. Entweder geradezu wie Meisel geformte Instrumente oder mit einzelnen Zacken oder Zähnen versehene stählerne Werkzeuge werden aufgehoben und fallen dann auf die Gesteine, die auf diese Weise nach und nach zermalmt werden. Natürlich müssen namentlich die ersteren beständig gedreht werden, um ein rundes Loch zu erhalten, und daher kommt wohl auch der Ausdruck Bohren. Das zermalmte Gestein und lockere Massen werden durch den sog. Löffel herausgefördert, eine cylindrische Röhre, die unten mit einer nach innen öffnenden Klappe versehen ist. Wird dieser Löffel hinabgestoßen, so öffnet sich die Klappe und läßt die durch das im Bohrloche meist vorhandene Sickerwasser breiförmige Masse von Steinchen, Sand und feinerem Pulver eindringen. Beim Heraufziehen des Löffels schließt sich die Klappe durch den Druck der eingepreßten Massen und sie können so nach oben gebracht werden.

Doch kehren wir wieder zu dem Wasser der artesischen Brunnen zurück. Ersetzt es wirklich die natürlichen Quellen? Die Frage kann nicht allgemein beantwortet werden. In vielen Fällen ist es so gut als das beste Quellwasser, in manchen ist es nicht zum Trinken geeignet, einmal wegen seiner Temperatur, dann auch wegen der Bestandtheile, die es enthält. Es ist nämlich eine bekannte Thatsache, daß die Temperatur im Innern der Erde mit der Tiefe zunimmt, und zwar beiläufig nach je 100 Fuß um 1° C. In den obersten Schichten des Bodens bemerkt man, wie die alltäglichen Erfahrungen beim Betreten von Kellern lehren, sehr

bald eine Abnahme der Differenz zwischen dem Maximum
und dem Minimum der Temperatur, so daß schon in einer
Tiefe von 60—80 Fuß (sie ist von der Beschaffenheit des
Bodens abhängig) in unseren geographischen Breiten das
ganze Jahr hindurch die Temperatur unverändert bleibt und
gleich ist der mittleren Jahrestemperatur an der Oberfläche
des Bodens. Von diesem Punkte an nimmt nun die Temperatur
überall zu. Ein großer Theil Deutschlands hat eine mittlere
Temperatur von 8°C. Ein artesischer Brunnen, der 1080 Fuß
hinabgeht, wird also auf seinem Grunde eine konstante
Temperatur von $8 + 10 = 18°$C. haben, und das Wasser, das
er liefert, wird dieselbe Wärme besitzen, zum Trinken also
nicht geeignet sein. Alle tieferen artesischen Brunnen werden
deswegen nur ein schlechtes Trinkwasser liefern. Eben so ist
das Wasser derselben sehr häufig so reich an mineralischen
Bestandtheilen, namentlich Kalk, Gyps und Kochsalz, daß es
deswegen wieder nicht zum Trinken oder zum Kochen ge=
braucht werden kann. Handelt es sich daher um Herbeischaffung
von Trinkwasser, und will man es durch artesische Brunnen
erhalten, so muß man dieses Auskunftsmittel als ein höchst
zweifelhaftes ansehen, und es ist ein glücklicher Zufall, wenn
man es bekommt, da es nur aus mäßiger Tiefe trinkbar ist.
Will man dagegen zu anderen Zwecken fließendes Wasser
haben, so kann man in den Ebenen fast überall dasselbe zu
finden hoffen, vorausgesetzt daß man es nicht scheut, bis in
größere Tiefen vorzudringen, und die Bohrstelle nicht so ge=
wählt hat, daß aus geologischen Gründen ein Erfolg nicht zu
erwarten ist.

Die Wärme, welche das Wasser artesischer Brunnen aus
dem Wärmeschatze des Erdinnern heraufbringt, ist schon viel=
fach benutzt worden und oft das einzig wirklich Nutzbare, was
man durch die Bohrung erreichte. Man hat es zum Heizen
von Fabrikanlagen benutzt, indem man es in gewundenen

Blechröhren durch die Räume führte, hat es auf Mühlräder geleitet und dieselben dadurch im Winter vom Eise frei erhalten. Ja es sind schon von Männern, deren Namen in der Wissenschaft einen guten Klang haben, Vorschläge gemacht worden, sehr weite und sehr tief hinabreichende Bohrlöcher anzulegen, um die Hitze in der Tiefe des Erdkörpers auf der Oberfläche verwenden zu können. Unter den gegenwärtigen Verhältnissen würde aber wohl diese Beheizung oder Erwärmung theurer zu stehen kommen als die mittelst unserer gewöhnlichen Brennmaterialien, und wir können uns damit trösten, daß diese Wärme nicht verloren geht und wenn es nöthig sein sollte, künftig einmal herbeigezogen werden kann.

Wie gerechtfertigt der Ausspruch sei, daß überall unter der Oberfläche des Bodens Wasser vorhanden sei, davon haben die letzten Jahre auffallende Beweise geliefert. An den Rändern der Sahara haben französische Ingenieure mit dem glücklichsten Erfolge sehr ergiebige artesische Brunnen gebohrt, von denen einer in einer Tiefe von nur 60 Meter oder 181 Fuß selbst mehr Wasser liefert als derjenige von Grenelle. Auf den ersten glücklichen Erfolg im Jahre 1855 hat man noch an verschiedenen anderen Orten dieser dürren Sandwüste solche Bohrungen, überall mit dem erwünschten Erfolge, vorgenommen, und gegenwärtig sprudeln die unterirdischen Wasser so reichlich, daß sie in einem Tage zusammen 100 000 Kubikmeter Wassers über den Boden ergießen. 150 000 Palmen gedeihen nun an Stellen, an denen nie vorher auch nur ein Hälmchen wachsen konnte; jeder Brunnen giebt Veranlassung zur Bildung einer kleinen Oase, zur Ausbreitung der Herrschaft des Lebens über das todte glühende Sandmeer.

Der Wasserverbrauch großer Städte.

An Orten, an welchen gutes Wasser in reichlicher Menge vorhanden ist, wird wohl kaum die Frage aufkommen, wie viel

man davon brauche oder verbrauche. Wo Ueberfluß ist, denkt
man nicht ans Sparen und rechnet nicht ängstlich, wie viel
man ausgegeben habe oder ausgeben könne. Dagegen ist diese
Frage von der allergrößten Wichtigkeit geworden für die
großen Städte mit ihren verdorbenen Brunnen. Man muß
sie genau beantworten können, ehe man daran geht, Abhülfe
zu schaffen durch kostspielige Wasserleitungen und Herbeiführen
von Quellwassern. Natürlich wird sich auch in dieser Beziehung
nicht eine Stadt genau verhalten wie die andere, Lebensweise,
Gewohnheiten und Geschäfte, auch das Klima, ob feuchter, ob
trockner, werden Unterschiede erzeugen, die mit in Rechnung
zu ziehen sind, wenn es sich um Einrichtung solcher Anlagen
handelt. Man hat zu diesem Behufe in Paris sehr sorgsame
Erhebungen vorgenommen und dabei folgende Zahlen erhalten,
die wohl als allgemeiner Maßstab auch für andere Orte
gelten dürften.

Man fand, daß folgende Zahlen für den täglichen Bedarf
sich herausstellten:

Für jeden Menschen	20	Litres
„ 1 Pferd	75	„
„ 1 zweiräbrigen Wagen	40	„
„ 1 vierräbrigen Wagen	75	„
„ je 1 Quadratmeter Garten	1$\frac{1}{3}$	„
„ je 1 Pferdekraft einer Hochdruckmaschine	1—50	„
„ „ „ „ „ zur Kondensation . . .	10	„
„ „ „ „ „ einer Niederdruckmaschine .	20	„
„ 1 Bad	300	„
„ 1 Litre Bier	4	„

Vertheilt man nach diesen Annahmen den täglichen Ge=
brauch auf die Zahl der Einwohner, so findet man, daß, um
allen Anforderungen zu genügen, auf jeden Kopf täglich
50 Litres = 46$\frac{1}{2}$ bayr. Maß = 1,4 Pariser Kubikschuh zu
rechnen seien. Nehmen wir z. B. eine Stadt mit circa

500000 Einwohnern an, so würden diese unter Zugrunde-
legung der obigen Zahlen 625000 Kubikfuß, in jeder Sekunde,
da der Tag 86400 Sekunden hat, demnach 7¹/₅ Kubikfuß
Wasser nöthig haben. Ein viereckiger Kanal von 2 Fuß Breite
müßte stets 1 Fuß hoch gefüllt sein mit Wasser, das mit
einer Schnelligkeit von 3¹/₂ Fuß in der Sekunde flösse, um
diese Menge zu liefern. Man sieht sofort, daß mehrere sehr
ergiebige Quellen hinreichen würden, diese Wassermasse herbei-
zuschaffen. Daß übrigens diese Berechnung nicht zu hoch
gegriffen ist und daß manche Städte ebenfalls durch Wasserleitungen mit reichlicheren Mengen versehen sind, ergiebt
folgende Tabelle. Es kommt nämlich auf jeden Einwohner
täglich

	in Rom	944	Litres
„	New York	568	„
„	Carcassone	400	„
„	Marseille	186	„
„	Glasgow	100	„
„	London	95	„
„	Genf	74	„
„	Philadelphia	70	„
„	Edinburg	50	„

Das Eis.

Wir hatten oben als einen Hauptfehler des Wassers
vieler artesischer Brunnen die zu hohe Temperatur angeführt,
die es zum Trinken unbrauchbar macht, auch wenn es sonst
seiner chemischen Zusammensetzung nach wohl geeignet dazu
wäre. Derselbe Uebelstand findet sich bei dem filtrirten Flußwasser im Sommer und macht auch dieses zu einem sehr
unerquicklichen Getränke. In wärmeren Ländern ist jedes
Wasser von höherer Temperatur, und man hat in diesen seit

alten Zeiten auf mannichfache Weise dieselbe zu erniedrigen gesucht. Dazu stehen zwei Mittel zu Gebote, nämlich Erzeugung einer energischen Verdampfung auf der Außenfläche des Wassergefäßes, oder Abkühlung durch Eisstückchen. Das erstere geschieht in den Abkühlungskrügen, die aus einer porösen Masse bestehen, aus der fortwährend feine Tröpfchen Wassers aus dem Innern ausschwitzen. Indem diese anhaltend verdunsten, kühlen sie das Wasser im Gefäße merklich ab, natürlich lange nicht so gut, als es durch hineingeworfene Stückchen Eis möglich ist. Das letztere ist freilich nur in beschränktem Maße und nicht überall zu haben, doch steigt der Verbrauch desselben in den warmen Ländern Dank den rascheren Verkehrsmitteln immer mehr. Ganze Schiffsladungen voll Eis gehen jetzt von Nordamerika nach Indien, und die harten Winter der vereinigten Staaten sorgen so für eine Erquickung in der tropischen Hitze Asiens. Die Stadt Boston allein beschäftigt 4000 Arbeiter mit dem Eishandel und geht in dem Eisverbrauch mit dem besten Beispiele voran, indem sie für sich 100 000 Tonnen davon jährlich consumirt. Schon zur Zeit der ersten römischen Kaiser war ein sehr lebhafter Handel mit Eis in Rom, theils von den Apenninen, theils von dem Aetna her, der trotz der glühenden Lava in seinem Leibe seinen Scheitel mit Schnee bedeckt trägt. Früher war er Eigenthum der Priester des Vulkans, die einen Tempel zur Aufbewahrung des Schnees und Eises errichtet hatten. Später war der Bischof von Katanea Besitzer solcher Schneefelder, die den beträchtlichsten Theil seiner Einkünfte bildeten und Ende des vorigen Jahrhunderts jährlich 20 000 Francs eingetragen haben. In ähnlicher Weise wandern die Schnee = und Eismassen des Ural und des Kaukasus in den wärmeren Orient, und die Gletscher Norwegens senden ihre Eisblöcke nach Süden, namentlich nach Frankreich; auch die Schweizer und Tiroler Gletscher werden schon ausgebeutet.

Auch in den Haushalt einfacher Familien — und zwar nicht für den Luxusartikel der gefrorenen Pflanzensäfte — findet das Eis immer mehr Eingang, eben so wohl zum Erfrischen und Abkühlen des Wassers, als zum Erhalten von Lebensmitteln, welche in der Hitze leicht verderben. Die sog. Eisschränke werden und zwar mit Recht wohl bald als ein wenn auch nicht unentbehrlicher, so doch sehr nützlicher Hausrath überall sich einen Platz in den Häusern erobern. Da man nicht immer und nicht an allen Orten genug Eis haben kann, so hat man vielfach von dem früher nur den Physikern bekannten Verfahren, künstlich aus Wasser Eis darzustellen, Gebrauch zu machen versucht und vielfache Apparate ersonnen, um billig und rasch sich Eis auch in geringen Quantitäten zu verschaffen.

Wir haben im 1. Kap. des III. Abschnittes das Verhalten des Wassers gegen die Wärme näher besprochen und gezeigt, wie die Aggregatzustände desselben von dieser bedingt sind; wir können sagen: Wasser ist Eis mit gebundener Wärme, Eis ist Wasser mit freigewordener Wärme. Nehmen wir daher dem Wasser seine gebundene Wärme, so wird es Eis. Dasselbe gilt auch für alle übrigen Körper. Jeder Uebergang eines Stoffes aus dem festen in den flüssigen oder von diesem in den gasförmigen Zustand ist von einer bedeutenden Wärmebindung begleitet, die wir als Erkältung bezeichnen. Je rascher diese Uebergänge erfolgen, desto beträchtlicher ist die Abkühlung des Körpers, dem die Wärme entzogen wird. Benetzen wir unsere Hand mit Wasser, so bemerken wir eine schwache Abkühlung, indem dasselbe verdampft; sie wird schon merklicher, wenn wir die befeuchtete Hand einem Zuge oder Winde aussetzen, weil unter diesen Umständen die Verdampfung lebhafter ist. Bringen wir etwas Weingeist oder Schwefeläther auf die Hand, die ungleich rascher verdunsten als Wasser, so empfinden wir ein lebhaftes Kältegefühl. Die Wärme, welche den Aether in Dampf verwandelt, ist größtentheils und rasch unserer Hand genommen worden. Wir können daher auf doppeltem Wege Wasser durch rasche Abkühlung in Eis verwandeln, einmal indem wir es mit sehr rasch verdampfenden Substanzen umgeben, oder indem wir sehr leicht auflösliche d. h. sehr rasch flüssig werdende Substanzen in dasselbe bringen.   Das letztere Verfahren ist das billigere.

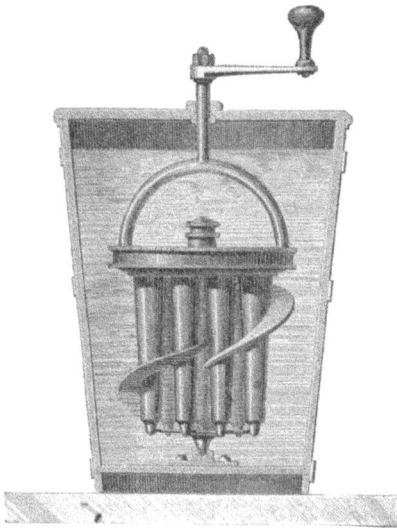

Fig. 55. Eismaschine nach Goubaud.

Man hat verschiedene solcher sog. Kältemischungen angegeben, die alle nach demselben physikalischen Gesetze Wasser in Eis verwandeln. Wir wollen einige der einfachsten hier mit ihrer Wirkung anführen:

Mischung			Temperaturerniedrigung
Wasser	. . . . . .	10 Theile	
Salmiak	. . . . . .	5 „	von 10° auf — 16°
Salpeter	. . . . .	7 „	
Wasser	. . . .	1 „	
Salpetersaures Ammoniak		1 „	von 10° auf — 10°
Schwefelsaures Natron		8 „	von 10° auf — 17°
Salzsäure	. . . . . .	5 „	

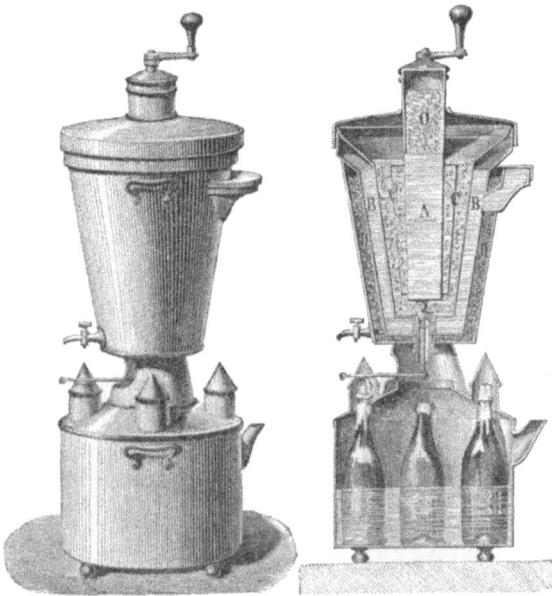

Fig. 56. Eismaschine für den Hausbedarf.

Als das einfachste und billigste ist das an zweiter Stelle genannte Gemisch zu bezeichnen, indem die Substanz nach dem Eintrocknen immer wieder benutzt werden kann und

gegenwärtig sehr billig ist, da ein Pfund nur 1 Mk. 20 Pf.
kostet. Die Figuren 55 und 56 stellen zwei einfache Apparate
für Eisfabrikation dar.

Ein drehbares Stativ enthält eine Reihe cylindrischer,
unten etwas enger werdender Röhren von Blech, welche mit
Wasser gefüllt und oben verschlossen werden. Man bringt
diese Vorrichtung in ein hölzernes Gefäß mit Wasser, in das
man die gleiche Gewichtsmenge salpetersauren Ammoniaks
wirft und sofort durch rasches Drehen an der hervorstehenden
Kurbel zum schnellen Auflösen bringt. Das Wasser in den
Blechcylindern verwandelt sich dadurch in Eis.

Eine ähnliche Einrichtung zeigt der Apparat Fig. 56,
der im Wesentlichen aus mehreren in einander stehenden Blech=
gefäßen besteht. A und B enthalten das zum Gefrieren be=
stimmte Wasser, in C, D, O befindet sich die Kältemischung.
Der Apparat steht auf einem Gefäße, in welches durch eine
Klappe am untern Ende das von dem schmelzenden Eise
gebildete Wasser zur Abkühlung darin aufgestellter Gefäße
langsam abgelassen werden kann. Auch die Kälte, welche
entsteht, wenn ein Körper aus dem flüssigen in den gas=
förmigen Zustand übergeht, hat man zur Erzeugung von Eis
benutzt. Am besten eignet sich dazu das Ammoniak, und
Carré in Paris hat einen Apparat konstruirt, der in kurzer
Zeit beträchtliche Mengen von Eis auf diese Weise erzeugt.
Seine Einrichtung ist übrigens so komplicirt, daß wir auf
eine Beschreibung desselben verzichten müssen.

Die Mineralquellen.

Daß nicht alle Quellen reines und einfaches Trinkwasser
liefern, davon kann man sich schon durch den Geschmack leicht
überzeugen. Zu allen Zeiten hat man diesen besonderen
Wassern auch besondere Eigenschaften, oft zauberhafte Kräfte
beigelegt, und bis in unsere Zeiten herein hat sich im Volke

der Glaube an ganz merkwürdige Wirkungen mancher Quellen
erhalten, auch wenn weder der Geschmack noch die chemische
Untersuchung etwas Besonderes in deren Wasser finden konnte.
Die Wissenschaft hat es natürlich nur mit den Quellen zu
thun, welche bestimmte dem Wasser an und für sich fremde
Bestandtheile enthalten. Eine genaue Definition, was eine
Mineralquelle sei, läßt sich nicht geben, weil ja genau genommen alle unsere Quellen Mineralquellen sind, alle nicht
ganz frei von Mineralstoffen sich zeigen. In ganz guten
Trinkwassern sind davon im Durchschnitte 2—4 Gran auf
ein Pfund Wasser enthalten. Man bezeichnet gewöhnlich nur
diejenigen mit diesem Namen, welche schon durch den Geschmack
die Anwesenheit derselben in etwas größerer Menge verrathen,
also solche Stoffe enthalten, welche sich etwas leichter in
Wasser lösen. Der durchschnittliche Gehalt an festen Bestandtheilen beträgt 10—40 Gran aufs Pfund. Den stärksten
zeigen die Bitterwässer mit 126—222 Gran, der nur von
den Kochsalzquellen übertroffen wird. Außer den schon im
IV. Abschnitte S. 155 genannten Stoffen, die wir fast in
allen Flüssen finden, enthalten die Mineralquellen vorzugsweise folgende Salze: Kochsalz, schwefelsaures Natron und
Kali, schwefelsaure Bittererde, kohlensaures Natron und Kali,
kohlensaures Eisenoxydul. Dazu gesellen sich hie und da,
wenn auch in höchst geringen Quantitäten, Kupfer, Blei,
Arsenik, Antimon und andere Metalle in verschiedenen Kombina-
tionen hinzu. In manchen bilden Schwefelverbindungen den
wichtigsten Bestandtheil; in der neueren Zeit hat man in
einigen das früher nur aus der Asche von Meerespflanzen
bekannte und als ein sehr energisches Heilmittel erkannte Jod
gefunden. Manche enthalten bedeutende Massen von Kohlensäure; außerdem kommt nur noch von Gasarten das Schwefelwasserstoffgas in Betracht, das sich schon in sehr geringer
Menge durch seinen eigenthümlichen, an faulende Eier er-

innernden Geruch erkennen läßt. In manchen Quellen findet
man auch organische Stoffe von verschiedener chemischer Natur;
ihre Gesammtmenge ist sehr gering, nie mehr als ½ Gran
auf ein Pfund Wasser. Einer derselben, der sich beim Ab=
dampfen als ein gallertartiger Stoff zeigt, hat den Namen
Baregin nach der Quelle von Barèges erhalten. Auffallend
ist auch bei manchen warmen Mineralquellen der Geruch nach
Fleischbrühe, der in ihrer Nähe sich zu erkennen giebt, z. B.
am Karlsbader Sprudel und in Gastein, obwohl gerade die
letztere Quelle kaum noch erkennbare Spuren von organischen
Stoffen enthält. Da nicht nur in der Ackererde, sondern
auch in manchen festen Gesteinen, z. B. Kalksteinen, organische
Stoffe sich finden, hat ihre Gegenwart in den Quellen nichts
Befremdliches. Ob ihnen eine Heilwirkung zuzuschreiben sei,
ist noch nicht ausgemacht, bei der so geringen Menge auch
sehr zweifelhaft.

Was die Temperatur der Mineralquellen betrifft, so
finden wir bei denselben alle Grade, welche das Wasser zeigen
kann, von den niedrigsten Temperaturen bis zur Siedhitze.
Ein Zusammenhang zwischen der Temperatur und der Menge
der aufgelösten Bestandtheile findet übrigens durchaus nicht
statt; manche kalte Quellen sind sehr reich an aufgelösten
Bestandtheilen, umgekehrt finden wir unter den heißesten
Quellen solche, welche fast gar keine mineralischen Stoffe
enthalten, wenigstens nicht mehr als die Mehrzahl der ein=
fachen reinen Quellen.

Man hat früher wie über die Entstehung der Quellen
überhaupt, so auch über den Ursprung ihrer Bestandtheile
sehr sonderbare Vermuthungen aufgestellt. Seitdem feststeht,
daß alle Quellen aus atmosphärischem Wasser entstehen, das
den Boden durchdringt, konnte auch kein Zweifel darüber mehr
herrschen, woher sie ihre aufgelösten Stoffe nehmen. Sie
sind nur dem Boden entnommen, durch den sie fließen. Wenn

wir bedenken, welche bedeutende Massen der Erdrinde das
Wasser zu durchsetzen hat, daß sich endlich in einer Quelle
sammelt, so wird es uns nicht in Verwunderung setzen, wenn
wir in diesen Bestandtheile in größerer Menge finden, die
man im Boden kaum nachzuweisen im Stande ist. In den
wenigsten Fällen hat man übrigens darnach gesucht; wo es
aber geschehen ist, wo man größere Massen der Gesteine,
aus denen die Quellen ihren Ursprung nehmen, näher unter=
sucht hat, sind auch immer die Bestandtheile der Quellen
aufgefunden worden.   Strube in Dresden hat, auf diese
Erfahrungen gestützt, verschiedene Mineralwasser in der Weise
erzeugt, daß er gewöhnliches Wasser unter höherem Drucke
auf die gepulverten Gesteine einwirken ließ, aus denen Mineral=
quellen zum Vorschein kommen.

Wir haben oben eine Reihe verschiedener Bestandtheile
erwähnt, die am häufigsten in den Mineralquellen sich finden.
Je genauer man dieselben untersucht, desto größer wird die
Anzahl der Stoffe, welche man in ihnen nachweisen kann.
Eine Heilwirkung können wir nach den bis jetzt vorliegenden
Thatsachen nur den dort genannten zuschreiben. Wenn wir
nun bedenken, daß sich diese Bestandtheile in der mannich=
fachsten Weise und in den wechselndsten Mengen mit einander
in verschiedenen Quellen verbinden, so begreifen wir, daß die
Wirkungen der verschiedenen Mineralquellen sehr verschieden
sind und daß es höchst schwer ist, eine Klassifikation derselben
nach ihren Bestandtheilen vorzunehmen. Da aber in der
Regel doch ein oder der andere vorwiegend ist, so kann man
darnach eine Eintheilung derselben vornehmen, die übrigens
in manchen Fällen immerhin willkührlich ist, indem manche
Quelle eben so gut zu dieser als zu jener Gruppe gestellt
werden kann. Da die verschiedenen Eigenschaften der Salze
— und mit solchen haben wir es in den Mineralquellen fast
ausschließlich zu thun — mehr von den Säuren als von den

Basen abzuhängen scheinen, obwohl diese letztere in den Salzen der schweren Metalle hinsichtlich ihrer medicinischen Wirkung diesen ihren Charakter verleihen, so kann man die Mineralquellen noch am besten nach jenen eintheilen, und zwar in solche, welche vorwiegend kohlensaure, oder schwefelsaure, oder Chlor-, Jod- und Bromverbindungen enthalten. Daran reihen sich als eine besondere Ordnung die Schwefelquellen, welche theils Schwefelwasserstoffgas, theils Schwefelmetalle, vorzugsweise Schwefelnatrium führen.

Da im Mineralreich die Kohlensäure die wichtigste Rolle spielt, einen nie fehlenden Bestandtheil der Atmosphäre bildet und sich leicht mit dem Wasser verbindet, auch in der Erdrinde auf verschiedenem Wege, namentlich durch den Verwesungsprozeß entsteht, so sind auch die Kohlensäure haltenden Quellen die allerhäufigsten. Wo sie im freien Zustande d. h. nicht an Basen gebunden und in größerer Menge in dem Wasser enthalten ist, bedingt sie nicht selten ein Aufschäumen der Quellen, wie ein moussirendes Getränk. Diejenigen Wasser, welche dem Volumen nach wenigstens so viel freie Kohlensäure als Wasser entwickeln, heißen Säuerlinge. Gewöhnliches Wasser kann nämlich bei einer Temperatur zwischen 12—18° und bei dem Drucke einer Atmosphäre 1,06—1,08 seines Volumens an Kohlensäure aufnehmen. So wie der Druck abnimmt oder die Temperatur zunimmt, verringert sich diese Fähigkeit, die Säure wird frei und entweicht; bei zunehmendem Drucke steigert sich das Vermögen Gas aufzulösen, und man begreift daher leicht, warum aus ziemlicher Tiefe kommende Säuerlinge an der Oberfläche so stark schäumen, da eben oben der Druck der Wassersäule fehlt, der in der Tiefe die Kohlensäure in größerer Menge auflösbar macht. Daher ist auch der Barometerstand nicht ohne merklichen Einfluß auf die Gasentwicklung mancher Säuerlinge. In Deutschland sind dieselben außerordentlich häufig, namentlich in der Nähe vulkanischer und basaltischer Berge, und ziehen sich, überall diese begleitend, von der Eifel bis an das Riesengebirge, stellenweise in großer Anzahl auf beschränktem Raume hervorbrechend. Um Marienbad finden sich z. B. in einem Umkreise von 3 Stunden 124 Sauerwasser! Sehr selten sind die Säuerlinge arm an Salzen, meistens enthalten sie ziemlich viel davon, namentlich kohlensauren Kalk, kohlensaure Magnesia, kohlensaures Eisenoxydul und kohlensaures Natron. Die

Fig. 57. Grande-Grille in Vichy.

beiden ersteren sind in medicinischer Beziehung ziemlich gleichgültig, während dagegen die beiden letzteren zu den allerwichtigsten Heilstoffen der Mineralquellen gehören und die Wirksamkeit mancher derselben vorzugsweise bedingen. Die eisenhaltigen werden gewöhnlich mit dem Namen Stahlquellen bezeichnet. Die bekanntesten sind Pyrmont mit 0,58 — 1 Gran in einem

Pfund Wasser (das Pfd. zu 7680 Gran gerechnet), Bocklet 0,67, Spaa 0,87, Schwalbach 0,8 — 1, Steben 1,2.

Das kohlensaure Natron, in Wasser leicht löslich, findet sich nicht sehr häufig in den Mineralquellen, aber ebensowohl in kalten wie in warmen. Zu den berühmtesten Heilquellen gehören gerade solche, die durch ihren großen Gehalt an kohlensaurem Natron ausgezeichnet sind. Wir nennen hier nur Ems mit 9,7 und 10,7 Gran auf 1 Pfund Wasser, Franzensbad bei Eger mit 5 — 9, Karlsbad mit 9,76, Teplitz mit 12,2, Fachingen mit 16,4. Alle diese werden aber noch übertroffen von der Quelle Grande-Grille zu Vichy (Fig. 57), die 29 Gran enthält. Seit alter Zeit berühmt, ist es einer der besuchtesten Badeorte aller Länder geworden.

Auch die schwefelsauren Verbindungen sind in den Mineralquellen ziemlich häufig, manche derselben sind sehr leicht, manche dagegen sehr schwer löslich. Die am meisten verbreiteten sind: der schwefelsaure Kalk (Gyps), die schwefelsaure Bittererde (Bittersalz), das schwefelsaure Natron (Glaubersalz); selten ist das schwefelsaure Kali und noch seltener das schwefelsaure Eisenoxydul. Was den ersteren betrifft, so ist derselbe eher ein schädlicher Bestandtheil zu nennen, indem er in etwas größerer Menge die Verdauung stört; nach einer allbekannten Erfahrung kommen in den meisten, Gypswasser enthaltenden Gegenden Kröpfe ungewöhnlich häufig vor. Von dem zum Trinken benutzten bekannteren Mineralwassern enthalten Kissingen (Rakoczy) 2,99, Pyrmont 7,6 Gran, Kannstatt 6—10 Gran. Dagegen von entschiedener Heilwirkung ist die schwefelsaure Bittererde und das schwefelsaure Natron, die meistens auch vereint sich finden. Erstere kommt oft in größerer Menge vor als irgend ein anderer Bestandtheil der Quellen, mit Ausnahme des Kochsalzes. Im Rakoczy sind 4,5, im Friedrichshaller Bitterwasser 35, im Saidschützer 81,

im Püllnaer 67—93, im Epsomer 240 Gran. Das schwefel=
saure Natron ist ebenfalls noch ziemlich häufig, es beträgt in
Bilin 13,8, in Karlbad fast 19, in Eger 18—25,6, in Said=
schütz 22—27, im Marienbader Kreuzbrunnen bis 38, im
Püllnaer Wasser 92—124 Gran. Da die Kalisalze in den
Quellen überhaupt selten sind und ihrer Menge nach stets
den andern nachstehen, übergehen wir dieselben hier.

Von Chlorverbindungen finden sich in den Mineral=
quellen in größter Menge das Kochsalz (Chlornatrium) und
die auch dem natürlichen Kochsalze beigemengten Chlorüre,
nämlich Chlorcalcium und Chlormagnesium. Das Kochsalz
macht in vielen auch zum Trinken benützten Quellen den
überwiegenden Bestandtheil aus und findet sich fast in allen
Mengenverhältnissen von 0 bis zum Sättigungsgrade des
Wassers, letzteres in manchen Soolen. Ein Pfund gesättigter
Salzlösung enthält 2027 Gran davon. Von den bekannteren
Mineralquellen enthalten Marienbad 1,7, Steben 7, Ems 7,7,
Selz 11,7, Selters 16, Warmbrunn 18,8, Baden=Baden 16—20,
Aachen 20, Karlsbad bis 34, Kissingen (Rakoczy) 44,7, Wies=
baden 45 und 53, Pyrmont bis 65, Friedrichshall 61—70,
Kreuznach 60—90, Kissingen (Soolsprudel) 107,5, Schönebeck=
Elmen (Trinkquelle) 201, Achselmannstein 1719. Es findet
sich das Kochsalz mit einer großen Anzahl anderer Salze
verbunden und wird fast in keiner Mineralquelle ganz vermißt.
Chlormagnesium und Chlorcalcium finden sich mit Ausnahme
der eigentlichen Soolenwässer stets nur in geringer Menge,
oft zusammen, oft nur eines allein, z. B. im Rakoczy, der
2,3 Chlormagnesium ohne Chlorcalcium enthält.

Die Jod und Brom enthaltenden Quellen sind selten,
wenigstens diejenigen, welche so viel enthalten, daß man eine
größere Wirkung von ihnen erwarten kann als von den
meisten gewöhnlichen Trinkwassern. Während man nämlich
früher das Jod zu den Stoffen rechnete, welche die geringste

Verbreitung haben, und es nur aus der Asche einiger See=
pflanzen darstellen konnte, hat sich durch genauere Unter=
suchungen herausgestellt, daß es ein sehr verbreiteter Stoff
ist; wenn es auch nirgends in größerer Menge sich findet,
hat man es doch schon in der Luft, im Regen, Schnee und
Thau nachgewiesen. In manchen Brunnenwassern beträgt
es $^1/_{100000}$ Gran im Pfund. Etwas mehr Jod als die ge=
wöhnlichen Trinkwasser enthalten folgende Mineralquellen:
Vichy 0,0008, Aachen 0,003, Saidschütz 0,03, Tölz 0,29,
Adelheidsquelle zu Heilbrunn 0,15—0,18 (nach älteren Angaben
selbst 0,7). Das Jod ist immer in den Quellen an ein anderes
Element, Natrium, Kalium, Magnesium, oder Calcium gebunden,
die oben angegebenen Zahlen zeigen den reinen Jodgehalt an.
Aehnlich wie das Jod verhält sich auch das Brom. Beide
sind ebenfalls häufig mit einander zu finden. Es enthält
Brom Selters 0,0001, Emser Kesselbrunnen 0,003, Tölz 0,014,
Aachen 0,02, Wiesbaden 0,1, Reichenhall 0,19, Kreuznach
(Elisabethquelle) 0,24, Adelheidsquelle 0,09 — 0,28, Püllna 0,5.

Die Schwefelquellen geben sich meistens schon durch
ihren eigenthümlichen Geruch zu erkennen, indem das in ihnen
meist vorhandene Schwefelwasserstoffgas den bekannten an
faulende Eier erinnernden Geruch verursacht. Der Schwefel
verbindet sich sehr leicht mit den Metallen, in den Quellen
ist das häufigste das Schwefelnatrium, gewöhnlich sind auch
noch schwefelsaure Salze vorhanden. Auch die stärkeren Schwefel=
quellen enthalten nur wenig Schwefelwasserstoff und Schwefel=
natrium. Weilbach, Aachen, Nenndorf sind die bekanntesten
und stärksten. Weilbach enthält 0,127 Gran, Aachen 0,018—0,07
Schwefelnatrium, Nenndorf 0,134 — 0,555 Schwefelcalcium.
Am reichsten sind die Schwefelquellen der Pyrenäen, die durch=
schnittlich 0,33 Gran Schwefelnatrium enthalten, das in einigen
bis fast auf 1 Gran steigt. Was die übrigen Bestandtheile
der Mineralquellen betrifft, so kommen sie bei ihrer Heil=

wirkung nicht in Betracht. Da sie in der Regel äußerst genau untersucht worden sind, so dürfen wir uns nicht wundern, daß in manchen eine sehr große Anzahl von Stoffen gefunden wurde; doch sind in der Regel nur wenige in einer Quelle in solchen Mengen vorhanden, daß wir sie als wirksam ansehen können, wie aus den Beispielen, die wir hier für Quellen= analysen noch zum Schlusse geben, deutlich hervorgeht. Wir wählen zu diesem Behufe Karlsbad, Kissingen (Rakoczy), Pyrmont, Kreuznach und Aachen als Beispiele für jede der oben genannten Familien der Quellen aus. Es enthalten aber

	Karlsbad	Rakoczy	Pyrmont (Trinkquelle)
Kohlensäure	11 Kubikzoll	30,1 Kubikzoll	60,5 Kubikzoll
Kohlensaures Natron .	9,695	—	—
Kohlens. Magnesia ..	1,369	0,130	0,323
Kohlens. Kalk ...	2,370	8,148	5,988
Kohlens. Strontian ..	0,007	—	—
Kohlens. Eisen ...	0,027	0,142	0,490
Kohlens. Mangan ..	0,006	Spuren	0,048
Schwefels. Natron ..	19,869	—	2,145
Schwefels. Magnesia .	—	4,508	2,697
Schwefels. Strontian .	—	—	0,020
Schwefels. Kali ...	—	—	0,049
Schwefels. Kalk ...	—	2,990	—
Fluorcalcium ...	0,024	—	—
Chlornatrium ...	—	44,713	—
Chlorkalium	—	2,203	—
Chlorlithium	—	0,153	—
Chlormagnesium .	—	2,323	1,126
Salpeters. Natron ..	—	0,064	—
Bromnatrium ...	—	0,071	—
Phosphors. Kalk ..	0,001	0,043	—
Phosphors. Thonerde .	0,002	—	—
Kieselsäure	0,577	0,099	0,496
Ammoniak	—	0,007	—
Summa d. festen Theile	33,947	65,702	13,582

Kreuznach		Aachen (Kaiserquelle)	
Chlornatrium . . .	59,665	Chlornatrium . . .	26,394
Chlorkalium . . .	0,407	Schwefels. Kali . .	1,544
Chlorlithium . . .	0,056	Schwefels. Natron .	2,827
Chlormagnesium . .	0,679	Kohlens. Natron . .	6,504
Chlorcalcium . . .	2,561	Kohlens. Magnesia .	0,514
Chlormangan . . .	0,654	Kohlens. Kalk . . .	1,585
Jodnatrium . . .	0,044	Kohlens. Eisenoxydul .	0,095
Brommagnesium . .	1,367	Kohlens. Lithium . .	0,003
Bromcalcium . . .	6,602	Kohlens. Strontian .	0,002
Chloraluminium . .	0,432	Bromnatrium . . .	0,036
Kohlens. Magnesia .	0,478	Jodnatrium . . .	0,005
Kohlens. Kalk . . .	0,613	Schwefelnatrium . .	0,095
Kohlens. Eisenoxydul	0,364	Kieselerde	0,661
Kieselsäure	0,031	Organ. Materie . .	0,752
			41,019 in
		10 000 Theilen Wasser.	

Bäder.

Wir haben hier, da wir von den Heilkräften des Wassers sprechen, zunächst nur die eigentlichen Mineralbäder im Auge, und sehen von den warmen wie kalten Bädern aus gewöhnlichem Wasser ganz ab, ohne damit deren Nutzen für Gesunde wie für Kranke antasten zu wollen. Was die Wirkung der Mineral=bäder, zu denen wir auch die Seebäder zu rechnen haben, betrifft, so ist dieselbe vorzugsweise durch die Bestandtheile des Wassers bedingt, das zu Bädern verwendet wird. Stoffe, die durch den Magen nicht leicht aufgenommen werden, ohne die Verdauung zu stören, oder Wässer, die wegen ihres hohen Gehaltes an gelösten Bestandtheilen sich nicht mehr zum Trinken eignen, können durch Bäder noch dem Organismus einverleibt werden. Es ist ja auch eine bekannte Thatsache, daß manche Mineralwasser unverändert theils zum Trinken, theils zum Baden verwendet werden. Während beim Trinken nur durch den Uebergang des Wassers in das Blut eine Wirkung ver=

mittelt wird, kommt bei den Bädern zu dieser noch der Einfluß, den die Bäder direkt auf die Thätigkeit der Haut und indirekt durch Vermittlung der Hautnerven auf das ganze Nerven= system ausüben. Es ist daher die Wirkung der Bäder und ihr Anwendung eine viel mannichfachere. Eine Trennung der Mineralquellen in solche, deren Wasser nur zum Trinken, oder nur zum Baden verwendet werden, ist nicht wohl durch= zuführen; mit Ausnahme des Meerwassers und der eigent= lichen Soolen, welche ausschließlich zum Baden benutzt werden, gebraucht man die meisten zum Baden, wie zum Trinken. So wenig, wie wir im vorigen Abschnitt näher auf die medi= cinischen Eigenschaften der Quellen eingingen, eben so wenig soll es hier in Beziehung auf die Bäder geschehen. Das, was bei einer Besprechung der Verhältnisse des Wassers nicht übergangen werden darf, ist schon unter dem Abschnitte „die Mineralquellen" erwähnt worden. Eben so kann auch hier die künstliche Erzeugung von Mineralwassern, die in der neueren Zeit ein immer mehr sich steigernder Industriezweig wird, nicht näher erörtert werden, da solche Ausführungen uns zu weit in das Gebiet der Technologie und von unserem Ziele abführen würden.

Dagegen dürften wohl noch einige Worte über die Temperatur der Mineralwasser am Platze sein. Wir haben oben S. 262 bei den artesischen Brunnen schon erwähnt, daß die Temperatur mit der Tiefe der Bohrlöcher stetig zunehme. Die Mineralquellen liefern uns einen weiteren Beweis für dieses Gesetz, indem sie ihre Wärme auch nur dem Boden verdanken, durch den sie strömen. Wir dürfen deswegen auch annehmen, daß sie aus um so größerer Tiefe kommen, je höher ihre Temperatur ist, und eben so auch den Schluß ziehen, daß flüssiges Wasser in den Spalten des Bodens nur bis zu einer gewissen Tiefe in die Erde eindringen kann. Man hat, da die verschiedenen Beobachtungen in den Bohrlöchern und Bergwerken kleine Differenzen für die Größe geben, um welche die Temperatur für eine bestimmte Anzahl von Fußen zunimmt, 10—15 000 Fuß Tiefe als diejenige berechnet, in welcher der Siedepunkt des Wassers herrscht. Demnach könnte flüssiges Wasser nicht einmal ganz eine Meile tief in das Innere der Erde durch feinere Spalten eindringen, doch sind alle diese Zahlen nur als unsichere Näherungswerthe zu bezeichnen. Wir lassen nun zum Schluß einige Angaben über die Temperatur der bekanntesten Mineralquellen Deutschlands und der Schweiz nebst denen einiger andern europäischen Länder folgen.

Badenweiler	21—22,0° R.
Kreuznach	19—24,0
Schlangenbad	22—24,5
Wildbad (Schwarzwald)	23—30,0
Gastein	30—38,0
Teplitz	20—39,0
Pfeffers	30,0
Ems	18—40,0
Leuk (Wallis)	27—40,5
Aachen	35—46,0
Baden-Baden	37—54,0
Wiesbaden	38—56,0
Karlsbad	40—60,0
Burtscheid	35—62,0

Die doppelten Zahlen bedeuten, daß verschiedene Quellen von verschiedenen Wärmegraden an dem genannten Orte zum Vorschein kommen, von denen die kälteste und die wärmste durch die beiden Zahlen bezeichnet ist. Von ausländischen Quellen erwähnen wir unter den zahlreichen französischen Thermen

Barèges	26—35,0°
Mont d'Or	33—36,0

Vichy   . . . . .   23—36,5°

Plombières   . . .   30—50,0.

England hat nur eine wärmere Quelle, die von

Bath . . . . . .   34—37,5.

Sehr reich an solchen ist die iberische Halbinsel und vor Allem Italien, das vom Norden bis Süden eine große Zahl derselben aufzuweisen hat; die bekanntesten in Italien sind:

Volterra in Toskana   12—25,0°

Vignone   . . . .   24 · 26,0

San Filippo   . . .   15—40,0

Aix in Savoyen . .   27—40,0

Sciacca in Sicilien .   45,0

Die schädlichen Einflüsse des Wassers.

Wir haben eben die mancherlei Heilwirkungen des Wassers besprochen, die es hie und da in einem so hohen Grade entfaltet, daß manche Quellen zu den allerwirksamsten Arzneien zu rechnen sind und oft noch Genesung von Leiden bereitet haben, die allen Mitteln unserer Apotheken spotteten. Wir würden aber nur unvollkommen der Aufgabe entsprechen, die wir in diesem Kapitel zu lösen haben, die Beziehungen des Wassers zur Gesundheit des Menschen zu besprechen, wenn wir nicht auch die Kehrseite der geschilderten Wirkungen davon betrachteten, nämlich die schädlichen und oft wahrhaft furchtbar verderblichen Einflüsse, welche das Wasser erzeugt.

Wir knüpfen hier an eine uralte Erfahrung und bekannte Thatsachen an, deren Zahl sich außerordentlich gesteigert hat, seit fremde Länder, namentlich warme, von Europäern besucht und stellenweise mit ihren Leichen, als redenden Zeugen dieser Thatsachen, gefüllt wurden. Die Ausdrücke: mörderisches Klima, todtbringende Luft, die wir als Beiwörter mancher Gegenden nur zu häufig lesen, dienen als weiterer Beweis

für die Thatsache, daß das Verweilen in manchen Gegenden
zu manchen Zeiten oft nur auf wenige Stunden hinreicht, um
wie ein Gift die Gesundheit des Fremden zu zerstören. Sehen
wir etwas näher zu, so werden wir bald gewahr, daß es
weder das Klima noch die Luft oder das Trinkwasser ist, die
wir deswegen anklagen können, sondern daß wir wo anders
die Ursache dieser verderblichen Einflüsse zu suchen haben.
Vergegenwärtigen wir uns zunächst einmal die geographische
Lage der ungesundesten Gegenden, so finden wir sie, wie schon
erwähnt, vorzugsweise in den wärmeren Ländern; doch können
wir in der großen Hitze allein nicht den Grund suchen, denn
die heißesten Theile der Erde, das Innere Afrikas, die Sahara
ist dem Europäer weniger schädlich als zu gewissen Zeiten
ein Aufenthalt in New-Orleans oder an den Mündungen des
Ganges. In diesen Ländern selbst sind es immer nur die
Niederungen, die Flußthäler, besonders in ihrem Unterlaufe
mit aufgeschwemmtem Boden, welche als die Herde sich zu
erkennen geben, wo die Seuchen ausgebrütet werden, die bald
nur an der Stelle ihres Ausbruches sich halten, bald wie die
asiatische Cholera die ganze Erde durchwandern. Man hat
mit dem Worte Miasma (Verunreinigung) die unbekannten
vergiftenden Einwirkungen bezeichnet, welche sich in solchen
Gegenden entwickeln, und die verschiedensten Vermuthungen
über die eigentliche Natur eines „Miasma" ausgesprochen.
Bald hat man es für ein Gas erklärt, bald für unsichtbare
kleine Thierchen, die der Mensch einathme, bald für kleine
Pilze, aber noch immer liegt ein dichter Schleier über diesem
dunkeln Gegenstande. Zum großen Theile ist derselbe in der
neuesten Zeit gelichtet durch den großen Scharfsinn und die
ausdauernde Arbeit eines deutschen Forschers, M. v. Pettenkofer's. Seine eigenen und, durch ihn veranlaßt, die
Untersuchungen Anderer erstreckten sich zunächst auf zwei
Krankheitsformen, die als Typen miasmatischer Krankheiten

gelten können, und zwar die eine, der Typhus, als Typus
der in gemäßigten Zonen entstehenden, die andere, die Cholera,
als Typus miasmatischer Seuchen warmer Länder. Es ist
eine bekannte Thatsache, daß die Stadt München häufig von
heftigen und ausgedehnten Typhusepidemieen heimgesucht
wird, die höchst räthselhafte Verhältnisse hinsichtlich ihres
Auftretens darboten. Vergebens suchte man nach einem Grund
für das Kommen und Gehen derselben. Mit keinem der auf
der Erde wechselnden, auf den menschlichen Körper einwirkenden
äußeren Agentien war irgend ein Zusammenhang nachweisbar.
Weder Barometer noch Thermometer, kein Wetter, keine
Jahreszeit, keine Windrichtung zeigte sich von einem solchen
Einfluß, daß man auf deren Schwanken auch nur mit einer
geringen Spur von Wahrscheinlichkeit das Schwanken der
Krankheit hätte zurückführen können.

Das Wasser der Brunnen wurde nun angeklagt, obwohl,
wenn dieses die Ursache der Krankheit enthielte, schwer das
oft längere Aussetzen der Epidemie, ihr plötzliches heftiges
Auftreten, ihre Abnahme zu erklären gewesen wäre. Man
versah nun im Jahre 1860 einen großen Theil der Stadt
mit Quellwasser von der besten Beschaffenheit, aber wie um
die Irrigkeit jener Anklage zu beweisen, brach gerade in dem
Jahre, unmittelbar nach Einführung dieses gesunden Wassers,
die Seuche mit großer Heftigkeit aus, und zwar eben so wohl
in den Stadttheilen, welche das neue, wie in denjenigen,
welche noch das alte Trinkwasser hatten.

Wenn nun durch diese letzte Thatsache vollends dargethan
war, daß, wie alle äußeren atmosphärischen Einflüsse, auch
die des Trinkwassers das Räthsel der Krankheit nicht lösten,
so sollte man schon denken, daß auf die bereits viel früher
bei der letzten Cholera=Epidemie in München ausgesprochene
Vermuthung Pettenkofer's von selbst Jeder kommen sollte,
in so weit nämlich, daß die Ursache nicht auf und über dem

Boden, sondern in demselben zu suchen sei. Aber was ist es nun im Boden, das dieselben Schwankungen und im gleichen Takte mit den miasmatischen Krankheiten erkennen läßt? Das gefunden zu haben ist das große Verdienst Pettenkofer's, eine Entdeckung, die sich noch als eine von den allerbedeutendsten Folgen und der größten praktischen Wichtigkeit herausstellen wird. Es ist das Wasser im Boden, das Grundwasser, das wir schon einmal bei den Brunnen erwähnt haben. Ueber ein Jahrzehnt hindurch hat Pettenkofer das Verhalten des Grundwassers in München und so weit als möglich auch an andern Orten untersucht und dabei gefunden, daß dieser unterirdische Wasserspiegel im Laufe verschiedener Jahre an vielen Orten, so namentlich in München, sehr beträchtliche Schwankungen, bald ein Steigen um viele Fuße, bald ein eben so starkes Fallen oft im Laufe weniger Wochen erkennen läßt. Eine Vergleichung dieser Schwankungen mit denen der Typhusepidemieen durch Buhl in München ergab nun das überraschende Resultat: daß dieselben genau zusammentreffen. Jedes starke Fallen des Grundwassers ist begleitet von einem starken Ueberhandnehmen des Typhus, jedes Steigen desselben fällt zusammen mit einer Abnahme dieser Krankheit. Petten= kofer hat auch*) eine Karte des Polizei=Ingenieurs Wagus in München veröffentlicht, in der durch Kurven dargestellt sind 1) die Zahl der Todesfälle an Typhus, 2) die Menge des atmosphärischen Niederschlags und 3) der mittlere Stand des Grundwassers für jeden Monat seit den letzten 12 Jahren. Durch den Augenschein kann Jeder, der sehen kann und will, sich von dem Zusammenfallen der Bewegungen des Grund= wassers mit dem Steigen und Fallen der Typhusepidemie überzeugen. Es heißt a. a. O. S. 16: „Stellen wir uns

---

*) Zeitschrift für Biologie von Pettenkofer. 1868.

nun die Frage: Wann ist der tiefste Stand des Grundwassers in München überhaupt beobachtet worden? Der Augenschein sagt uns sogleich, zur Zeit der heftigsten Typhusepidemie, die München seit dem Beginn der Grundwasserbeobachtungen gehabt hat, 1857/58. Verfolgen wir nun die Beobachtungen des Typhus und des Grundwassers von dieser Zeit an bis zum Schlusse des Jahres 1867 und fragen uns: „Wann war der zweittiefste Grundwasserstand? Zur Zeit der zweit=heftigsten Typhusepidemie, 1865/66. „Wann der dritttiefste Grundwasserstand?" Zur Zeit der drittgrößten Typhusepidemie, 1863/64. Und dasselbe trifft noch zu bis zur viert= und fünftstärksten Typhusmortalität in den Jahren 1862 und 1861 zu.

Wir können uns auch noch in der entgegengesetzten Richtung kontrolieren, die Gegenprobe machen und fragen: „Wann sehen wir den höchsten Grundwasserstand?" Die Antwort lautet: Im Jahre 1867. Und das ist auch genau die Zeit, wo wir den geringsten Typhus hatten, wo die Typhusjahreskurve auf 96 Fälle herabsinkt, eine so niedrige Ziffer, welche seit 1856, seit das Grundwasser und der Typhus beobachtet worden, noch nie dagewesen ist." Wenn es sich also zeigt, daß immer die Schwankungen des Grund=wassers mit denen des Typhus zusammenfallen, und daß gar kein anderes Moment nachgewiesen werden kann, welches in ähnlicher Weise schwankt; wenn ferner nichts entdeckt werden kann, welches gleichzeitig beide erwähnten Verhältnisse (Krankheit und Grundwasser) bedingt: so bleibt für den gesunden Menschen=verstand nichts übrig, als anzunehmen, daß in dem Steigen und Fallen des Grundwassers die Ursache für die Abnahme und Zunahme des Typhus enthalten sei, da wohl schwerlich einer annehmen möchte, daß umgekehrt die Zunahme der Typhusepidemie ein Sinken des Wassers im Boden zu Wege bringe.

Der letzten Ursache des Entstehens dieser Krankheit sind wir freilich damit zwar näher gekommen, aber dennoch ist noch manches räthselhaft. Jedenfalls ist für den Unbefangenen der Einfluß der Bewegungen des Wassers im Boden auf diese eine miasmatische Krankheit konstatirt. Betrachten wir nun diesen letzteren etwas näher, so finden wir, wie schon erwähnt, immer lockere, poröse, angeschwemmte Massen an denjenigen Orten, welche solchen Seuchen ausgesetzt sind. In allen diesen fehlt es aber nie an organischen Stoffen, die unter dem Einflusse der Wärme und der Feuchtigkeit sich zersetzen. Eine weitere Erfahrung lehrt uns, daß gerade Sumpfgegenden und häufig Ueberschwemmungen ausgesetzte, mit üppiger Vegetation bedeckte Landstriche, wie die Niederungen der Flüsse es sind, welche das Entstehen von Miasmen begünstigen, während Orte mit nicht porösem Felsenboden ganz frei von derartigen Schädlichkeiten sich zeigen. Dies führt uns sofort darauf, als weitere Bedingungen des Entstehens von Miasmen die Anwesenheit von organischen Stoffen im Boden und einen W e c h s e l in dem sie umgebenden Medium in der Art anzunehmen, daß sie bald dem Wasser, bald der Luft ausgesetzt sind. Genau dieselben Verhältnisse und Bedingungen finden wir aber auch, wo das Grundwasser in einem lockeren Boden ziemlich nahe der Oberfläche stärkeren Schwankungen ausgesetzt ist. Es bildet einen unterirdischen Strom oder See, der bedeutende Ueberschwemmungen im Boden verursacht, wenn es stark steigt. Sinkt es dann wieder, so hinterläßt es eine durchfeuchtete, mit organischen Stoffen durchzogene Erdschichte dem Einflusse der Luft, die sofort an die Stelle des Wassers tritt, sowie dieses sich zurückzieht. Es bildet dann einen unterirdischen Sumpf von ungeheuerer Ausdehnung, dem wohl- thätigen luftreinigenden Einflusse der Winde sowie dem zer- setzenden der Atmosphäre fast ganz entzogen. Wenn man nämlich bedenkt, wie außerordentlich durch die geringe Größe

der Steinchen und Sandkörnchen in solchem Boden die Ober=
fläche, wo Wasser, Luft und organische Substanzen auf einander
wirken, vermehrt ist, so begreift man auch leicht, welch eine
Menge von schädlichen miasmatischen Stoffen im Boden selbst
auf verhältnißmäßig kleinem Raume sich entwickeln müssen.
Nehmen wir z. B. das Areal einer Stadt zu ½ g. Q. M.
an und ein rasches Sinken des Grundwassers um 2 Fuß, wie
es z. B. in München öfter beobachtet wird, es sei ferner der
Boden aus Körnern bestehend die (der bequemeren Rechnung
wegen) gleich einem Würfelchen von einer Linie Durchmesser
seien, so ergiebt eine einfache Rechnung, daß die Fläche aller
dieser Fragmente, selbst wenn wir die Hälfte des Raumes
für die Zwischenräume zwischen ihnen abziehen, einen Inhalt
von 432 g. Q. M. umfaßt, eine Ausdehnung, welche wohl
diejenige aller Sümpfe weit übertrifft. Und alles was sich
auf dieser großen Gesammtfläche entwickelt, koncentrirt sich
an der Oberfläche des Bodens auf den Raum von nur einer
halben Quadratmeile! Daß auch die Temperatur im Boden
bei der Entwicklung dieser Miasmen von erheblichem Einflusse
sei, ist sehr wahrscheinlich; es spricht auch die Thatsache dafür,
daß die Seuchen meistens zu gewissen Jahreszeiten auftreten.
In München z. B. zeigt sich der Typhus meistens am Ende
und Anfang des Jahres (December—Februar) am stärksten.
Die Beobachtungen der Temperatur im Boden ergeben aber,
daß die Wärme sehr langsam in denselben eindringt, durch=
schnittlich, aber etwas verschieden in verschiedenen Bodenarten,
in einem Monate 4 Fuß zurücklegt, so daß beiläufig in einer
Tiefe von 24 Fußen die größte Wärme sich findet, wenn
außen die größte Kälte herrscht, und daß die Unterschiede in
der Temperatur in einer solchen Tiefe viel geringer sind
als an der Oberfläche. Auch dieses Verhalten der Seuche
spricht wohl dafür, daß eben im Boden ihre Ursache sich
entwickelt.

Es würde zu weit führen, die Beweiſe alle anzuführen, die Pettenkofer für den Einfluß des Bodens und Grund= waſſers in Beziehung auf die verheerendſte Seuche, die Europa ſeit Jahrhunderten heimgeſucht hat, die Cholera, beigebracht hat. Sie zeigen, daß die Urſache auch dieſer in dem Boden liege. Es iſt nicht ein Beiſpiel bekannt, daß dieſelbe auf feſtem, felſigem Boden ruhende Orte heimgeſucht hat, aber viele, daß mitten im Gebirge liegende Dörfer, wenn ſie auf einer durch Geröll ausgefüllten Mulde lagen, durch die Seuche faſt decimirt wurden, während die in nächſter Nachbarſchaft von ihnen, aber auf feſtem Geſteine erbauten unverſehrt blieben. Um es kurz zu ſagen, es iſt noch keine Thatſache bekannt geworden, welche mit der eben auseinandergeſetzten Theorie nicht vereinbar wäre.

Wenn nun von rein wiſſenſchaftlichem Standpunkte aus eine ſolche Aufklärung über die Natur dieſer bisher ganz räthſelhaften und ſo unheimlichen Feinde des Menſchengeſchlechtes als eine höchſt wichtige bezeichnet werden muß, indem ſie uns der vollen Erkenntniß von der Urſache dieſer Krankheiten weſentlich und um ein Großes näher bringt, ſo liegt doch ihre hauptſächlichſte Bedeutung in ihrer praktiſchen Verwend= barkeit, um derentwillen mit wir ſie hier ausführlicher ent= wickelt haben. Iſt nämlich die Anſicht richtig, daß das Fallen und Steigen des Grundwaſſers von weſentlichem Einfluß auf das Auftreten von den verderblichſten Seuchen ſei, ſo liegt es ſehr nahe, zu verſuchen, dieſe Urſachen zu beſeitigen. An vielen Orten möchte es leicht ſein, dieſes zu bewerkſtelligen. So gut wir Waſſeranſammlungen auf der Erde künſtlich in ihrem Niveau erniedrigen, oder erhalten und erhöhen können, eben ſo gut muß dies auch mit dem Grundwaſſer geſchehen können, wo die natürlichen Verhältniſſe nicht ein abſolutes Hinderniß bereiten. Ein ſtarkes Fallen des Waſſerſpiegels im Boden müßte ſich eben ſo verhindern laſſen, indem man

der unterirdischen Abnahme durch Zuleitung von Wasser ent=
gegenwirkt. Eine Regulirung des Grundwassers zur
Verhütung oder jedenfalls bedeutenden Einschränkung der
Seuchen, das ist es, was, wenn auch nicht in der allernächsten
Zeit, gewiß als eine der segensreichsten Folgen der Arbeiten
Pettenkofer's zur Ausführung kommen wird. Das Wasser
selbst wird dann die schädlichen Einflüsse des Grundwassers
wieder aufheben.

4. Der Mensch und sein Verhältniß zum Kreislauf des Wassers.

Wir haben die mancherlei Verrichtungen und Dienste
kennen gelernt, welche das Wasser uns leistet. Es erscheint
nach diesen als ein treuer Knecht, der von der Natur dem
Menschen in seinen Haushalt für alle Arbeiten, zu denen
seine Kräfte reichen, gleichsam als ein Leibeigener übergeben
worden ist, unverwüstlich und immer wieder von Neuem mit
unerschöpflichen Kräften ausgestattet. Aber so wahr auch das
erste ist, hinsichtlich des zweiten zeigen uns Thatsachen genug,
daß nichts unverwüstlich ist und daß der Mensch der Dienste
des Wassers sich selbst berauben und dasselbe verlieren kann.
Sie fordern uns auf, auch Rücksicht auf das Wasser zu nehmen,
indem es nur unter gewissen, wenn auch leicht zu erfüllenden
Bedingungen anhaltend an einem Orte seine Segnungen spendet.
Unregelmäßigkeiten in seinem Laufe und Abnahme seiner
Menge sind die nächsten Zeichen der Nichtbeachtung dieser
Erfüllungen. Heftige Ueberschwemmungen und alle Uebel, die
sie in ihrem Gefolge haben einerseits, Abnahme des Wassers,
Veröbung andrerseits sind die weiteren Folgen, unter denen
ausgedehnte und sonst reich gesegnete Länder zum warnenden
Beispiele anderer in der Gegenwart leiden und noch lange,
wenn nicht für immer zu leiden haben werden. Darum

wollen wir zum Schluſſe die Urſachen dieſes unnatürlichen
Verhaltens des Waſſers etwas näher ins Auge faſſen.

Die Ueberſchwemmungen.

Es iſt eine bekannte Thatſache, daß alle Flüſſe, was die
Menge ihres Waſſers betrifft, einem fortwährenden Schwanken
unterworfen ſind, bald weit unter dem Rande ihres Bettes
dahinſtrömen, bald ſich über das Ufer ergießen. Im letzteren
Falle ſprechen wir von einer Ueberſchwemmung. Alles Waſſer,
das in unſeren Strömen dem Meere zurückgeführt wird, iſt
der Ueberſchuß von den auf das Stromgebiet herniedergefallenen
atmoſphäriſchen Niederſchlägen gegenüber der Verdunſtung
und der Aufnahme von dem Boden und den Pflanzen. Nun
iſt es eine eben ſo bekannte Thatſache, daß alle dieſe Faktoren,
von denen die Waſſermaſſe eines Fluſſes abhängt, auch unter
normalen natürlichen Verhältniſſen nicht unerheblichen Schwan=
kungen unterworfen ſind, wenn auch eine gewiſſe Regelmäßigkeit nach dem Wechſel der Jahreszeiten darin ſich findet. Wir
haben daher an den meiſten Flüſſen auch regelmäßig jährlich
wiederkehrende Ueberſchwemmungen, namentlich gegen das
Ende des Winters, und im Anfange des Frühlings in den
gemäßigten Zonen, in den heißen Ländern in der ſog. Regenzeit.
Weit enfernt, einen ſchädlichen Einfluß auf die Vegetation
auszüüben, ſind dieſe normalen Ueberſchwemmungen von dem
beſten Einfluſſe und für manche Gegenden eine unerläßliche
Bedingung des Gedeihens der Kulturgewächſe. In unſeren
Breiten, in denen eine derartige Regelmäßigkeit des Wetters
wie in den Tropen nicht herrſcht, ſind auch die Ueber=
ſchwemmungen nicht ſo regelmäßig. Sie kommen daher, wenn
auch ſeltener, namentlich im Sommer, auch zu andern Zeiten
als den gewöhnlichen und richten dann oft ſehr bedeutenden
Schaden an. Anhaltende ſtarke und über einen größeren
Theil des Flußgebietes verbreitete Regen erzeugen immer

eine Ueberschwemmung, und ganz kann sich der Mensch nicht
gegen solche Elementarereignisse schützen, aber er kann dazu
beitragen, entweder daß sie häufiger und heftiger kommen,
oder daß sie seltener und gelinder sich zeigen. Als wesentlich
in dieser Beziehung müssen wir den Stand der Wälder
namentlich in dem oberen Stromgebiete ansehen, und es ist
auf das schlagendste dargethan worden, namentlich durch das
Verhalten der Flüsse in Frankreich, durch einen Vergleich des
Eintretens der Ueberschwemmungen in früheren Zeiten mit
dem, wie es sich jetzt zeigt, daß eine Abholzung der Berge
und Hügel zur Folge hat, daß dieselben viel häufiger, heftiger
und verheerender auftreten und doch daneben der mittlere
Stand der Gewässer ein geringerer wird, die Gesammtwasser=
masse des Landes abnimmt. Es ist dieses auch sehr wohl
begreiflich und hat folgende, vorzugsweise diese Erscheinung
bedingende Gründe. Die Wälder sind mächtige Regulatoren
des Kreislaufes des Wassers. Wo ein Wald geschont wird,
da ist der Boden ganz bedeckt mit einer Menge niedriger
Gewächse, namentlich aus der Abtheilung der Kryptogamen;
besonders Flechten und Moose gedeihen in üppiger Fülle;
diese üben eine ähnliche Wirkung auf die atmosphärische
Feuchtigkeit aus, wie ein Schwamm, sie ziehen dieselbe begierig
an und halten sie fest, eben so halten sie aber auch den Regen
auf und lassen nur wenig Wasser auf der Oberfläche des
Bodens hinabfließen. Es muß ein beträchtlich größerer Theil
durch die Erde hindurch in die Quellen und Flüsse gelangen,
und daß das sehr langsam geschieht, davon kann sich Jeder
überzeugen, der Gelegenheit hat, das Verhalten der Quellen
nach Regen zu betrachten. Auch die heftigsten Gewitterregen
sind ohne merklichen Einfluß auf dieselben, und es darf an=
haltendes Regenwetter und umgekehrt lange Dürre eintreten,
bis man an den Quellen die Folgen davon in beträchtlich
vermehrter oder verminderter Wasserfülle gewahr wird. Wo

aber ein Wald abgetrieben wird, da verschwinden auch diese Schatten und feuchte Luft liebenden Gewächse, der Boden wird nackter und das Regenwasser stürzt namentlich bei heftigem Regen in großer Menge sofort über den Boden, zahlreiche Rinnen in denselben einreißend zur Tiefe. Es schwemmt dabei viel lockere Massen, Sand und Lehm mit sich hinab und schafft so bald da, bald dort, daß das nackte Gestein hervorsieht, der Vegetation wird das Terrain geschmälert, auf dem sie gedeihen kann, der Regen beseitigt immer mehr die Hindernisse, welche die Pflanzen seiner direkten und eiligen Thalfahrt entgegensetzen. Es macht die Abdachung der Berge allmählich zu einem Dache, und Jeder weiß, wie rasch das Regenwasser von unseren Dächern abfließt. Ist eine ganze Reihe von Bergen auf diese Weise hergerichtet, so begreift man wohl, wie nun schon ein ausgedehnter Gewitterregen, der sonst eine wohlthätige Durchtränkung des Waldbodens erzeugt hätte, eine Ueberschwemmung bewirken kann, die keinerlei wohlthätige Folgen hinterläßt. Eben so klar ist aber auch, daß dann die Quellen eine beträchtliche Einbuße erleiden müssen, indem, was früher zu ihrer Speisung langsam in den Boden gelangte, nun rasch über denselben hinweg dem Meere zueilt. Schädliche Fülle einerseits und geringe Wassermenge andrerseits sind die Folgen ein= und derselben Erscheinung. Dieselben gehen aber im Laufe der Zeiten noch tiefer und können eine Aenderung der klimatischen Verhältnisse eines ganzen Landstriches, eine Störung der gesammten Vegetations= verhältnisse eines Landes und damit seines ganzen Kultur= standes hervorrufen, indem sie nicht nur auf die Vertheilung des Wassers vom größten Einflusse sind, sondern auch eine

Abnahme der Wassermenge,

ein Versiegen der Quellen und eine Veröbung desselben er= zeugen. Wir finden Beispiele aus den verschiedensten Theilen der Erde aufgeführt, die überall denselben wassersammelnden Einfluß der Wälder beweisen. Ein solches berichtet z. B. Humboldt aus dem wärmeren Amerika. Bei der Stadt Neu-Valencia befand sich ein See, der durch zahlreiche Beschreibungen früherer Reisenden hinlänglich genau in seiner Größe geschildert war. Als Humboldt 1800 in jener Gegend nach ihm suchte, fand er nichts als eine Pfütze von kleinen Hügeln, den ehemaligen Inseln des Sees, durchzogen. Diese Veränderung war durch eine zwei Jahrhunderte hindurch fortgesetzte Verwüstung der Wälder jenes Landstriches erzeugt worden. Kurz nachher blieb, durch die Bürgerkriege verwüstet, die Gegend den natürlichen Wachsthumsverhältnissen überlassen, die, wie es unter jenen rasch eine Vegetation erzeugenden Himmelsstrichen der Fall ist, von allen Seiten die Lücke wieder auszufüllen strebten. Fünfundzwanzig Jahre später fand Boussingault mit jungen Bäumen auch den verjüngten See wieder.

Ein ähnliches Beispiel lieferte der Harz. Eine vor wenigen Jahrzehnten vorgenommene, etwas stärkere Abholzung in der Nähe der Bergwerke verursachte rasch eine so beträchtliche Verringerung der Wassermenge, daß dieselbe nicht mehr wie früher zum Treiben der Räder ausreichte, welche behufs des Auspumpens des Wassers aus den Gruben in Gang gesetzt waren.

Auch durch Beobachtungen der Regenmengen in Gegenden, wo größere Wälder neben weiteren baumlosen Flächen sich befinden, ist dargethan, daß es zu reichlicheren Niederschlägen in der Waldgegend kommt als in diesen, und es ist dies an manchen Orten so augenfällig, daß es, auch ehe solche genauere Messungen der Mengenverhältnisse des Regens hier und dort angestellt waren, länger anerkannt war und die Redensart „der Wald zieht den Regen an" in vielen Gegenden daraus entstanden ist. Jedenfalls steigt von einer baumlosen Fläche eine viel heißere und trocknere Luft in die Höhe als von einem Walde, dessen ungeheure Verdunstung wir schon S. 202 besprochen haben. Die Wolkenbildung ist also leichter über diesem möglich, und eben so werden hier dann die Niederschläge früher und reichlicher eintreten als über jener. Namentlich wird dieses für die Sommerregen gelten, die in unseren Breiten die größte Menge des Regens liefern, indem in Deutschland die drei Sommermonate ca. 40% der gesammten Menge der jährlichen Niederschläge ausmachen.

Der Reichthum der Quellen ist aber nicht allein von der Menge der Niederschläge bedingt, welche in Waldgegenden herabkommen, auch in anderer Weise wird derselbe in ihnen vermehrt. Das Austrocknen des Bodens kann im Schatten der Wälder natürlich nicht so leicht und so tief eingreifend vor sich gehen, als auf Flächen, welche die Sonne fast ohne allen Schutz gegen ihre Strahlen findet. Es sind also nicht nur die Einnahmen auf Seiten des Waldbodens vermehrt, sondern auch gleichzeitig die Ausgaben vermindert, und diese beiden Faktoren sind von gleich wesentlichem Einfluß auf den Wasserreichthum der Quellen und somit der Bäche und Flüsse.

Es könnte scheinen, als ob für ganze Länder diese Einflüsse doch nicht von so tiefgreifender Bedeutung werden und keinen lange dauernden Nachtheil erzeugen könnten, und daß man ja in Kurzem auch wieder Wälder wachsen lassen könne. Die Geschichte zeigt aber nur zu deutlich, daß dieses anzunehmen ein gefährlicher Irrthum ist. Was zunächst den letzten Punkt betrifft, so zeigen vielfache Erfahrungen in unseren deutschen Ländern, wie unendlich schwierig, ja in den meisten Fällen unmöglich es ist, auf einem einmal entwaldeten und längere Zeit hindurch kahl gebliebenen Berge wieder Bäume aufzubringen. Ist derselbe nur etwas steiler, so hat der Regen das lockere Erdreich heruntergeschwemmt, und auf Felsen einen Wald anzulegen ist ein vergebliches Unternehmen.

Vergleichen wir nun überdies die Nachrichten, die wir über die ältesten Kulturländer haben, mit ihrem jetzigen Zustande, so sehen wir daraus, wie mit dem Verheeren der Wälder nicht nur die Quellen verschwinden, sondern auch die klimatischen Verhältnisse sich derart ändern, daß dieselben Pflanzen gar nicht mehr gedeihen können. In der höchst interessanten Schrift von Fraas „Klima und Pflanzenwelt in der Zeit" sind die merkwürdigsten Beispiele für diese Veröbung und Vertrocknung der Länder angeführt, die früher zu den gesegnetsten und fruchtbarsten gehörten, von denen wir nur eines hier näher erörtern wollen, nemlich dasjenige, welches Griechen= land liefert. Wie es dort in frühesten Zeiten aussah, davon können wir uns aus den alten griechischen Schriftstellern hinreichend unterrichten. Wiesen und rossenährende Triften waren sonst im ganzen Lande verbreitet, jetzt finden sie sich nur noch auf den höheren Bergen, 5000 Fuß über dem Meere. Die „quellenreichen Berge" mit den deutlichsten Spuren reicher Bewässerung und üppiger Vegetation nähren mit kurzem Gesträuppe, das auf ihren wasserarmen Höhen sich noch fristen kann, kümmerlich noch einige Ziegen. Im ganzen Peloponnes sind nicht mehr so viele Heerden zu erhalten, als der alte Nestor aus Elis mit fortführte, und einige Fest= hekatomben würden den gesammten Viehstand des heutigen Griechenland aufzehren. Um einen Nadelholzwald zu sehen, muß man von Athen auf den Peloponnes oder nach Euböa reisen, und Bauholz ist billiger von Triest zu beziehen als aus dem Lande selbst, das sonst so reich an Wäldern war, die jetzt nie mehr unter 3000 Fuß herabgehen. Selbst in den Ebenen gediehen einst Eichen, Buchen, Stechpalmen, Eschen und Ahorn; sie sind alle verschwunden, höchstens in einigen Bergschluchten findet man hie und da noch einen dieser Bäume. Vollständig ausgestorben sind Linden, Taxus, Hainbuchen und Erlen. An ihre Stelle sind Steppenpflanzen getreten, stachliges Gesträppe, der Boden ist vertrocknet, und es ist unmöglich, wieder Wälder zu erzeugen. Wir sehen ähnliche Veränderungen an allen alten Kulturländern. Mesopotamien war einst das fruchtbarste, von einer Menge von Kanälen durchzogene Land, so wasserreich, daß der Feuchtigkeit wegen der Oelbaum dort nicht gedieh, während er mit dem Weinstocke in Aegypten seine Früchte darbrachte. Jetzt ist dieses wie jenes so wasserarm, daß der Oelbaum der Trocken=heit wegen nicht fortkommt und sich bis an den Kaukasus zurückgezogen hat. Die alten Kanäle sind in Mesopotamien wohl noch vorhanden, aber das alte Wasser nicht mehr, das sie füllen könnte.

Es braucht oft nicht sehr langer Zeit, um solche Ver=änderungen im Wasserreichthum eines Landes bemerklich zu machen. Die lokalen Einflüsse der Abtreibung eines Waldes namentlich an Bergabhängen zeigen sich sofort im Vertrocknen von Sümpfen, im Schwächerwerden oder Versiegen der Quellen. Erstreckt sich diese Verminderung des Waldbestandes auf ein ganzes Land oder auf ein ganzes Flußgebiet, so wird man auch bald an diesem die geringere Wasserfülle wahrnehmen. Am Ohio wie an anderen Nebenflüssen des Missisippi hat sie sich schon in sehr merklicher und die Dampfschifffahrt gegen sonst beschränkender Weise bemerklich gemacht.

Alle diese Beispiele, deren Zahl aus allen kultivirten Ländern sich leider nur zu sehr vermehren ließe, zeigen uns den wesentlichen Einfluß der Wälder auf die Menge des fließenden Wassers. Sie mahnen den Menschen, daß er nicht ungestraft rücksichtslos alle die Schätze, welche ihm die Natur darbietet, verwenden und verschwenden kann, sondern auch in dem Gebrauche Maß halten und sich vor Mißbrauch hüten muß. Wie der Boden von ihm ausgesaugt und zu ferneren Erträgnissen unfähig gemacht werden kann, so kann er sich auch selbst des Wassers berauben, wenn er der Bedingungen

nicht achtet, die ihm die Gesetze der Natur zur Erhaltung
desselben auferlegen.   Gerade die beiden zum Leben des
Menschen wie der Thiere unentbehrlichsten Grundlagen, Boden
und Wasser, zeigen auf das deutlichste und oft empfindlichste,
daß der Mensch nichts weniger als Herr über die Natur sei,
sondern im Gegentheil ihren Gesetzen unterworfen.   So lange
er sich an diese hält, versagt sie ihm ihre Gaben nicht, alle
ihre Kräfte stehen ihm als treue Diener zur Seite; der
mächtigste unter allen ist das Wasser.   In des Menschen
Hand steht es, sich dasselbe zu erhalten, oder es zu verlieren,
die Stätte, auf die er gesetzt ist, blühend und fruchtbar, oder
dürr und wüst zu machen.   Möchten auch diese Blätter dazu
beitragen, diese alte Wahrheit aufs Neue einzuschärfen, daß
den Diensten des Wassers für den Menschen auch die Pflichten
des Menschen gegen das Wasser entsprechen.   Möge die
Kenntniß von der Wichtigkeit der ersteren eine Erkenntniß
des Ernstes der letzteren zu Wege bringen.